农业农村实用技术丛书

家禽养殖管理关键技术问答

◎ 吕建秋　主编

中国农业科学技术出版社

图书在版编目（CIP）数据

家禽养殖管理关键技术问答 /吕建秋主编. —北京：中国农业科学技术出版社，2018. 12

ISBN 978-7-5116-3870-0

Ⅰ. ①家… Ⅱ. ①吕… Ⅲ. ①家禽—饲养管理—问题解答 Ⅳ. ①S83-44

中国版本图书馆 CIP 数据核字（2018）第 201096 号

责任编辑 崔改泵 李 华
责任校对 贾海霞
出 版 者 中国农业科学技术出版社
北京市中关村南大街12号 邮编：100081
电 话 （010）82109708（编辑室）（010）82109702（发行部）
（010）82109709（读者服务部）
传 真 （010）82106650
网 址 http: // www.castp.cn
经 销 者 各地新华书店
印 刷 者 北京富泰印刷有限责任公司
开 本 710mm × 1 000mm 1/16
印 张 14.75
字 数 287千字
版 次 2018年12月第1版 2019年1月第2次印刷
定 价 78.90元

《家禽养殖管理关键技术问答》

编委会

主　　编： 吕建秋

副 主 编： 田兴国　罗　文　黎镇晖

冯　敏　蔡更元

编　　委： 阮灼豪　吴文梅　凡秀清　胡博文

蔡柏林　胡美伶　蒋明雅　王芷筠

郎倩倩　谢婷婷　易振华　周良慧

张梓豪　陈江涛　王泳欣　周邵章

谢志文　叶　李　陈　云　黄健星

曾　蓓　姚　缀

前　言

我国家禽业是年产值逾千亿元的巨大产业，禽蛋产量连续多年稳居世界第一，禽肉生产仅次于美国，是世界第二大禽肉生产国和消费国。家禽业在我国经济和农村社会发展中起着重要作用，推动了相关产业的发展，解决了上亿农民的生计和数百万工人的就业问题。但是，仍有许多因素制约家禽业的发展，例如，地方家禽品种仍需加强保护和改良，禽肉、禽蛋品质参差不齐，饲料成本持续上升，家禽粪便对环境的污染，以及禽流感、禽白血病、球虫病等禽病的控制、预防和治疗。本书内容主要包括家禽（鸡、鸭、鹅、鸽）生产现状、家禽品种及其生产性能、家禽各生长阶段的饲养方式和方法、家禽饲料分类和用途、主要禽病及其防治技术等，并以问答的形式对主要问题和知识点进行了阐述，希能能为广大基层农技推广人员及家禽养殖户提供有效的指导。

在本书编写过程中，张细权、聂庆华、张德祥等专家提出了宝贵的意见和建议，在此表示衷心的感谢！由于编者写作和表达各有特点，因而本书写作风格各异。在统稿过程中，本书保留了每位作者的个性。限于编者的水平，书中难免存在不当之处，恳请同行和读者批评指正。

编者

2018年10月

目　　录

鸡养殖管理关键技术问答

鸭养殖管理关键技术问答

鹅养殖管理关键技术问答

鸽养殖管理关键技术问答

鸡养殖管理关键技术问答

1. 我国有哪些优良的蛋鸡地方品种?

我国是世界上最早驯化家禽的国家之一，我国地方家禽品种资源丰富，在《中国畜禽遗传资源志（家禽志）》中统计有107个地方鸡品种。虽然地方品种蛋鸡没有经过长期的选育，生产性能较低，但是具有肉蛋品质优良，生活力强，适应性好等优点。根据这些优点，对地方品种蛋鸡进行土蛋鸡的选育，成为我国蛋鸡育种和生产的重要特色。

根据我国畜牧业区划和遗传资源的现有发掘情况可分为7个大区：青藏高原区、蒙新高原区、黄土高原区、西南山地区、东北区、黄淮海区、东南区。在这些区域中都有优质的地方蛋鸡品种，以下将根据大区列举蛋鸡地方品种。

青藏高原区：藏鸡、海东鸡。

蒙新高原区：拜城油鸡、田黑鸡、边鸡（与黄土高原共有品种）。

黄土高原区：静原鸡、略阳鸡、太白鸡、卢氏鸡。

西南山地区：茶花鸡、瓢鸡、大围山微型鸡、独龙鸡、瑶鸡（与东南区共有，以半个计）等32个品种。

东北区：林甸鸡、大骨鸡。

黄淮海区：寿光鸡、济宁百日鸡、汶上芦花鸡等13个品种。

东南区：东乡绿壳蛋鸡、白耳黄鸡、康乐鸡、宁都黄鸡、安义瓦灰鸡、浦东鸡、萧山鸡、仙居鸡、惠阳胡须鸡、杏花鸡、狼山鸡、鹿苑鸡等51个品种。

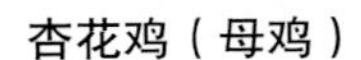

杏花鸡（母鸡）　　惠阳胡须鸡

★新浪看点，网址链接：http://k.sina.com.cn/article_6434040861_17f7fac1d0010092sl.html
★第一农经，网址链接：http://www.1nongjing.com/uploads/allimg/170915/2039-1F9151I30T43.jpg

（编撰人：易振华；审核人：黎镇晖，冯　敏）

2. 我国有哪些优良的肉蛋兼用型品种?

（1）新狼山鸡。背部平直、羽毛紧密、光脚无毛、全身羽毛呈黑色、单冠。仔鸡换羽后的羽毛发蓝绿色光泽，年平均产蛋100～200枚，蛋重57.2克，蛋壳深褐色，蛋形相当一致。

（2）新扬州鸡。具有产蛋性能高、肉质鲜美、生长快、生命力强等优点。特征为黄羽、黄喙、黄脚，500日龄产蛋量为181枚，平均蛋重56克，蛋壳为褐色。

（3）成都白鸡。全身羽毛为白色，500日龄产蛋量为145～150枚，平均蛋重55～56克，蛋壳浅褐色。

（4）北京红鸡。具有适应性广、抗病力强、蛋壳褐色、产蛋量高、羽色可自别雌雄和遗传性能稳定等特点。父母代生产性能72周龄入舍母鸡产蛋数为245～246枚，合格种蛋210～220枚，平均蛋重62～64克。商品代72周龄产蛋数为275～285枚，平均蛋重63～64克。

（5）丝羽乌骨鸡。羽毛为洁白如雪的丝状羽，皮肤、肌肉、骨膜皆乌，具有独特的药用价值。此外，还具有性情温顺、不善飞跃、适应性强、外形美观、肉质鲜嫩等特性。

狼山鸡

丝羽乌骨鸡

★360图片，网址链接：
http://photo.renwen.com/0/942/94276_135334957523573_s.jpg
http://p3.so.qhimgs1.com/dmfd/246_177_/t01f83b54b862273e43.jpg

（编撰人：郎倩倩；审核人：罗　文，冯　敏）

3. 我国引进的主要优良肉鸡品种有哪些?

（1）艾维茵肉鸡。由美国艾维茵公司选育成功，1986年引进我国，1988年逐渐向国内推广。父母代种鸡入舍母鸡平均产蛋数为194.6枚，可入孵种蛋184.5

枚，平均孵化率为85%。商品代仔鸡49日龄、56日龄、63日龄时的体重和料肉比分别为2.45千克和1.89：1，2.92千克和2.08：1，3.36千克和2.27：1。

（2）罗曼肉鸡。是由德国罗曼动物育种公司育成的四系配套杂交鸡。父母代母鸡22周龄体重达1.97～2.13千克，66周龄体重达3.17～3.3千克。每只入舍母鸡63周龄累计产蛋数达155枚，提供雏鸡数131只。商品代7周龄末体重可达2.7千克，料肉比为2.36：1。

（3）伊沙明星肉鸡。是由法国伊沙公司育成的五系配套杂交肉鸡。父母代种鸡64周龄按入舍母鸡数统计，平均每只产蛋166枚，孵出雏鸡132.5只。40周龄时所产鸡蛋平均蛋重63.5克。商品代8周龄体重达2.55千克，料肉比为2.12：1。

（4）罗斯308肉鸡。是由英国罗斯育种公司培育的四系配套优良白羽肉用鸡种。父母代种鸡23周龄平均体重2.4千克、64周龄为3.2～3.6千克。64周龄母鸡产蛋数为173枚，可孵种蛋164枚，可提供雏鸡138只。商品代鸡7周龄平均体重2.37千克，料肉比为1.97：1。

（5）狄高黄羽肉鸡。是由澳大利亚狄高公司培育的肉用鸡种。父母代60周龄时，公鸡平均体重4.75千克，母鸡3.28千克，68周龄时平均产合格蛋177.5枚，入孵种蛋160枚，提供雏鸡154只。商品代仔鸡6周龄时平均体重2.2千克，料肉比为1.88：1。

艾维茵肉鸡

罗斯308肉鸡

★360图片，网址链接：
http://down.jbzyw.com/attchment/forum/201504/10/152552bcj5lljljjcfkocl.jpg
http://www.lnjn.gov.cn/edu/zfj/images/201010954447.jpg

（编撰人：郎倩倩；审核人：罗　文，冯　敏）

4. 我国主要的优良肉鸡品种有何特点?

（1）北京油鸡。体躯中等，肉味鲜美，蛋质优良。90日龄公鸡平均体重为1.4千克，母鸡为1.2千克，料肉比（3.2～3.5）：1；种母鸡500日龄产蛋量为120～130枚，高峰期产蛋率为50%～60%。

（2）温氏快大黄鸡。具有生长快、饲料报酬高、黄羽等特点。父母代产蛋192枚，产蛋高峰期产蛋率达87%，商品代公鸡45日龄体重达1.55千克，母鸡55日龄体重达1.5千克，料肉比（2.0～2.3）：1。

（3）岭南黄鸡。开产日龄为161天，高峰期产蛋率达84%～85%，入舍母鸡产蛋185～200枚。商品代整齐度高、抗病力强。初生雏鸡可自别雌雄。

（4）新浦东鸡。70日龄平均体重为1.5～1.75千克，开产周龄为26周。500日龄产蛋数140～152枚，平均受精率90%，70日龄料肉比为（2.6～3.0）：1。

（5）桃源鸡。开产日龄为195天，平均蛋重53.4克，蛋壳为浅褐色，成年公鸡体重3.34千克，母鸡2.94千克，料肉比一般为3：1。

（6）石岐杂鸡。保留了地方良种的三黄特征（黄皮肤、黄喙和黄腿），还保留了骨细、肉嫩、鸡味鲜浓等特点。饲养110～120天，母鸡体重可达1.75千克以上，公鸡体重达2千克以上。

（7）粤黄鸡。体型、外貌与石岐杂鸡基本一致。90日龄公鸡体重可达1.41千克，母鸡体重达1.17千克。开产日龄为300日，平均产蛋数为135枚，平均蛋重51克，受精率91.8%。

（8）良凤花鸡。父母代繁殖性能良好，产蛋率高、耗料少。商品代生长速度快、抗病力强、均匀度高、质量稳定。饲养60天，平均体重达1.7～1.8千克，料肉比为（2.2～2.4）：1。

北京油鸡

温氏快大黄鸡

岭南黄鸡

新浦东鸡

★360图片，网址链接：
http://p0.so.qhimgs1.com/dmfd/162_160_/t01748f1c6c8d2782f0.jpg
http://p1.so.qhimgs1.com/dmfd/141_157_/t015bc8dfd061b4e451.jpg
http://p0.so.qhimgs1.com/bdr/_240_/t01949c7c745b2c90cc.jpg
http://p1.so.qhimgs1.com/bdr/_240_/t01c94dc117722eb3ad.jpg

（编撰人：郎倩倩；审核人：罗　文，冯　敏）

5. 养殖土鸡前景如何？

土鸡有别于笼养的肉鸡，也叫草鸡，笨鸡，指从古代家养驯化而成，从未经过任何杂交和优化配种，长期以自然觅食或结合粗饲喂养而成的鸡，具有较强的野外觅食和生存能力。

（1）土鸡销路前景。纯正的土鸡在市场上相当畅销，其在养殖过程中，主要采用散养方式，在自然环境中采食五谷杂粮、运动量大、污染少、肉质细腻、口感好、营养丰富。因此日益受到人们的欢迎，产品需求量也不断增多。

（2）土鸡养殖成本与利润。土鸡养殖成本很低，以饲养500只鸡为例，假设1只鸡苗的成本是2元，500只鸡苗的成本为1 000元。养殖全程饲料成本大概为13 636元，防疫及其他费用大概为500元。如果采用户外放养，鸡群以春、夏、秋三季在田野、山林中觅食昆虫、草籽为主，养殖户仅在晚上饲喂少量精料即可，可节约2/3以上的饲料，能大大降低饲养成本。另外，500只鸡每年的鸡蛋收入约为14 659元，淘汰（卖入市场）450只鸡还可收入6 300元，总收入达20 959元。因此，饲养500只土鸡1年约可获利20 959−15 136=5 823元，平均每只鸡赚12元。

（3）风险分析。放养的土鸡鸡群健康，得病几率小，但也有患病的可能。从外地引入鸡种，要考虑鸡种的适应性，若鸡种不适应当地环境，可能产蛋量少，增重慢，造成经济效益差。

综合上述分析，土鸡鸡肉口味鲜美、营养丰富，市场需求前景广阔，收入比较可观。同时，由于土鸡蛋品质优良、营养丰富、味道好、无污染，也很受人们的青睐。因此，养殖土鸡前景较好。但是也需考虑以下几个问题：①应选择良好的品种；②要选准市场，土鸡销售仍以本地市场为主；③要注意应时上市。

土鸡

★360图片，网址链接：http://docs.ebdoor.com/Image/InfoContentImage/ProductDesc/2016/03/16/45/45494c84-67a5-4697-8e71-c056f9dcd70c.jpg

（编撰人：郎倩倩；审核人：罗　文，冯　敏）

6. 山区如何办土鸡场？

（1）选址。一般选址地势平缓，植被茂盛，水源充足，干净卫生，排水良好，环境清静，生态环境良好，且场址远离村落、工矿区、采石场、皮革厂、化肥厂、公共场所和主干道路、自然保护区、生活饮用水的水源保护区、无污染、无兽害的区域。

（2）合理布局。鸡场布局时，要考虑到地势和主导风向，员工生活区和管理区应位于全场的上风处或地势较高的位置；生产区则设在生活区的下风处或地势较低的位置，但要高于兽医舍和隔离舍，并在其上风口。

（3）饲养密度。山区鸡群饲养密度要考虑到山区的林地、草地、山坡等有效面积，一般每亩（1亩≈667平方米，全书同）地不超过120只为宜。

（4）改造饲养环境。确定场址后，对山区进行改造，补充种植树木、牧草、修建合适的补饲、饮水设施，建造合适安全的鸡舍，鸡舍的建设应就地取材，利用竹子搭建“人”形鸡棚，舍顶盖茅草或石棉瓦均可，四周用竹片或木板封闭；舍内设置照明设备，饮水饲喂设备和通风设备，一般以每平方米饲养10只为宜，同时要在场区周围设置2～2.5米高度尼龙网围栏，对林地、草地、山坡地养殖区域进行封闭。

（5）疫病免疫。山区饲养重点和难点是鸡群免疫，因此要严格把控引种，实行全进全出，可以有针对性地制定各龄期阶段鸡群药物保健方案，在饮水中加入。

土鸡放养

★360图片，网址链接：http://image.so.com/v？q=%E5%9C%9F%E9%B8%A1%E5%9C%BA&src=srp&correct=%E5%9C%9F%E9%B8%A1%E5%9C%BA&cmsid=f43a96ecbf6dacbd3dafd3fa42367da8&cmran=0&cmras=0&cn=0&gn=0&kn=0#multiple=0&gsrc=1&dataindex=18&id=c234aa997dd700f71184b86b9d8b72a3&currsn=0&jdx=18&fsn=60

（编撰人：蔡柏林；审核人：罗　文，冯　敏）

7. 什么是肉用仔鸡?

肉用仔鸡，我国民间通常称“笋鸡”或“童子鸡”，一般不到性成熟即进行屠宰的小鸡。在外国是指烧烤用的小鸡。

目前肉用仔鸡是指用专门的肉用型品种鸡，进行品种和品系间杂交，然后用其杂交种，不分公、母均饲用蛋白质和能量较高的日粮，促进其快速生长肥育，一般饲养到8周左右，体重达1.25～2.4千克即行屠宰、放血、除毛、去肠后屠体达活重的80%，他割净肉达45%～50%，这种鸡放在沸水中5～6分钟即可煮熟。

肉用仔鸡

★中国鸡蛋网，网址链接：http://img.cnjidan.com/upload/pictures/2015/12/0-LvtUY9.jpg

肉用仔鸡有以下几个特点。

（1）生长速度快。在正常饲养管理条件下，4周龄体重可达0.81千克，6周龄体重达1.49千克，到8周龄时平均体重可达2.2千克。

（2）饲料报酬高。其肉料比一般可达（1∶1.9）～（1∶2.2）。

（3）饲养期短。目前不到8周即可出栏。

（4）肉的品质好。肉用仔鸡的肉质细嫩多汁，含蛋白质量高，可达24.4%，脂肪含量适度，达2.8%。胆固醇含量少，因此，其味道鲜美可口，营养极为丰富，是有益健康的食品。

（5）出栏规格整齐。

（6）适于规模饲养，劳动生产率高。在一般设备条件下，肉鸡能够以数千、数万只为单位饲养，一般一个人可饲养3 000～5 000只，在机械程度较高的条件下可养十几万到几十万只，生产100千克鸡肉只需1个工时。

（编撰人：凡秀清；审核人：罗文，黎镇晖）

8. 有哪些类型的肉鸡舍？

随着我国养鸡业的发展，肉鸡舍的类型也在不断地增多。前十几年我国传统的肉鸡养殖模式有地面平养和网架两种，根据鸡舍内部装备的不同又可以分为7个类型。

类型1：全垫草型，传统的粪肥堆积类型。

类型2：全高床型，其下配以粪槽和空气干燥机，每周清粪一次。

类型3：半垫草半高床型，高床下配以粪槽和空气干燥机，每周清除约50%粪肥。

类型4：同类型3，用高床下干燥漏粪板条上的粪肥积肥以替代粪槽。

类型5：全垫草饲养地面（木框上铺一层可渗透的蘑菇形布），用两台风机从下面加压通风。

类型6：笼养型，立体多层鸡笼的优点是可以提高单位空间饲养效率，节约饲养成本以及便于生产管理。

类型7：网养型，可以将鸡群与地面的粪污隔开，从而降低鸡群的发病率，也便于养殖人员清扫鸡舍。

现在，养殖场使用比较多的肉鸡舍有封闭式、封闭式有窗、半封闭式的。封闭式鸡舍一般为大规模养殖场使用，可以保证舍内环境稳定，隔热保温，在冬季不受寒冷气候的影响；封闭式有窗鸡舍一般被小规模鸡场所使用，一方面在温暖季节可以充分利用窗户增加通风量，另一方面在寒冷的冬季通过对外围结构和通风管道的精心设计，不仅能保证鸡舍适宜的环境，而且可以减少能源消耗；半封闭式鸡舍的优点是造价相对较低，结构简单，通风及光照均良好，但是不易控制鸡舍环境。

笼养肉鸡舍

网养肉鸡舍

★第一农经，网址链接：
http://www.1nongjing.com/uploads/allimg/170602/2039-1F6021KSc94.jpg
http://www.1nongjing.com/uploads/allimg/160719/1158-160G9105254505.jpg

（编撰人：易振华；审核人：黎镇晖，冯　敏）

9. 肉鸡舍按用途分为哪几类?

（1）育雏舍。育雏舍是饲养从出壳到4～6周龄鸡的专用房舍。舍内应有人工给温设施，总的要求是保温防寒、地面干燥、通风向阳，便于操作管理，房舍严密和防止鼠害等。因此，育雏舍要低，墙壁要厚，屋顶装设天花板，房顶应铺保温材料，门窗要严。保温的同时要求通风良好，通风的速度要适宜，嗄保持新鲜空气。

（2）育成舍。育成舍是饲养7～20周龄鸡专用的鸡舍，建筑要求是要有足够的活动面积，以保证正常的生长发育，需通风良好，坚固耐用，便于操作管理。

目前育成舍的形式有开敞式和密闭式两种，饲养方式有笼养和平养。

（3）种鸡舍。种鸡舍要求环境因素能满足种鸡的需要，从而发挥种鸡的生产性能，其建筑结构和材料应根据本地气候条件及选育配种方式进行选用。平养种鸡舍：采用地面平养，一般为开放式鸡舍。“二高一低”的平养一般为半开放式鸡舍，饲养密度为每平方米3～4只。笼养种鸡舍：笼养种鸡舍应考虑笼的大小和排列方式，预留料道和粪道的宽度和位置，还要考虑清粪方式是否需要预留机械清粪的粪沟。

（4）商品肉鸡舍。肉用仔鸡生长速度快，饲养周期短，一般6周龄以上就可出售，它对鸡舍的要求是保温性能强、通风换气好，光照不宜太长、太强，地面易冲洗消毒。

育雏舍

育成舍

★360图片，网址链接：
https://timgsa.baidu.com/timg?image&quality=80&size=b9999_10000&sec=1517925073&di=e88e8ebe99e9eec60d358d5f311428c0&imgtype=jpg&er=1&src=http%3A%2F%2Fwww.ryyehua.com%2Fuploadfile%2F2014522%2F2014522930203000445.jpg
https://timgsa.baidu.com/timg?image&quality=80&size=b10000_10000&sec=1517320315&di=6abe343d972b1ae5deda8605f5e9c28c&src=http%3A%2F%2Fs2.sinaimg.cn%2Fmw690%2F006bXywdgy6Wf5N1NBv01

（编撰人：郎倩倩；审核人：罗　文，冯　敏）

10. 肉鸡的健康养殖对鸡场选址有哪些原则要求？

（1）必须符合当地农牧业总体发展规划、土地利用开发规划和城乡建设发展规划的用地要求。自然保护区、生活饮用水水源保护区、风景旅游区、受洪水或山洪威胁及有泥石流、滑坡等自然灾害多发地带、自然环境污染严重等的地区或地段不宜选址建场。

（2）选择地势高燥、背风向阳、通风良好、远离噪音、易于组织防疫的地方。切忌在低洼涝地、冬季风口处建场，否则肉鸡易感染疾病。

（3）肉鸡场应建在交通方便的地区，距离主要交通干线、居民区500米以上，距离屠宰场、化工厂和其他养殖场1 000米以上，距离垃圾场等污染源2 000米以上。

（4）肉鸡场区土质应选择透水性强、吸湿性和导热性小、质地均匀并且抗压性强、地下水位应低于鸡舍地基深度0.5米以下的沙质土壤。

（5）肉鸡场区水源充足，供水能力能够满足肉鸡养殖场生产、生活、消防用水需求，应具有独立的自备水源（井）；饮用水水质必须符合国家《畜禽饮用水水质标准》和《畜禽饮用水中农药限量指标》。切忌在严重缺水或水源严重污染的地区建场。

（6）电力供应充足有保障，具备二三相电源，最好有双路供电条件或自备发电机，供电稳定。

鸡舍

★360图片，网址链接：
http://p4.so.qhmsg.com/bdr/_240_/t01aae828c7ba898d29.jpg
http://p3.so.qhimgs1.com/bdr/200_200_/t017464553ab0f23c83.jpg

（编撰人：郎倩倩；审核人：罗　文，冯　敏）

11. 健康养鸡的废弃物有哪些种类？对环境有何危害？

（1）废弃物。鸡的粪便、死鸡、蛋壳、死胚、死雏、污水、羽毛、鸡血、废弃内脏。

（2）大气污染。废弃物若不及时处理，在微生物的作用下，会腐败，分解产生大量恶臭气体如氨气、硫化氢、甲烷，严重污染大气，同时也给鸡只甚至员工带来严重的健康危害。

（3）水污染。废弃物中富含氮、磷、有机物和病原体。有机物的腐败，磷的富营养化，耗氧物质进入水中将使水中含氧量大幅度下降，并且其中还含有硫化氢等有毒有害物质，如果进行农田灌溉，会使作物大面积腐烂。

（4）疾病。病鸡、带毒鸡的尸体及其粪便如不经无害处理，可成为传播疾病的重要传染源，受污染的器具、车辆等是病原菌传播的主要载体。鸡粪中的寄生虫体、虫卵，可使病原菌种类、数量增大，造成传染病和寄生虫病的蔓延和周边暴发。

（5）土壤污染。鸡粪中含有大量钠盐钾盐，通过反聚作用，会造成土壤微孔减少，通透性降低，破坏土壤结构。用受污染的水进行灌溉，将使农作物晚熟或者直接腐烂减产。

废弃物丢弃

病死鸡

★四川在线，网址链接：http://neijiang.scol.com.cn/tsyjd/20100517/2010517164733.htm
★淘图客，网址链接：http://www.talkimages.cn/index/piclistshow？id=1874600

（编撰人：张梓豪；审核人：黎镇晖，冯　敏）

12. 怎样对鸡场进行分区与布局?

（1）鸡场分区。鸡场要根据建筑群的不同功能、不同生产要求进行分区规划，为改善防疫环境创造有利的条件。一般将鸡场分为管理区、生产区和隔离区。

①管理区。该区应设在与外界联系方便的位置。鸡场的供销运输与社会的联系十分频繁，极易造成疫病的传播，故场外运输应严格与场内运输分开。

②生产区。该区是鸡场的核心，许多综合鸡场还设有饲料加工厂、孵化场和产品加工企业。

鸡舍规划图

★360图片，网址链接：http://img1.jqw.com/2013/01/10/673853/product/b20130122151038067l.jpg

③隔离区。该区是养鸡场粪便等污物集中之处，是卫生防疫和环境保护工作的重点，该区应设在全场的下风向和地势最低处，且与其他两区的距离不少于50米，储粪场的设置既应考虑鸡粪便于由鸡舍运出，又应便于运到田间施用。病鸡隔离舍应尽可能与外界隔绝，且其四周应有天然的或人工的隔离屏障，设单独的通路和出入口。

（2）鸡场布局。布局的任务，主要是合理设计生产区内各种鸡舍建筑物及设施的排列方式、朝向和相互之间的间距。

①鸡舍排列。在设计时应根据当地气候，场地地形、地势，建筑物种类和数量，尽量做到合理、整齐、紧凑、美观。鸡舍一般横向成排（东西）、纵向呈列（南北）称为行列式。将生产区按方形或近似方形布置较好。

②鸡舍朝向。在我国大部分地区取朝南方向的鸡舍或稍偏西南或东南较为适宜，这样有利于通风换气、冬暖夏凉。

③鸡舍间距。必须根据当地地理位置、气候、场地的地形等来确定。鸡舍间距的大小，依据不同的要求与鸡舍高度的比值各有不同，防疫间距为1：（3～5）；排污间距为1：（1.5～1.9）；防火间距为1：（2～3），日照间距为1：（1.5～2）。综合考虑，鸡舍间距是檐高的3～5倍。一般密闭式鸡舍间距为10～15米，开放式鸡舍间距应为鸡舍高度的5倍左右。

此外，场内道路与排水设施建设应便于生产管理，鸡场还要适当进行绿化。

（编撰人：郎倩倩；审核人：罗　文，冯　敏）

13. 如何布局和设计孵化场的工艺流程?

孵化场内各种建筑设施的布局一定要符合单向流程作业程序，即保证人和空气的流向、冲洗消毒的作业程序，以及污物、废物处理的无污染性，总体设计不能出现交叉污染的问题。

鸡舍

★慧聪网，网址链接：https://hnygqy.b2b.hc360.com/shop/infodetail.html?ciid=3256522&psort=2

孵化场的单向流程作业程序为：种蛋从种鸡场运来后，先进入种蛋接收室，根据种蛋的批次行分选码盘，进入种蛋熏蒸消毒间进行熏蒸消毒，然后进入蛋库存放，上孵时从蛋库将种蛋推入预温间，预温后推入孵化器孵化，18天后移入出雏器，出雏后雏鸡送入雏鸡分选室，分选后进行必要的免疫等，最后存入待运间，等待发运。较小的孵化场可采用长条流程布局；但大型孵化场，则应以孵化室、出雏室为中心，根据生产流程确定孵化场的布局，安排其他各室的位置和面积，以减少运输距离和工作人员在各室之间不必要的往来，提高房室的利用率，有效改善孵化效果。孵化场地面应是水泥的，最好是水磨石面，各厅室地面要建0.5%～1.0%坡度，不能积水。

（编撰人：胡博文；审核人：罗　文，黎镇晖）

14. 常用的养鸡设备有哪些?

常用的养鸡设备主要包括：供暖设备、通风设备、供水设备、温控设备、喂料设备、产蛋设备、笼具、光照设备。

供暖设备主要有烟道供暖和电热保温伞。在密闭的鸡舍内，一般为机械通风，可分送气式和排气式两种，都需要通风机完成。供水设备主要有乳头式饮水器、真空饮水器、水槽、吊塔式自动饮水器等。温控设备主要有湿帘、风机等。喂料设备主要有食槽、自动喂料机等。产蛋设备一般为产蛋箱和集蛋器。笼具一般有蛋鸡笼、肉鸡笼、育雏笼等。光照设备一般为白炽灯、日光灯，有些养殖企业在鸡舍中也会用到LED灯。

鸡舍供水系统

鸡舍供料系统

★第一农经，网址链接：
http://www.1nongjing.com/uploads/allimg/160301/892-1603011631235D.jpg
http://www.1nongjing.com/uploads/allimg/161013/892-161013143H1362.jpg

（编撰人：易振华；审核人：黎镇晖，冯　敏）

15. 肉鸡健康养殖的基本要求是什么?

肉鸡的健康养殖是保障肉鸡产品的质量与安全，提升肉鸡养殖经济效益的重要前提。肉鸡健康养殖应该从雏鸡的饲养管理、大鸡的饲养管理、疫病防治等基本方面入手。

在肉鸡养殖中，雏鸡是最脆弱的群体。雏鸡的饲养管理在雏鸡破壳前就已经开始。首先要保障好育雏室和育雏设备、器具的消毒；其次要调试好育雏室内的通风、温控、光照等设备；最后要做好水、料的供应，疫苗的注射等工作。

30～45日龄的鸡要进行转群操作，使之进入大鸡的育肥阶段。转群后，其生活环境、饲料、饲养方式都会有一个大的转变，因此要做好过渡期的饲养管理，例如不能立即换成大鸡料，要有4～6天的转换时间。过渡期结束后，随着鸡的生长注意调整饲养密度，以及个体强弱分群。

养殖安全重在防病，首先要给鸡群提供一个干净卫生的饲养环境，定期打扫养殖场卫生，杂草、异物要及时清除，对空鸡舍、运动场要定期消毒；其次要做好人员、车辆的消毒，在主要通道区域设置消毒池以及喷淋装置；对病鸡、死鸡、医药废料、粪污要及时清理，清理设施要远离正常鸡舍；认真并严格执行好疫苗注射工作。

鸡舍消毒

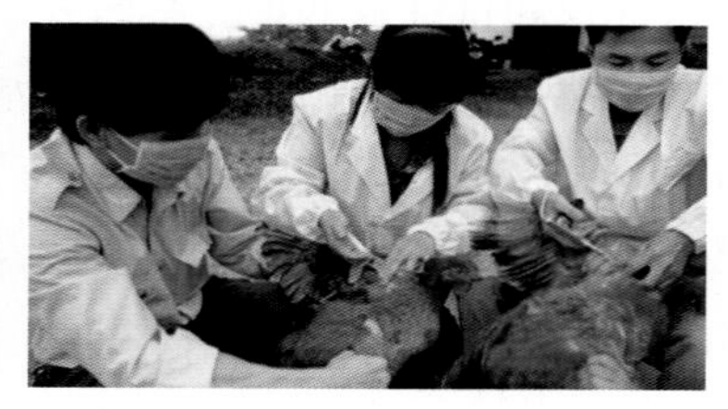

接种疫苗

★搜狐网，网址链接：http://m.sohu.com/a/239768894_464057
★第一农经，网址链接：http://www.1nongjing.com/uploads/allimg/170908/2039-1FZQ61612411.png

（编撰人：易振华；审核人：黎镇晖，冯　敏）

16. 肉鸡健康养殖对环境有何要求？

环境条件是肉鸡健康养殖的基础，为鸡群提供适宜的环境条件才能保证鸡群的健康生长。鸡舍环境条件包括温度、湿度、通风、光照等。

（1）温度。一般1～2日龄舍温应保证在35～33℃，1周龄舍温33～30℃，以后每周降2℃左右，至5周龄时保持在21℃。

（2）湿度。为避免鸡舍温度高湿度低造成脱水，在第一周舍内湿度要保持在65%～70%，两周后应降低湿度，最后维持在55%～60%，保持舍内干燥即可。

（3）通风。注意鸡舍的通风换气，1～3周龄以保温为主，适当通风；4周龄以后以通风换气为主，保持适宜温度，要注意舍内氨气浓度。

（4）光照。为促进鸡的采食和生长，应采用合理有效的光照制度。1～3日龄，实行24小时光照，3日龄以后实行23小时光照，1小时黑暗，关灯时间在夜间11～12时较好。灯高2米，灯距3米，每10平方米安装一个60瓦灯泡，2周后换25瓦灯泡。

（5）另外，还可以适当对饲养环境加以控制。改进纵向通风系统，减少用电数量；研究应激控制方案，提高生产性能；开发有害气体消减技术，改善养殖环境；减少鸡舍内粉尘排放，实现清洁生产；建设复合型生态农场，真正变废为宝。

鸡群

鸡舍

★360图片，网址链接：
http://www.jbzyw.com/cms/upimg/110529/1_230306_1.jpg
http://image.made-in-china.com/44f3j00rtUQuFBEjTgM/Poultry-Farm-Equipment-for-Broiler-Chicken-House.jpg

（编撰人：郎倩倩；审核人：罗　文，冯　敏）

17. 如何分析肉用种鸡的均匀度?

对鸡群随机取5%～10%鸡只进行称重，以统计学方法计算，可以得到体重的平均值、标准差。在所有称重鸡只的数据中：列出体重低于数字（平均值乘以10%减去平均值）的鸡只数，设为X。列出体重高于数字（平均值乘以10%加上平均值）的鸡只数，设为Y。列出体重在（平均值乘以10%减去平均值）与（平均值乘以10%减去平均值）之间的鸡只数，设为Z。肉用种鸡的均匀度（±10%）=Z+（XYZ）×100%。

肉用种鸡的均匀度数字越大，表明肉用种鸡整齐度越好，该鸡群的产蛋性能也就越好。

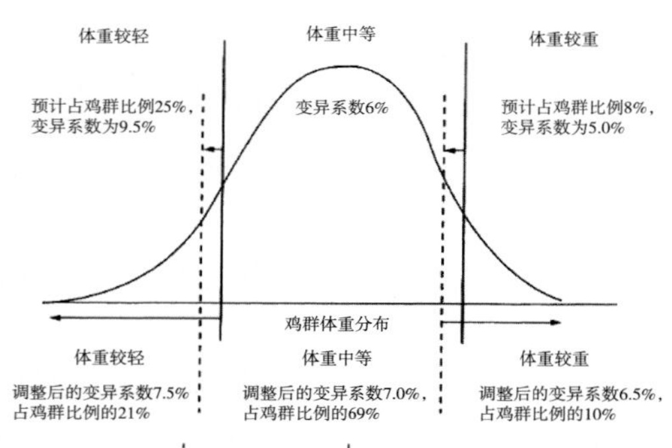

肉用种鸡体重与均匀度

周龄	体重（克）	CV(%)	均匀度(%)	周龄	体重（克）	CV(%)	均匀度(%)
4	480	8.0	78	15	1 500	8.9	75
5	525	8.2	78	16	1 610	8.7	77
6	620	8.4	78	17	1 745	8.7	77
7	715	8.7	77	18	1 880	8.1	78
8	810	8.8	76	19	2 015	8.0	78
9	905	8.9	75	20	2 150	8.0	78
10	1 000	9.0	72	21	2 310	7.8	80
11	1 095	9.1	71	22	2 470	7.8	80
12	1 190	9.2	70	23	2 630	7.8	80
13	1 290	9.1	71	24	2 790	7.6	85
14	1 890	9.0	72	25	2 950	7.6	85

不同周龄肉用种鸡（爱拔益加）与均匀度

★360图片，网址链接：
http://p5.so.qhimgs1.com/dmfd/197_161_/t017c99cec38b5b043b.gif
http://www.jbzyw.com/cms/upimg/allimg/090527/203F33V6-2.gif

（编撰人：郎倩倩；审核人：罗　文，冯　敏）

18. 如何控制肉用种鸡的均匀度?

肉用种鸡的均匀度与其产蛋性能有密切关系。均匀度越高，鸡只越整齐，产蛋性能就越好。提高肉用种鸡的均匀度，可采取以下措施。

（1）母鸡在5周龄开始限制饲养。满5周龄时，对鸡群随机抽取5%的鸡只进行称重，计算鸡群的平均体重和均匀度，为下周的限制饲养计划提供参考依据。以后固定于每周的这天，对鸡群随机抽样称重，计算鸡群的平均体重和均匀度。在6周龄对全群鸡只进行称重和分群，将不同体重的鸡分为大（大于平均体重×110%）、中、小（低于平均体重×90%）3个群体，分开饲养。对超重鸡群适当减少饲料量，限制其增长速度。对体重明显偏轻鸡群适当增加饲料量，适度提高其增长速度。

（2）到12周龄和17周龄时，每周的固定时间，对全群鸡只进行称重，将超重鸡只、体重明显偏轻鸡只进行调群。依据每周称重的统计分析结果，参考该品种饲养手册，制订和执行合理的限制饲养计划，提高肉用种鸡的均匀度。

鸡只称重

均匀度变异系数（%）	分栏后体重大、中、小部分所占的百分比（%）		
	大体重	中体重	小体重
10	0~2	80（78~82）	18~80
12	5~9	70（66~73）	22~25
14	12~15	58（55~60）	28~30

肉用种鸡分栏后的体重分布

★360图片，网址链接：
http://s3.sinaimg.cn/mw690/004eBXy5zy6MKtXZ7A682&690
https://ss1.bdstatic.com/70cFvXSh_Q1YnxGkpoWK1HF6hhy/it/u=1800110493，2269152262&fm=15&gp=0.jpg

（编撰人：郎倩倩；审核人：罗　文，冯　敏）

19. 如何提高肉用仔鸡商品合格率?

改善肉仔鸡的上市规格，提高肉用仔鸡的商品合格率和质量，直接关系到农户的经济效益。为此，要尽量减少或者避免出现弱小的仔鸡、胸囊肿、挫伤，并且要改良饲养技术方式。

（1）减少弱雏。饲养肉用仔鸡的过程中，病弱仔鸡都是饲喂的环节造成的，例如，孵化的环境、饲养的密度、开食的时间等。抓好种鸡质量，孵化过程，开食要做好，提供良好的饲养环境和充足的面积，槽位要充足，避免密度过大；保持群体的整齐一致，一旦出现个体大小不均匀，应该按大小分群饲养。

（2）避免外伤。饲养的过程中和出栏的时候，都容易造成鸡只的挤压伤残，饲养环境尽量保持安静，地面垫料要松软干燥，料槽分布合理、高度适中，避免尖锐物体的出现。计划好出栏时间，抓鸡出栏的过程中要轻，运输平稳，最好在晚间或者遮光的条件下捕捉，以防挤压争斗碰伤。

（3）控制胸囊肿。胸囊肿是肉用仔鸡最常见的疾病，就是龙骨表面受到刺激或者压迫出现的囊状组织，里面含有黏稠澄清的渗出物，影响屠体的商品价值和等级。应加强垫料管理，保持松软和一定的厚度，降低饲养密度，减少肉仔鸡的伏卧时间，适当促进其活动，可以增加饲喂的次数和减少每次的量。

（4）预防腿部疾病。由于养殖水平的提高，使得仔鸡的增重加快，各周龄的体重比普通水平要高，容易造成仔鸡腿部受力过大，形成腿病，此外，当饲料中钙、磷比例不足或失调，维生素或微量元素缺乏，垫料过湿、板结，日粮能量高、糠麸含量少、缺锰都会引起软脚病，因此，在饲料中最好采用磷酸氢钙，因磷酸氢钙中的磷比骨粉中的磷吸收利用率高，饲料中锰的含量应在80毫克/千克左右。

集中饲养

★中国家禽业信息网，网址链接：http://www.zgjq.cn/weekdoc/ShowArticle.asp?ArticleID=340846

（5）饲养技术。肉用仔鸡分档次和大小重量分群饲养，适时分批出售，提高出栏的整齐度。科学防止疾病，肉仔鸡出栏前10天停止打药，降低出栏仔鸡的药物残留。屠宰前12小时断食，6小时前断水促进嗉囊内容物进入下段消化道，食物快速吸收，排除粪便。

（编撰人：张梓豪；审核人：黎镇晖，冯　敏）

20. 如何挑选肉用种雏鸡?

优质雏鸡的表现如下。

（1）眼大有神，向外凸出，随时注意环境动向，反应灵敏，叫声洪亮，活泼好动。

（2）绒毛长度适中、整齐、清洁、均匀而富有光泽。

（3）肛门附近干净，察看时频频闪动。

（4）腹部大小适中、平坦。

（5）收缩良好。

（6）脐部愈合良好，干燥，有绒毛覆盖，无血迹。

（7）喙、腿、趾、翅无残缺，发育良好。

（8）抓握在手中感觉有挣扎力。

劣质雏鸡的表现如下。

（1）精神萎靡，缩头闭目，腿脚干瘪，站立不稳，对周围环境及声响反应迟钝，叫声微弱或嘶哑。

（2）不爱活动、怕冷。

（3）绒毛蓬乱玷污，缺乏光泽，有时绒毛极短或缺失。

（4）肛门周围粘有黄白色稀便，腹部膨大、凸出，表明卵黄吸收不良。

（5）脐部愈合不好，湿润有出血痕迹，缺乏绒毛覆盖，明显裸露；抓握在手中感觉无挣扎力。

（编撰人：郎倩倩；审核人：罗　文，冯　敏）

21. 如何饲养管理好肉用种雏鸡?

（1）控制好鸡舍温度是育雏成败的最关键因素，要尽全力保证鸡舍温度达标并维持稳定。各周龄雏鸡对温度的要求如下：1周龄32～35℃，2周龄29～33℃，3周龄26～29℃，4周龄24～27℃，5周龄21～24℃。所列温度是指离地面或底网面5～10厘米高处用温度计测量的数据。

（2）充分供应卫生饮水，让雏鸡自由饮用，同时也要防止雏鸡被水淋湿。应该做到饮水不断，随时自由饮用。间断饮水会使鸡群干渴造成抢水，容易使一些雏鸡被挤入水中淹死或身上沾水后冻死。

（3）雏鸡出壳后的饮水和摄食，越早越好，一般不能晚于36小时。要求饲喂全价颗粒饲料。投喂次数，1～14日龄4～6次，15～28日龄3次，5周龄2次。1～5周龄饲喂量分别（大致）为1克、5克、18.30克、3克、5克、40克。

（4）做好通风换气工作，适时降低舍内氨气、二氧化碳等浓度，增加空气新鲜度。换气时，要保持舍内温度稳定。

（5）光照要适度，对于密闭式鸡舍，第1周采用24小时照明，第2周采用12小时照明，第3～5周采用8小时照明。光照强度，第1周，每20平方米左右离地面2.4米处悬挂一个60～100瓦灯具，第2周以后更换为45瓦灯具。

（6）密度要适当，一般来说，地面平养时，第1～5周密度分别为每平方米50只、30只、25只、20只、15只。网上平养比地面平养密度要增加20%～30%，笼养比地面平养密度增加1倍。

（7）适时断喙，断喙时间一般在6～10日龄。使用断喙器或200瓦电烙铁。要求断去上喙前1/2，下喙前1/3。断喙时要及时止血。

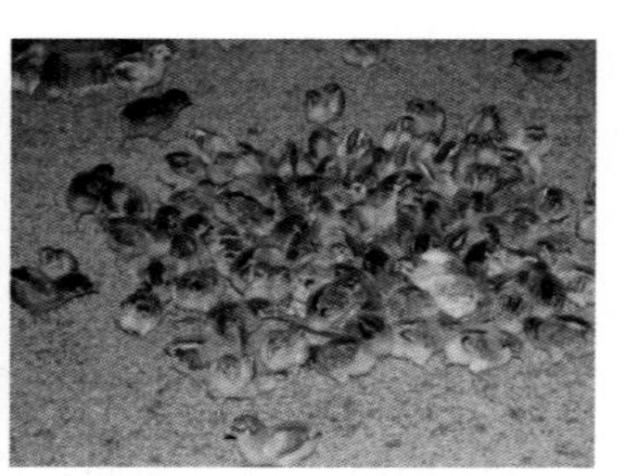
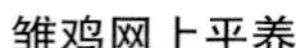

雏鸡网上平养　　雏鸡地面平养

★360图片，网址链接：
http://p3.so.qhimgs1.com/bdr/_240_/t01b7233b01dee5da53.jpg
http://p0.so.qhmsg.com/bdr/_240_/t01a55e9adad000c89f.png

（编撰人：郎倩倩；审核人：罗　文，冯　敏）

22. 育成期肉用种鸡有哪些生理特点？

首先，生长发育持续加快。在12周龄以前，肉用种鸡生长速度和体重增长快，饲料利用率高，易于沉积脂肪。如果饲料供给充足，就会导致体重过大、鸡体过肥，生殖器官发育不良，影响以后的产蛋量和受精率。

其次，消化能力逐渐增强。采食量日益增加，骨骼、肌肉和内脏器官等组织处于发育旺盛时期。性器官和性机能也迅速发育，公鸡在6周龄以后，鸡冠迅速红润，啼鸣，母鸡卵泡逐渐增大。育成后期性器官的发育更加迅速，如不加以控制，最早的会在15周龄后即出现初产蛋。在这个阶段，饲养管理的目标在于保证骨骼、肌肉和内脏器官正常发育的前提下，严格控制性器官过早成熟，以保证开产后达到较高的生产性能。

肉用种鸡

★360图片，网址链接：
http://p2.so.qhimgs1.com/bdr/_240_/t01c2c4eb06743fa502.jpg
http://p2.so.qhimgs1.com/bdr/_240_/t01210a687903440f9e.jpg

（编撰人：郎倩倩；审核人：罗　文，冯　敏）

23. 为什么要对育成期的肉用种鸡实行限制饲养?

这主要与该阶段肉用种鸡的发育特点有关。肉用种鸡在育成期具有生长迅速、发育旺盛等特点。良好的营养条件，会使种鸡体重迅速增加，性成熟提前，往往造成早产、早衰、产蛋高峰持续期短等后果。为了把后备鸡群培育成体质健壮、体重符合要求、发育好、适时开产、开产日龄整齐的鸡群，应采取特殊的饲养方法，即限制饲养法。

限制饲养，不仅可以节约10%左右的饲料，而且还能使种鸡性成熟延迟5～10天，使卵巢和输卵管得到充分发育，机能活动加强，从而提高整个产蛋期的产蛋量。另外，通过限制饲养，控制营养的摄入，可以防止母鸡过肥，体重过大，避免母鸡卵巢因脂肪沉积而被脂肪浸润，影响产蛋量和种蛋品质。同时，通过限制饲养，还可使病弱鸡不能耐过而自然淘汰，从而提高产蛋期种鸡的成活率。

育成期肉用种鸡

★360图片，网址链接：
https://ss0.bdstatic.com/70cFvHSh_Q1YnxGkpoWK1HF6hhy/it/u=903803552，1855147720&fm=27&gp=0.jpg
https://ss3.bdstatic.com/70cFv8Sh_Q1YnxGkpoWK1HF6hhy/it/u=3340906402，1335358581&fm=27&gp=0.jp

（编撰人：郎倩倩；审核人：罗　文，冯　敏）

24. 育成期肉用种鸡限制饲养的方法有哪几种?

肉种鸡限制饲喂一般从5周龄开始，常用每日限饲、隔日限饲和每周限饲3种方法对肉用种鸡在育成期进行限制饲养。

（1）每日限饲法。每天喂给限定数量的饲料，规定饲喂次数和采食时间。此法对鸡只应激较小。适用于幼雏转入育成期前2～4周和育成鸡转入产蛋鸡舍前3～4周（20～21周龄）时。

（2）隔日限饲法。把两天规定的饲料量合在一起，一天饲喂，一天停喂。此法限饲强度较大，适用于生长速度较快、体重难以控制的阶段，如7～11周龄。另外，体重超标的鸡群，特别是公鸡也可使用此法。但是要注意2天的饲料量总和不能超过高峰期用料量。同时应于停喂日限制饮水，防止鸡群在空腹情况下饮水过多。

（3）每周限饲法。每周限定的饲料量分成5份，喂5天，停喂2天，周日和周三不喂。此法限饲强度较小，一般用于12～19周龄。

育成期肉用种鸡

★360图片，网址链接：
http://p0.so.qhimgs1.com/dmfd/249_176_/t01cd00ed8766a61654.gif
https://ss1.bdstatic.com/70cFuXSh_Q1YnxGkpoWK1HF6hhy/it/u=1767014259，3356945112&fm=27&gp=0.jpg

（编撰人：郎倩倩；审核人：罗　文，冯　敏）

25. 如何对肉用种鸡进行饲养管理?

（1）了解肉用种鸡的生理发育特点。0～4周发育消化系统，心血管免疫系统和羽毛、骨骼，这段时间需要注意温度适宜，喂料均匀。4～8周，骨骼生长到85%，同时肌肉也生长，这个阶段体重均匀度越高越好。11周生殖器官开始发育，14～21周快速发育，体重增加，脂肪累积。21～30周性成熟，此时注重控制喂食，不要过肥。从产蛋开始到高峰，母鸡体重要有20%的增幅。

（2）光照。小鸡入舍第一天24小时光照，2～3天22小时光照，4～5天20小时光照，6～14天16小时光照，前14天母鸡自由采食，14天后开始限饲，相应减少光照时间到8小时，持续到22周龄。之后若发育完全，则可以加光。

（3）环境控制。保持良好的通风，排出湿气，保证充足氧气，维持均衡的湿度，同时维持垫料不受潮，湿度维持在55%～65%为宜。

（4）科学饲喂。要调节好鸡的早期发育速度，0～6周要注意蛋白的积累；7

周龄时维持在标准体重的中线附近；7～12周，严格限饲避免鸡超重；12～15周龄，控制在标准的下线；15～16周龄可适当加快增重速度，20周龄时控制体重在中线偏上。

（5）饲料营养。肉用种鸡一般24周龄开产，32周龄达到产蛋高峰，直到45周龄仍保持较高水平，然后逐渐下降。以50周龄为界，将产蛋期分为前后两个阶段。前期饲料中蛋白质含量略高，后期略低。

（6）体重整齐。鸡群体重整齐，可使得产蛋高峰期的产蛋率高，持续时间加长，产蛋量提升。

肉用种鸡笼养

★聪慧网，网址链接：https://b2b.hc360.com/supplyself/4284045051.html
★网易博客，网址链接：http://blog.163.com/pdsnksskd@126/blog/static/519180582011716105045492/

（编撰人：张梓豪；审核人：黎镇晖，冯　敏）

26. 肉用种鸡限饲应注意哪些问题?

（1）控制好饲养环境。在限饲情况下，因鸡的采食量受到了控制，鸡会对饮水发生兴趣，大量饮水及颈部羽毛带出来的水很容易导致舍内垫料潮湿。粪便在高湿度的条件下会发酵产生一些有害气体，如果通风不良，这些有害气体蓄积会造成环境恶化。潮湿的垫料还会造成寄生虫大量繁殖，故应做好环境的控制。一是对鸡群限水，二是注意通风，三是加强管理。

（2）避免引发营养缺乏症。限饲阶段的种鸡，如果仍按常规浓度添加鸡生长发育的必要成分，因采食量不足，必然会使一些必需物质的摄入减少，时间一长即可引起某些营养缺乏症。因此，在配制育成期种鸡饲料时一定要注意以下几点：①选用优质添加剂。②增加添加剂用量，如维生素的用量可在正常基础上增加30%。③应激时维生素、矿物质的用量加倍。

（3）提高药物使用效果。一般药物的使用量范围是根据鸡的正常采食量等因素推算而来，限饲期如果饲喂正常浓度的药物添加剂，动物会因采食量减少导致药物吸收量减少，进而降低使用药物的效果。因此，在使用药物时，使用量应在正常基础上增加30%，或将限制饲喂临时改为自由采食，以保证鸡摄入足量的药物。

（4）防止因抢食造成鸡群压死种鸡。在限饲期，鸡群会表现出强烈的饥饿感。当再次饲喂时，鸡群为了及早抢到食物便会朝一处聚集，如不及时驱散，有些种鸡就会被压死。因此，喂料时速度要快，并尽量在不见光时饲喂，喂料之前供应充足的水，且水源离食槽不要太远。

肉用种鸡

★360图片，网址链接：
http://p1.so.qhimgs1.com/dmfd/222_165_/t0156f7ff919e329411.jpg
http://p4.so.qhmsg.com/dmfd/251_189_/t0119a95d10edb36ad9.jpg

（编撰人：郎倩倩；审核人：罗　文，冯　敏）

27. 肉用种鸡产蛋期的饲养方式有哪些?

（1）地面平养。有更换垫料平养和厚垫料平养两种，有的设有运动场，有的是全舍饲养。这种饲养方式投资少，房屋简陋，受精率高。但除粪劳动比较繁重，也容易感染疾病。

（2）栅养或网养。架床可以是金属网、竹片、小圆竹、木条等编排而成，栅、网离地面60厘米左右。采用这种饲养方式，鸡的粪便从栅缝或网孔落下，可减少球虫病等其他肠道疾病的发生，但由于种鸡在网上活动，往往会使配种受到影响，种蛋受精率较低。

（3）栅地结合饲养。以舍内面积1/3左右为地面，2/3左右为栅栏（或平网）。近年来采用这种饲养方式较为普遍，其投资较网养（或栅养）省，且省垫料，受精率较高。

（4）笼养。肉用种鸡笼养，多采用二层阶梯式笼，这样有利于人工授精。笼养种鸡的受精率、饲料利用率高，效果较好。

笼养

地面平养

★360图片，网址链接：
http://p0.so.qhimgs1.com/bdr/_240_/t0113197ff1c07be00c.jpg
http://img1.100ye.com/img2/4/389/289/9583789/msgpic/28188635.jpg

（编撰人：郎倩倩；审核人：罗　文，冯　敏）

28. 肉用种母鸡产蛋率大幅下降的主要原因有哪些？

（1）限制饲喂方法不当。

①育成鸡采用单一的每日限量饲喂法有弊端。该批育成鸡全期基本采用了单一的每日限量饲喂，它需要完善的饲槽设备和准确的鸡数及饲料量，且限饲的强度低，对应激反应比隔日限饲的鸡敏感。

②育成阶段发病期中止限制饲喂应慎重。中止限饲的目的在于缓解鸡群个体对疾病或环境突变应激的反应。该批鸡在94日龄突发法氏囊病后即中止限饲，恢复自由采食。结果，健康鸡采食过量，发病鸡少食或绝食。使鸡群两极分化程度更为明显，均匀度下降至56%。

③16～18周龄是生殖系统发育的完成阶段，任何措施的变化都会对母鸡固有性能的发挥起到很大影响，这阶段不能限饲过严，否则将会影响生殖系统的发育，致使性成熟推迟。

（2）光照制度不合理。及时组织转群上笼，使用合理的光照制度，是保证按时开产，提高产蛋率的有效措施，必须予以足够的重视。

（3）育成期鸡群发病。育成期鸡群发病，影响鸡只的生长发育和终生产蛋量。

肉用母鸡

★百度图库，网址链接：
http://preview.quanjing.com/ul1233/ul1233-2356.jpg
http://a3.att.hudong.com/21/24/19300001311254133092242568730_950.jpg

（编撰人：凡秀清；审核人：罗　文，黎镇晖）

29. 鸡精液品质检查主要做哪几方面工作？

（1）外观检查。

①精液量。精液量因鸡种类、品种、个体而异。同一个个体又因日龄、采精方法及技术水平等有所差异。

②色泽。正常的精液一般为乳白色或灰白色，且精子密度越高，乳白色程度越高，透明度越低。

③气味。公畜的精液略带腥味。

（2）pH值检测。新鲜精液pH值一般为7.0左右，因家畜种类、品种、个体、采精方法不同会使pH值有所差异。

（3）精子活力检测。精子活力指精液中呈前进运动精子所占的百分率。新鲜的原精液，活率一般为0.7～0.8。

（4）精子密度检测。精子密度一般指每毫升精液中所含有的精子数。

（5）精子畸形率检测。形态和结构不正常的精子都属于畸形精子。如果畸形精子超过20%，此精液品质不良，不适合用作输精。

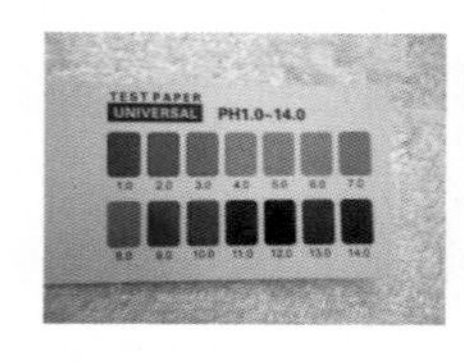

pH试纸

精液检测

★网易科技网，网址链接：http://imall.cntv.cn/2015/05/27/ARTI1432691162698609_5.shtml
★企翼网，网址链接：http://shop.71.net/Prod_1380132750.html

（编撰人：周良慧；审核人：黎镇晖，冯　敏）

30. 鸡精液稀释液的作用是什么?

精液稀释液是指向精液中添加的适合精子体外存活并保持受精能力的液体，其作用有如下。

（1）稀释剂。稀释剂主要用以扩大精液容量，要求所选用的药液必须与精液具有相同的渗透压。严格地讲，凡向精液中添加的稀释液都具有扩大精液容量的作用，均属稀释剂的范畴，但各种物质添加各有其主要作用，一般用来单纯扩大精液量的物质有等渗的氯化钠、葡萄糖、蔗糖溶液等。

（2）营养剂。主要为精子体外代谢提供养分，补充精子消耗的能量。如糖类、奶类、卵黄等。

（3）保护剂。①稀释液中含有降低精液中电解质浓度的物质，能够延长精子的存活时间。②稀释液中含有缓冲剂，可以对精子起到保护作用。③稀释液中含有抗菌物质，防止细菌过度繁殖影响精液品种。④稀释液中含有抗冻物质，防止精子冷应激。

稀释粉

保护剂

★武汉红之星（中国）农牧机械有限公司，网址链接：http://www.whhzx.diytrade.com/sdp/1519975/2/pd-6146500/9394642-2360061.html

★深圳市鑫钻农牧科技有限公司，网址链接：http://yangzhi.huangye88.com/xinxi/59201766.html

（编撰人：周良慧；审核人：黎镇晖，冯　敏）

31. 正确的输精方法是什么?

以鸡为例，用1毫升的结核菌素注射器作为授精器。常见的有如下两种授精方法。

（1）翻肛授精法。压迫母鸡的下腹部使其泄殖腔外翻，将精液注入到离卵管开口部2～4厘米的阴道深处。

（2）直接插入阴道授精法。将母鸡轻按压于地面或约70厘米的平台上，左手的大拇指紧靠着泄殖腔下缘，轻轻地向下方压迫，使泄殖腔口张开，右手将授精器轻轻地插入泄殖腔，向左下方插进3～5厘米深，稳住授精器，将精液缓慢注入。

输精量每次为0.05～0.1毫升。每次每只母鸡授入的精子数最少要求在800万至1亿才能达到理想的受精率。从采精开始到授精结束所用的时间应控制在90分钟以内。

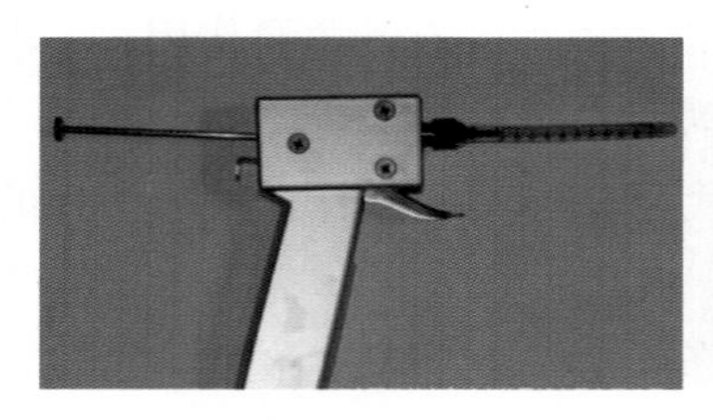

鸡用连续输精枪

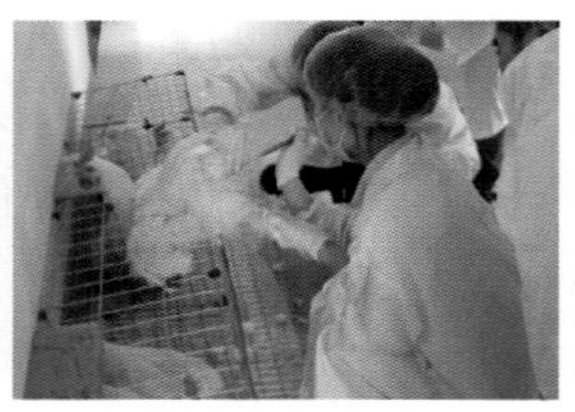

人工授精

★慧聪网，网址链接：https://b2b.hc360.com/supplyself/82815900777.html
★中国鸡蛋网，网址链接：http://www.cnjidan.com/news/736005/

（编撰人：周良慧；审核人：黎镇晖，冯　敏）

32. 在配种期肉用种公鸡的饲养管理应有哪些措施？

只有培养品质良好的种公鸡，才能更好地提高种蛋的受精率。配种期肉用种公鸡的饲养管理是很重要的。采取下述措施，能显著提高种蛋受精率和种鸡场的经济效益。

中山沙栏公鸡

★中国家禽业信息网，网址链接：http://www.zgjq.cn/Data/ShowArticle.asp？ArticleID=348808

（1）公、母比例要适宜。在养鸡实际生产上，适宜的公、母鸡比例为1∶10。经过多年实践证明，此比例能减少公鸡间的争斗，能使地面散养方式的种蛋受精率保持在93%左右，使2/3棚架饲养方式的种蛋受精率保持在90%左右。配种期要始终保持这个比例。

（2）科学配制日粮。产蛋期因管理目标不同，公、母鸡应当喂给营养成分不相同的日粮。适当降低公鸡日粮中蛋白质含量（14.5%～15.5%），并在公鸡料中适时定量补充一些多维素、矿物质，对提高受精率效果明显，提高精子的活力和质量，以满足公鸡的配种需要。

（3）饲喂方法。饲喂时应当采取公、母鸡分饲的方法。母鸡使用自动喂料装置，配置限料板或限料网，以公鸡不能吃到料为准。公鸡则采用料桶给料。

（4）防止脚趾损伤。如果采用棚架饲养，则棚条的间距不超过3厘米，否则会损坏公鸡的脚趾，影响受精率甚至淘汰。

（5）做好淘汰工作。及时淘汰公鸡群中所有鉴别错误、跛足、有生理缺陷、精子质量不好的公鸡。制订公鸡替换方案，产蛋期鸡群中，因为公鸡的死亡及病弱淘汰，鸡群中的公、母鸡比例会下降，应及时补充。

（编撰人：凡秀清；审核人：罗　文，黎镇晖）

33. 如何提高种蛋孵化率？

要提高种蛋的孵化率，可以从以下几个方面进行考虑。

（1）首先，及时对种蛋进行消毒；其次选择好的鸡蛋，种蛋的形状、大小要适中，重量在50～55g为宜；最后，在人工孵化机前要进行消毒熏蒸。

（2）孵化过程要有一个良好的环境，首先温度一般要求维持在37.7℃左右，其次是湿度，一般前期的相对湿度要保持在55%左右，后期湿度要高，维持在70%左右，除此之外还要及时的通风，翻蛋。

（3）为了提高种蛋的孵化率，还可以通过光照促孵法，紫外线照射种蛋，人工助产破壳法，激光照射种蛋，用维生素、碘、蛋氨酸处理种蛋以及多破裂的种蛋进行修补等。

只有严格的按照孵化过程操作和做好种鸡蛋的选择消毒，不仅能保证种蛋孵化率，而且还可以提高鸡的质量，从而获得高的经济效益。

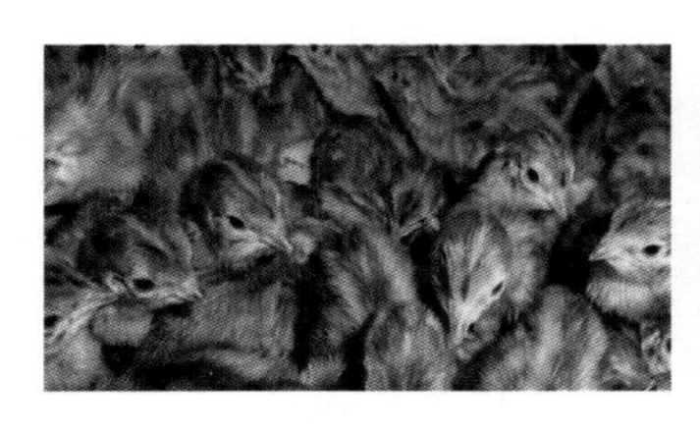

种蛋孵化

种蛋样板

★马可波罗企业网，网址链接：http://china.makepolo.com
★江苏贵妃鸡种蛋，网址链接：http:// gouwu.mediav.com

（编撰人：吴文梅；审核人：罗　文，黎镇晖）

34. 翻蛋、照蛋操作要领有哪些?

（1）翻蛋。主要作用在于防止胚胎与壳膜粘连，定时转动蛋的位置，不仅增加胚胎运动，还增加了卵黄囊、尿囊血管与蛋黄、蛋白的接触面，有利于营养物质的吸收。翻蛋应从入孵第1天开始直至落盘，翻蛋的角度最好能达到180℃，因鸭蛋体积大，含水量比鸡低，蛋白黏稠，要求翻蛋角度要大，便于胚胎转动。在一定的温度条件下，蛋内水分不断蒸发，如果长时间不翻蛋，因水分蒸发，就会使胚胎黏结在蛋壳上，造成胚胎死亡。

（2）照蛋。目的在于观察胚胎发育是否正常，如发现不正常，可及时调整孵化条件，以便获得良好的孵化效果。一般进行3次，第一次在入孵5～6天时进行，将无精蛋、死精蛋以及裂纹蛋捡出，登记入表，计算出受精率并反馈到种鸡场；第二次在11天左右时，主要将中途死胚蛋捡出，以免孵化时变质炸裂；第三次一般在移盘时，一边落盘一边验蛋，剔出后期死胚蛋。

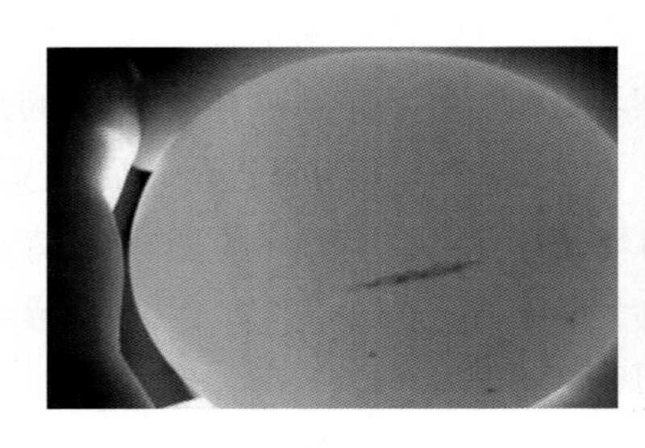

照蛋

孵化器

★360图片，网址链接：
http://img1.100ye.com/img1/0/1/84/1584/newsimage_main/d714fe70cd3dd1108698487cf1e43e3d.jpeg
http://img.cnhnb.com/group1/M00/79/EE/83D1DBYA56ChRkRlkVSzyAVlLrAAHr2Dtz8r846!600x600.JPEG

（编撰人：郎倩倩；审核人：罗　文，冯　敏）

35. 孵化期间鸡胚变化有什么特征?

从一个鸡蛋变为一只小鸡，只需要21天便完成了物质转变为生命的奇妙过程。在这个过程中，每时每刻都在发生着变化。孵化期间鸡胚的变化如下。

第一天，心脏血管开始发育并跳动，头部、体节、脊柱、神经系统开始形成。

第二天，可见“樱桃珠”，即照蛋时可见卵黄囊血管区形似樱桃。

第三天，可见“蚊虫珠”，即照蛋时可见胚胎和延伸的卵黄囊血管形似蚊子。

第四天，可见“小蜘蛛”，即照蛋时可见胚胎与卵黄囊血管形似蜘蛛。

第五天，可见“单珠”，即生殖器开始分化，面部和鼻开始形成，心脏完全形成，眼的黑色素大量沉积。

第六天，可见“双珠”，即照蛋时可见头部和增大的躯干部两个小圆点。

第七天，胚胎出现鸟类特征，肉眼可分辨机体的各个器官。

第八天，羽毛开始发生，四肢完全形成，腹腔愈合。

第九天，软骨开始硬化，翼和后肢已具有鸟类特征。

第十天，照蛋时可见除气室外整个蛋布满血管。

第十一天，背部出现绒毛，冠出现锯齿状。

第十二天，身躯覆盖绒羽，蛋白已被大部分吸收进羊膜腔中。

第十三天，身体和头部大部分覆盖绒毛，胫出现鳞片。

第十四天，胚胎转动到与蛋的长轴平行。

第十五天，翅膀完全形成，体内器官大体上都已形成。

第十六天，冠和肉髯明显。

第十七天，躯干增大，脚、翅、胫增大，眼、头日益显小，腿抱紧头部。

第十八天，羊水、尿囊液明显减少，头弯曲在右翼下。

第十九天，卵黄囊收缩，喙进气室，开始肺呼吸。

第二十天，卵黄囊被完全吸进体腔，雏鸡开始啄壳。

第二十一天，雏鸡破壳而出。

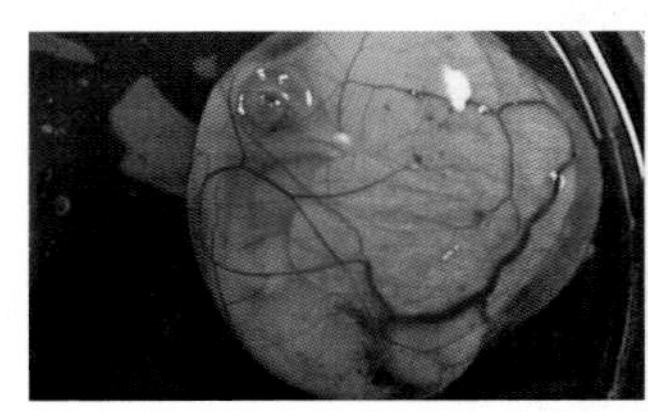

第十一胚龄鸡胚形态

小鸡出壳

★第一农经，网址链接：
http://www.1nongjing.com/uploads/allimg/170329/2039-1F3291TU9543.jpg
http://www.1nongjing.com/uploads/allimg/170721/2039-1FH11J454934.jpg

（编撰人：易振华；审核人：黎镇晖，冯　敏）

36. 育雏前应做好哪些工作?

（1）育雏计划的制订和落实。每年养多少批，每批养多少雏鸡，都必须根据生产需要与自身鸡舍条件制订好计划。育雏的季节一般以春季为最好，尤其早春雏鸡经济效益最高。

（2）育雏舍的准备。育雏舍必须彻底清扫，墙壁可用生石灰粉刷，地面用3%火碱喷洒。地面平养育雏要铺好垫料，将所用器具摆好；立体笼育雏要把笼具洗刷干净，用消毒水消毒后安装好，然后于鸡舍内再次消毒，封闭门窗，24小时后，打开门窗换气。

（3）育雏所用设备的准备。育雏所用设备包括饲槽、饮水器或水槽、料盘、料箱、水桶、秤、料铲等。将这些用具用水洗刷干净，然后用消毒剂消毒，备用。

（4）准备易消化、营养全面的雏鸡饲料。平面育雏时，一般都采用垫料，垫料要干燥、清洁、柔软，无霉烂、无农药，吸水性强、灰尘小，常用的有碎木屑、稻壳、碎玉米芯等。垫料的厚度一般为10厘米左右。

（5）准备好消毒设备。育雏室门口要设消毒池，并准备好洗手盆、防疫服、防疫靴等。在进鸡苗前7天，要对育雏舍进行密闭熏蒸消毒。

（6）调好室内温度。育雏开始前2天，做好育雏室、育雏笼的试温工作。在进鸡苗前24小时，以某种取暖方式对鸡舍进行加温，逐渐达到33～35℃，并要保持稳定。使用火炉或电热器取暖时，做好检查工作，同时检查通风换气设备是否能正常工作。

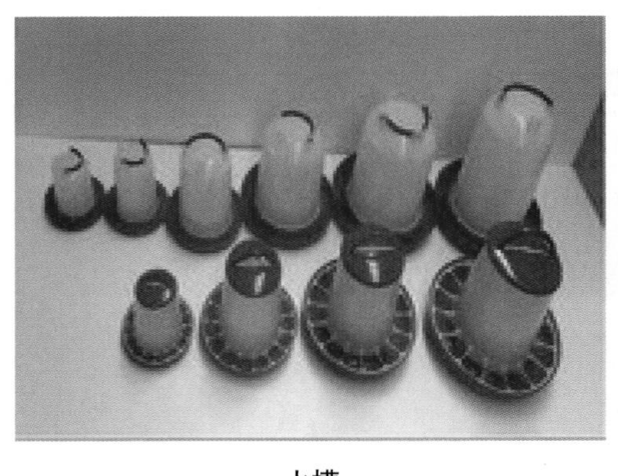

★360图片，网址链接：http://p2.so.qhimgs1.om/bdr/_240_/t012b1c3512000566b2.jpg

水槽

（编撰人：郎倩倩；审核人：罗　文，冯　敏）

37. 怎样控制育雏光照？

对于初生雏，光照主要是影响其对食物的摄取和休息。初生雏的视力弱，光照强度要大一些，应采用20～30勒克斯的光照强度。幼雏的消化道容积较小，食物在其中停留的时间短，需要多次采食才能满足其营养需要，所以要有较长的光照时间来保证幼雏足够的采食量。

通常0～2日龄每天要维持24个小时的光照时数，3日龄以后，逐日减少。密闭式雏舍雏鸡在14日龄以后至少也要维持8小时的光照时数，光照强度10～15勒克斯，20周以上维持10～30勒克斯。育雏光照原则：光照时间只能减少，不能增加，以避免性成熟过早，影响以后生产性能的发挥；人工补充光照不能时长时短，以免造成刺激紊乱，失去光照的作用，黑暗时间避免漏光。

育雏室光照

★第一推网，链接：http://www.diyitui.com/content-1441846877.34530829.html
★鸡病专业网，链接：http://bbs.jbzyw.com/thread-40755-1-1.html

（编撰人：胡博文；审核人：罗　文，黎镇晖）

38. 怎样控制育雏湿度？

育雏室所需的湿度因日龄而异，1～2周龄为65%～70%，3～4周龄为60%～65%，5～6周龄为55%～60%，可通过温湿度计进行监测。前期育雏室温度高，湿度过低则鸡体水分蒸发过快，雏鸡干渴嗜饮，可使摄食量降低甚至导致脱水，育雏后期随着雏鸡的长大，呼吸量和排粪量都会增大，室内水分蒸发量也多，湿度便升高了。

增加舍内湿度，通常采用室内挂湿帘、火炉加热产生水蒸气、地面洒水等方法。在地面洒水调节湿度时，在离地面不远的高度会形成一层低温高湿的空气层，对平面饲养和立体笼养的雏鸡都极为不利。最好采取向空中和墙壁喷雾的方式提高舍内相对湿度。温度与湿度密切相关，必须综合起来加以考虑，高温高湿易形成“闷热”；低温高湿则易出现“阴冷”，应引起重视。

（编撰人：胡博文；审核人：罗　文，冯　敏）

39. 平养和笼养肉用仔鸡各有何利弊？

平养主要分为落地散养和网上平养，有以下利弊。

（1）落地散养又称厚垫料地面平养。优点：设备要求简单、投资少。缺点：饲养密度小，鸡只接触粪便，不利于疾病防治。

（2）网上平养是将鸡养在特制的网床上，网床由床架、底网及围网构成。采用网上平养，饲养密度比地面散养可以多50%～100%。优点：管理方便，劳动强度小，鸡不直接接触粪便，有利于疾病的控制；饲养密度最大，每平方米可养种鸡4.8只。缺点：投资比较大，掏取鸡粪相对不便，仔鸡胸囊肿的发病较多且蛋的收集有点不太合理，破损的概率高。为了减少肉用仔鸡胸囊肿的发病率，可在网上再铺一层弹性的方眼网或直接用尼龙底网。

笼养实际上是立体化养鸡。从出壳至出售都在笼中饲养。随日龄和体重增大，一般可采用转层、转笼的饲养方法。

肉用仔鸡笼养的优点：①大幅度提高单位建筑面积的饲养密度。②可以实行公母分群饲养，充分利用不同性别肉用仔鸡的生长特性，提高饲料转化率，并使上市胴体重的规格更趋一致，增加经济收入。③限制了肉用仔鸡的活动，降低了能量消耗，达到同样体重的肉用仔鸡生产周期缩短12%，饲料消耗降低13%。④鸡只不与粪便接触，球虫等疾病减少。⑤不需要垫料，节省垫料开支。⑥便于机械化操作，提高劳动生产率，大幅度降低人工费用，有利于科学管理，获得最佳的经济效益。

肉用仔鸡笼养的缺点：①鸡笼设备一次性投资较大。②鸡只饮水仅限于两个乳头，有时会出现饮水不足。③料槽所限，鸡只争抢采食会出现踩踏压死现象。④直立式三层笼养，下层采光不足，影响生长。⑤笼养鸡易发生猝死，影响鸡的存活率。⑥胸、趾类疾病发病率高。

平养

笼养

★禽病网，网址链接：http://www.qinbing.cn/html/details/9f5346f4-80a8-49a5-8076-868b92463de6.html
★百度图库，网址链接：http://i03.pic.sogou.com/12643f61201d29a6

（编撰人：凡秀清；审核人：罗　文，黎镇晖）

40. 肉鸡健康养殖的关键环节与措施有哪些?

（1）禽舍环境无公害。鸡场应地势干燥，采光充足和给排水方便，隔离条件好，远离污染源，场内布局合理，生产区和生活区隔离，饲养设备应具备良好的卫生条件。

（2）强化检疫，严把引种关。应从具备种鸡经营许可证的鸡场引种，也可用该场提供种蛋给专业孵化场所生产的经过产地检疫的健康雏鸡，并严格进行检疫，不得从疫区引进鸡种。

（3）使用无公害饲料和兽药。

（4）加强兽医防疫工作。鸡场、鸡舍应执行严格的清洗、消毒、灭虫灭鼠制度，使用高效、低毒和低残留消毒剂，且必须符合《无公害食品肉鸡饲养饲料使用准则》的规定。门口设消毒池和消毒间，进出车辆经过消毒池，进出人员也必须更换衣服、淋浴及消毒。

（5）科学的饲养管理。饲养方式采用地面散养和离地饲养。地面平养的垫料要求干燥、无霉变，不带有病原菌和真菌类微生物群落。确保饮水器不滴水，防止垫料和饲料霉变。饮水器要求每天清洗、消毒。

（6）屠宰检疫、加工符合卫生要求。屠宰场以及产品储存运输单位的环境应符合《农产品安全质量无公害畜禽肉产地环境要求》的规定。屠宰前的活鸡应来自非疫区，出售前要做产地检疫。检疫合格肉鸡出具检疫证明方可上市。分割鸡体时应预冷后分割。

（7）严格执行停药期制度。严禁使用违禁药物和添加剂，未达到停药期规定的肉鸡严禁上市食用。

（编撰人：郎倩倩；审核人：罗　文，冯　敏）

41. 如何做好蛋鸡育雏阶段的饲养管理工作?

育雏阶段的蛋鸡具有生长速度快、体温调节机能弱、消化机能不健全、抗病力差的特点。因此，育雏阶段的饲养管理应当做到以下方面。

（1）饮水。初生雏初次饮水最好在出生后24小时，饮水量因具体情况而异，体重越大，生长越快的雏鸡需水量越大。饮水器每天清洗、消毒1～2次。

（2）饲喂。正常情况下，孵出后24～36小时，初次饮水1～2小时后开食比较好。开食料以全价颗粒料为宜，应当保证饲喂时雏鸡同时进食，开食前3天采用20勒克斯光照23小时。

（3）温度。前3天，34～35℃；4～7天，32～33℃；以后每周降低2～3℃，至室温达到20℃保持恒温。

（4）密度。1～2周龄，笼养每平方米60只，平养每平方米30只；3～4周龄，笼养每平方米40只，平养每平方米25只。

（5）通风。在育雏室内氨浓度≤20毫克/立方米，二氧化碳浓度≤0.5%，硫化氢浓度≤10毫克/立方米，经常保持室内空气新鲜是雏鸡正常生长的重要条件之一。

（6）湿度。育雏室内的适宜相对湿度为56%～70%。

育雏室

雏鸡笼

★第一农经，网址链接：
http://www.1nongjing.com/uploads/allimg/170725/2039-1FH5142448-50.jpg
http://www.1nongjing.com/uploads/allimg/171018/2039-1G01QA455926.jpg

（编撰人：易振华；审核人：黎镇晖，冯　敏）

42. 如何饲养绿壳蛋鸡?

（1）绿壳蛋鸡雏鸡的饲喂管理。①饮水。把绿壳蛋鸡雏鸡按强弱、密度分栏饲养。开食之前进行第一次饮水，确保每只雏鸡都喝上水。②饲喂。第一次饮水后3小时给雏鸡喂料。喂料要少喂勤添，让雏鸡自由采食。③断喙。一般在7～10日龄进行，一般只断上喙，不断下喙，断去上喙的1/4～1/3，不超过1/2，形成上喙短下喙长。

（2）绿壳蛋鸡雏鸡的日常管理。

①温度控制。雏鸡抗病能力差，怕寒冷，1～2周龄时雏鸡舍内温度宜控制在35℃左右；按时投料，不断供水。②日常清洁卫生与光照控制。每天打扫卫生，及时清理粪便。保证鸡舍空气对流，光照好。③避免应激。雏鸡胆小、机警，应尽量避免外界因素对雏鸡引起应激或伤害。

（3）绿壳蛋鸡的日常饲喂。科学配制饲料，饲料应保持新鲜、适口性好，并备好清水。

（4）绿壳蛋鸡产蛋期管理。

①预产期。最好笼养，逐步改变饲料配方。②产蛋前期。供给充足的饲料和全价营养及饮水。注意鸡舍的稳定和安静，防止大的应激反应。合理的补充光照时间。③产蛋高峰期。提供营养充分的全价配合日粮，保持鸡舍的稳定和安静，注意卫生和免疫。④产蛋后期。适当增加饲料中的钙含量，降低饲料中的脂肪水平，防止母鸡过肥、蛋重过大和蛋壳质量变差。

绿壳蛋鸡

绿壳蛋鸡产蛋期

★百度百科，网址链接：https://baike.baidu.com/item/%E7%BB%BF%E5%A3%B3%E8%9B%8B%E9%B8%A1/8439605

★黄页大全，网址链接：http://www.cnlist.org/product-info/15997537.html

（编撰人：周良慧；审核人：黎镇晖，冯 敏）

43. 如何做好商品蛋鸡产蛋阶段的饲养管理工作？

产蛋期要最大限度地减少各种不利因素对蛋鸡的影响，营造一个有益于蛋鸡健康和产蛋的最佳环境，充分挖掘出蛋鸡的生产性能，争取以最少的投入换取最大的回报。产蛋阶段的商品蛋鸡应做好如下工作。

（1）补钙。饲料中应当补充较多钙质，一般可以1/3为贝壳粉，2/3为石粉混合使用，也可以每1 000只蛋鸡在下午5时补喂大颗粒贝壳粉3～5千克。

（2）饮水。蛋鸡摄入的都是高能饲料，代谢强度很大，所以饮水量比较大，一般是采食量的2～2.5倍，且在产蛋和熄灯前各有一次饮水高峰。

（3）日常管理。①饲养员要经常观察鸡群，及时淘汰病、残鸡。②营造安静氛围以减小应激。③积极采取综合性卫生防疫措施。④采用营养全价品种优良的日粮。⑤供给水质良好的饮水。⑥合理控制鸡舍内的光照、温度、湿度、通风。⑦做好生产记录，不断优化生产管理方式。

（4）减少饲料浪费。饲料成本约占总成本70%，鸡场饲料浪费量一般占全年消耗量的2%～5%。减少浪费应从料槽的构造和高度、喂料量、饲料颗粒大小、水槽水位等，根据鸡场的自身实际情况，做出相应的调整和处理。

鸡舍光照

★第一农经，网址链接：http://www.1nongjing.com/uploads/allimg/160704/1158-160F41J95b35.png

（编撰人：易振华；审核人：黎镇晖，冯　敏）

44. 蛋鸡产蛋量异常的原因有哪些？

蛋鸡在产蛋期出现产蛋量异常的情况一直是困扰养殖户的难题。引起产蛋量异常的因素比较复杂，主要体现在自身因素、饲养管理因素、饲料因素、疾病因素等几个方面。

（1）自身因素。首先是品种不纯，后代出现品种退化现象，产蛋水平无法达到预期水平。其次是后备鸡培育较差，主要是在育成阶段未加强饲养管理，导致营养不良，开产时体重达不到品种标准，进而产蛋量下降。

（2）饲养管理因素。首先是鸡舍内空气流通不畅，饲养密度过大，导致有害气体浓度过高，使蛋鸡处于发病或者亚健康状态，从而不能正常产蛋。其次是舍内温度过低或过高，蛋鸡要求适宜环境温度为13～23℃。最后是舍内太干燥或者太潮湿，蛋鸡适宜的环境湿度为60%～70%，太干燥则容易脱水，太潮湿则机体呼吸困难。

（3）饲料因素。饲料中各种营养成分配制不合理，也没有根据不同阶段的蛋鸡对营养的需求来搭配饲料，导致营养水平不能满足或者超过机体的需求，从而导致机体发生较大的应激。此外，饲料出现霉变，蛋鸡食用霉变饲料后出现霉菌中毒，从而导致蛋鸡产蛋量下降。

（4）疾病因素。首先是鸡只感染疾病而且未能及时发现，如传染性支气管炎、新城疫等。其次是感染寄生虫病，如鸡球虫病、蛔虫病、鸡绦虫病等。鸡在得病的情况下，不仅会使生殖机能出现异常，而且会产下异常蛋，从而导致产蛋量下降。

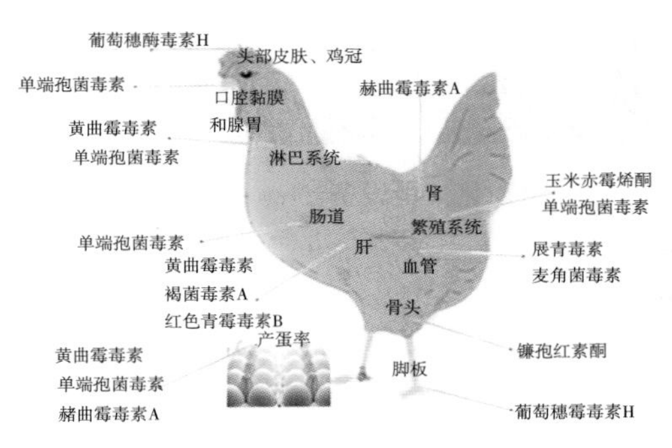

霉菌毒素对蛋鸡的危害

鸡患球虫病

★第一农经，网址链接：
http://p2.so.qhimgs1.com/bdr/300_115_/t01f673154b5b950042.jpg
http://www.1nongjing.com/uploads/allimg/170418/2039-1F41Q61915D9.jpg

（编撰人：易振华；审核人：黎镇晖，冯　敏）

45. 如何进行集蛋？

集蛋是否及时关系到蛋的被污染程度和破损率，最理想的方式是鸡产下蛋后，马上收集起来，但在实际生产过程中是很难做到的。大多情况下鸡多数在上午产蛋，所以集蛋时间与次数分配应以上午为主，一般在产蛋高峰期上午要集蛋3次，下午集蛋1次。在下午集蛋后，将仍在产蛋箱内趴着的鸡只抱出，关闭产蛋箱，第2天早上开始光照后，及时将产蛋箱打开。集蛋前要用0.1%新洁尔灭溶液洗手，集蛋时要将净蛋、脏蛋分盘摆放。在集蛋过程中要进行初选，将裂纹蛋、沙皮蛋、畸形蛋（过大、过小、过圆、过扁、双黄、皱纹）剔出，对轻微污染（表面沾有少量污物）的脏蛋，用小锯条、小刀或细砂布轻轻刮除污物，并对刮除处用0.1%癸甲溴氨溶液进行消毒处理。

鸡蛋产出后，蛋壳表面附有许多微生物。所以每次集蛋后要及时对鸡蛋进行消毒，可采用多种消毒方法，如紫外线消毒、新洁尔灭溶液消毒、漂白粉液消毒、高锰酸钾液消毒和碘液消毒等，但最实用的消毒方法是采用福尔马林进行熏蒸消毒。在封闭的熏蒸容器内，每立方米空间用42毫升福尔马林加21克高锰酸钾，在温度20～24℃，湿度75%～80%环境条件下，熏蒸20分钟，可杀死蛋壳表面95%以上的病原菌。

集蛋机

自动化集蛋设备

★第一农经，网址链接：
http://p2.so.qhmsg.com/bdr/300_115_/t0161f152f6833bc7b7.jpg
http://p0.so.qhimgs（1）com/bdr/300_115_/t01ab22445fc9bbef10.jpg

（编撰人：易振华；审核人：黎镇晖，冯　敏）

46. 如何筛选与收集种蛋？

种蛋的品质对孵化率和雏鸡的质量均有很大的影响，种蛋的品质好，胚胎的生活力强，供给胚胎发育的各种营养物质丰富，种蛋的孵化率就高。因此，必须根据种蛋的要求进行严格的筛选。

（1）种蛋的来源。种蛋应来源于遗传性能稳定、生产性能优良、繁殖力高，饲养管理好、公母比适宜、健康无病的鸡群。

（2）种蛋的新鲜程度。种蛋越新鲜，孵化率越高。通常春、秋季的种蛋保存时间以7天为宜，夏季的保存时间以3～5天为宜，冬季的保存时间以7～10天为宜。

（3）蛋形。种蛋的形状和大小、颜色应该符合本品种的特征。蛋形要正，呈卵圆形，过大过小过长过圆、两头尖等均不宜作种蛋使用。种蛋的形状一般以蛋形指数来表示，即蛋的纵径与横径之比，鸡蛋应为1.30～1.35，水禽蛋为1.35～1.40。

（4）蛋壳。种蛋蛋壳应致密均匀、表面正常、厚薄适度；蛋壳结构不均匀，表面粗糙，气室过大或过小（可通过照蛋检查）等均不宜作种蛋使用。

（5）蛋重。种蛋重量应该跟该品种种蛋的平均水平相近，蛋重过大，孵化率会降低，过小的话，那孵出来的小鸡也会偏小偏弱。

（6）蛋壳表面。蛋壳表面不应有血块、粪便、羽毛、泥水等污物，否则气体交换受阻，而且污物中的病原微生物侵入蛋内，易引起种蛋变质腐败，同时也可能影响其他种蛋和孵化机，导致种蛋的孵化率降低。

（7）鸡蛋收集。每天两次收集种蛋，将收集起来的种蛋及时送去种蛋库消毒，常用的消毒法是：甲醛熏蒸，一般每立方米空间用甲醛28毫升，高锰酸钾14克。之后保存在12～15℃，相对湿度60%～70%为宜，鸡胚的临界发育温度是23.9℃，存放种蛋宜小头在上，种蛋库每天应定时开启门窗换气。

（8）保存时间。一周为宜，超过一周之后，孵化率下降，超过两周，死胎增多，孵化率大幅下降。

（编撰人：张梓豪；审核人：黎镇晖，冯　敏）

47. 如何保存鸡的种蛋?

一般情况下，种蛋产下后不会立即入孵，需要保存一段时间。种蛋保存的方法是否得当，直接关系到出雏率。种蛋的保存应当做好以下几个方面。

（1）种蛋储存室要隔热性能好，清洁，防尘沙，杜绝蚊蝇、老鼠，没有特殊气味，能防阳光直晒或穿堂风（间隙风）。

（2）种蛋保存的适宜温度范围为12～15℃，保存1周为15℃，超过1周以12℃为宜。切不可温度超过23.9℃，也不可低于0℃，否则会对种蛋造成伤害。

（3）室内湿度一般保持在75%～80%，但是也要防止因湿度过大产生霉菌。

（4）若保存时间超过1周，最好每天翻蛋1～2次，要求每个蛋能改变45°～90°摆放姿势。

（5）一般种蛋保存7天以内为宜，不要超过2周。随着保存时间的延长，种蛋的孵化率会显著降低，因此要尽可能早地入孵。

（6）种蛋在贮存过程中，小头向上放置的孵化率要高于大头向上放置的情形，因此，在生产中存放种蛋时应小头向上放置。

种蛋入孵

★第一农经，网址链接：http://www.1nongjing.com/uploads/allimg/160804/1158-160P41102550-L.jpg

（编撰人：易振华；审核人：黎镇晖，冯　敏）

48. 鸡的种蛋为什么要消毒？常用哪种消毒方法？

种蛋产出后壳面上附有许多微生物，随产细菌的迅速繁殖将会侵入蛋内，影响孵化和雏禽的健康，同时也污染孵化器和用具，传播疾病，因此种蛋在每天收集后进行1次消毒，入孵前再消毒1次。

（1）喷雾法。新洁尔灭原配成0.1%的溶液，用喷雾器喷洒在种蛋的表面（注意上下蛋面均要喷到），经3～5分钟，药液干后即可入孵。

（2）熏蒸消毒法。将种蛋放在孵化器或熏蒸柜内，按每立方米的空间用30毫升40%的甲醛溶液、15克高锰酸钾，熏蒸20～30分钟，熏蒸时关闭门窗，室内温度保持在25～27℃，相对湿度为75%～80%，消毒效果较好。

（3）浸泡法。用0.2%的高锰酸钾溶液，加温40℃左右，浸泡种蛋1分钟，擦去壳上污物后取出装盘，晾干后等待入孵。

消毒间

★贵妃鸡网，网址链接：http://www.chinayyxy.com/news/html/371.html

（编撰人：周良慧；审核人：黎镇晖，冯　敏）

49. 鸡的种蛋贮存有哪些要求？

（1）种蛋的贮存时间不宜过长。春、秋季不超过两周，夏季不超过1周。

（2）温湿度要适宜。种蛋应保存在8～18℃的阴凉处，湿度保持在75%～80%。如果超过24℃，胚胎就会开始发育，再入孵就会因胚胎老化而死亡；如果低于0℃，胚胎会冻死。

（3）要通风消毒。种蛋小头向上放。室内要通风。存放期的种蛋，蛋壳污染不宜水洗，可以在入孵前用0.5～1毫克/升的高锰酸钾溶液，或1%的新洁尔灭药液浸泡洗净消毒。

（4）翻蛋。种蛋贮存期间适当翻蛋，可防止蛋黄和蛋壳膜的粘连。

焦作野鸡蛋

贮蛋间

★首商网，网址链接：http://www.oysd.cn/Product/AA1-17O-017.htm
★慧聪网，网址链接：https://b2b.hc360.com/viewPics/supplyself_pics/640757293.html

（编撰人：周良慧；审核人：黎镇晖，冯　敏）

50. 鸡的种蛋运输要注意哪些事项?

（1）运输种蛋的车辆必须做到专车专用，箱具最好用专用蛋箱。蛋箱外应注明“种蛋”“轻拿轻放”“请勿重压”或“易碎”等字样或标记。运输车辆在孵化场出发前、种禽场装蛋前以及孵化场卸车前也一定要进行喷雾消毒处理。

（2）装车摆放时，蛋箱码放的层数不可过多，根据箱体结实度、路况等因素而定。

（3）运输温度通常为12～18℃，湿度70%。夏季运输时，忌日晒、雨淋和高温；冬季运输时，要做好防寒工作。运输求快速平稳，避免颠簸、震荡。

（4）种蛋在到达目的地后，运输车辆在经过消毒处理后卸车时，要求操作人员要经过洗手、消毒以及穿戴专用服装后方可搬运种蛋，并注意轻拿轻放。卸车后，及时开箱检查，剔出破损蛋，清点数目，消毒，入孵。

蛋框

运输车

★易天仕利，网址链接：http://www.zctslsy.com/supply/56.html
★慧聪网，网址链接：https://b2b.hc360.com/supplyself/80477901031.html

（编撰人：周良慧；审核人：黎镇晖，冯　敏）

51. 鸡人工孵化对温度有何要求?

鸡的孵化过程是一个复杂的生物学过程，必须有一定的外界条件，包括温度、湿度、同期、翻蛋，而温度是其中的一个首要条件，没有一定的温度，胚胎就不能发育。适宜的孵化温度要求相对稳定在37.8～39℃，最适宜即是稳定保持在37.8℃，而出雏期间为37～37.5℃。但具体的孵化温度与胚胎、家禽种类、孵化季节以及孵化器的类型性能有密切关系。一般说，孵化初期胚胎物质代谢处于低级阶段，本身产生的热量较少，因此要求温度较高，孵化后期胚胎增大，胚胎本身产生的热量较多，因而要求的温度较低。蛋用型品种要求的温度较低，兼用型品种要求较高些。早春孵化要求温度稍高，以后随着气温上升，孵化温度可逐渐降低。在相同条件下，使用平面孵化器的孵化温度应稍高些，立体孵化器因装有空气搅拌装置，受热较均匀，温度可稍低些。

孵化机

★八方资源网，网址链接：http://info.b2b168.com/s168-19751620.html

超过适宜温度，胚胎会迅速生长，胚胎死亡率增加。温度过低，则胚胎发育停滞，死亡率同样增加。

经过试验证明，新开孵化器进行种蛋孵化时，不需提温，只需按照正常温度提前预热即可。所以，孵化温度要具体情况具体分析，根据胚胎的发育情况，随时调整。

（编撰人：张梓豪；审核人：黎镇晖，冯　敏）

52. 鸡胚胎发育不良或孵化效果差的原因有哪些?

优秀的孵化率，按入孵蛋可达85%，按受精蛋可达90%；最低要求，入孵蛋孵化率应在65%以上。

（1）种鸡。本交公与母的比例不同，蛋受精率不同。不同品种或不同品系的孵化率不同，近交种蛋孵化率低，杂交种蛋孵化率高。母鸡初产期的蛋孵化率低；在30～42周龄母鸡产的蛋孵化率最高；种鸡日粮中的微量元素不全，也会导致孵化效果差。例如，缺少维生素A，孵化初期的死胚增多；缺乏维生素D，孵化后期的胚胎死亡率高；缺乏B族维生素，孵出来的鸡蛋蛋白稀薄。

（2）种鸡的管理。鸡舍内的温度、湿度、通风、清洁卫生等不良会造成舍内环境受到污染，继而影响下游的种蛋。同时，如果种鸡感染了蛔虫、鸡白痢、鸡支原体等病时，不仅会影响到种鸡的产蛋率，还会垂直传播，经蛋传染。

公鸡与母鸡

★中国鸡蛋网，网址链接：http://www.cnjidan.com/news/662063/

（3）种蛋的保存。种蛋孵化率会随着保存时间的延长而不断下降。保存种蛋的温度太低太高，相对湿度不足，通风阻滞，翻蛋不当或者不翻蛋，孵化器内温度不均，都影响孵化率。种蛋受冻、受振以及消毒不严，均可造成胚胎早期死亡增多，胚胎发育受阻，孵化率降低。种蛋必须保存在12～18℃，一般相对湿度保持在75%～80%即可，种蛋放置时宜小头向上。

（4）孵化温度。温度过高，胚胎便会呈现出无定形的团块状态。孵化温度低，主要是影响胚胎发育甚至停滞，如果是在孵化初期与中期出现温度过低，则胚胎不会出现大量死亡。如果孵化到第11天时的温度偏低，蛋壳的内部表面没有被胚胎的尿囊全部包裹，尿囊没有闭合，降低对蛋白的利用，雏鸡出壳时间推后，孵出的幼雏瘦弱，站立不起来，腹部膨大。

（5）氧气。胚胎在孵化过程中需要很多氧气，特别是中后期需要的氧气更多。蛋壳里面的胎位歪，就会不同程度的压迫气室，导致胚胎窒息而死亡。除此之外，如果有蛋白状液体或者尘埃堵塞蛋表面的细孔时，也会出现胚胎窒息的可能。

（编撰人：张梓豪；审核人：黎镇晖，冯　敏）

53. 孵化过程中怎样检查胚胎发育情况？

一般采取3次照蛋法。

（1）头照。鸡蛋入孵5天后，用照蛋灯进行检查，拣出无精蛋和死蛋，同时掌握胚胎发育的情况。未受精蛋的卵黄中只有一个卵子细胞，细胞核和大部分细胞质集中为一点，这种鸡蛋不能发育为鸡胚。受精蛋则是种蛋产出时受精卵已分裂成一团细胞，中央明，两边暗，当然，这些都不能通过照蛋观察，所以前期主要依靠照蛋时所观察到的现象来判断是否受精发育。胚胎发育正常的，蛋内发红，血管似蜘蛛丝网，即呈放射状，黑色眼点明显，气室边缘界限明显，卵黄不易转动。到第五天照蛋的时候，可见头部和躯干部两个原团。弱胚发育缓慢，血管网纤细。死胚，边缘界线模糊，蛋黄出现一个红色的血圈或半环或线条。

（2）二照。鸡蛋孵化至11天进行，发育正常的胚胎，蛋内血管布满，血管在蛋的小头合拢，包围全部蛋白，气室变大，界限明显，此特征极为重要，因为尿囊合拢完善才能保证胚胎营养供给。此后小端发亮部分缩小，胚体与卵黄黑影部分增多。弱胚血管纤细，色变淡，尿囊血管还未“合拢”，蛋的小头透明。死胚，气室显著增大，边界不明显。蛋内半透明，无血管分布，中央有死胚团块，随转蛋而浮动，无蛋温感觉。

（3）三照。鸡蛋孵化至18天进行，发育正常的胚胎，蛋白羊水吞食完毕，气室继续增大，明显斜向一方，胚体充满全蛋，气室的边缘弯曲，血管粗大，胚胎黑影时而闪动。弱胚，则胚体不能充满全蛋，气室边缘平齐，气室非大即小。死胚，气室更增大、边界不明显，蛋内发暗，浑浊不清，气室边界有黑色血管，小头色浅，蛋不温暖。

照蛋时鸡蛋在外停留的时间不宜超过15分钟，冬天的时候更要缩短，最好就是一次取出一盘鸡蛋进行检查。照蛋时动作轻柔，尤其二照时，由于蛋壳变脆，更是如此。

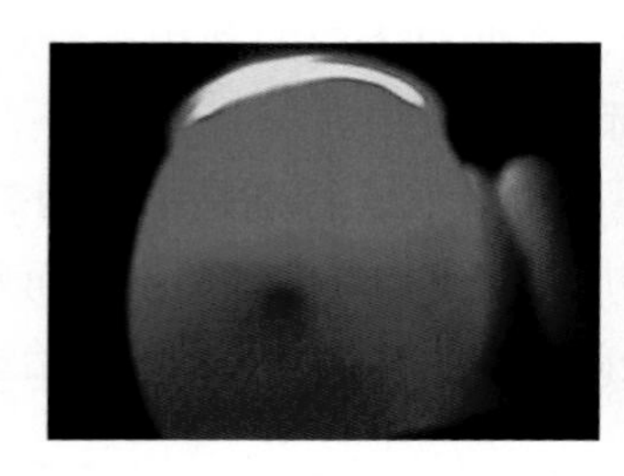
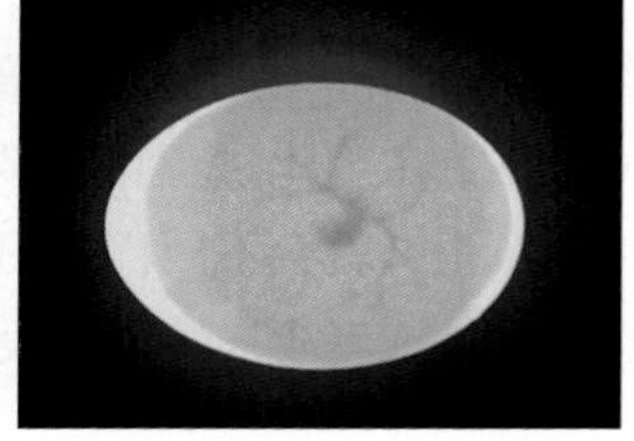

照蛋

★山东德州科阳孵化设备公司，网址链接：http://www.cntrades.com/b2b/keyangfuhuaji/sell/itemid-126193137.html
★武林网，网址链接：http://www.5011.net/pic/204835_3.html

（编撰人：张梓豪；审核人：黎镇晖，冯　敏）

54. 鸡的配合饲料有哪几种?

配合饲料是指根据动物不同生长阶段、不同生理要求、不同生产用途的营养需要，以及以饲料营养价值评定的试验和研究为基础，按科学配方把多种不同来源的饲料，按一定比例均匀混合，并按规定的工艺流程生产的饲料。按照配合饲料的营养成分分为全价配合饲料、浓缩料、精料混合料、添加剂预混料、超级浓缩料、混合料、人工乳。按照配合饲料的形状可以分为粉料、颗粒料、破碎料、膨化料、扁状饲料、液体饲料、漂浮饲料、块状饲料。

不同的家禽往往根据自身特点选用合适的配合饲料。鸡的配合饲料主要有全价配合饲料、精料混合料、添加剂预混料、混合料等。比较典型的“三七料”“二八料”就是根据全价配合饲料中浓缩饲料与能量饲料的比例来区分的。“三七料”中浓缩饲料占30%，能量饲料占70%。“二八料”中浓缩料占20%，能量饲料占80%。此外，颗粒料也是鸡的主要配合饲料，由于颗粒料营养完善，并且可以促进采食，因此对增重有利。配合料种类繁多，随着动物营养学的发展，越来越高效、安全的鸡配合饲料将会不断地开发出来。

蛋鸡配合饲料

肉鸡配合饲料

★360图片，网址链接：
http://p4.so.qhmsg.com/bdr/200_200_/t0125064c46e5283199.jpg
http://files.mainone.com/product/ProductImages/2009_04/06/155359288_b.jpg

（编撰人：易振华；审核人：黎镇晖，冯　敏）

55. 可用作鸡的矿物质饲料有哪些？

矿物质饲料在畜牧养殖中是不可或缺的物质，矿物质元素具有调节渗透压，维持酸碱平衡的功能，此外，矿物质元素还是鸡的骨骼、蛋白、血红蛋白的重要成分。矿物质饲料分为常量元素矿物质饲料和微量元素矿物质饲料。

常量元素矿物质饲料主要包括：石灰石粉、贝壳粉、蛋壳粉、骨粉、磷酸钙盐、磷酸钠盐、食盐等。石灰石粉的主要成分为碳酸钙，含钙量约35%，是补充钙质最廉价的矿物质饲料；贝壳粉是将蚌壳、牡蛎壳等粉碎而成，其主要成分也是碳酸钙，含钙量与石灰石相当，还含有少量的蛋白质和磷；蛋壳粉一般源自大型蛋品加工厂的蛋壳废料，其含钙量30%～35%；骨粉是动物骨骼经过高压蒸煮、脱脂、脱胶、干燥、粉碎而成，一级骨粉的钙含量25%以上，磷13%以上；

磷酸钙盐和磷酸钠盐都是化工产品，钙、磷、钠含量高，是很好的饲料添加剂；在饲料中添加食盐是补充氯和钠的最简便的方法，此外，也可以补充碘和钾等微量元素。

在鸡饲料中经常添加的微量元素主要是铁、锰、锌、铜、钾、镁、硫、碘、硒等。在饲料中作为这些微量元素来源的物质通常有硫酸亚铁、硫酸铜、硫酸锰、硫酸锌、氧化锌、碘化钾、碘酸钙、亚硒酸钠等。其实大部分元素在日粮中并不缺乏，仅有少量元素以添加剂形式予以补充，而且补充这些元素一定要控制好量，否则就会对鸡的健康带来危害。

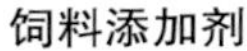
饲料添加剂　　微量元素添加剂

★第一农经，网址链接：http://p0.so.qhimgs1.com/bdr/300_115_/t01d353d9603d50c11c.jpg
★360图片网，网址链接：http://i03.c.aliimg.com/img/ibank/2013/417/091/766190714_254832431.jpg

（编撰人：易振华；审核人：黎镇晖，冯　敏）

56. 目前研究与开发的安全型饲料添加剂有哪些?

科学合理地使用饲料添加剂不仅可以提高饲料及动物产品的质量安全水平，而且可以提高养殖户的经营效率。随着人民意识的提高，食品安全和环境污染问题备受社会关注，饲料添加剂的使用也成为关注的热点。

安全型饲料添加剂品类繁多，根据农业部公布的《饲料添加剂品种目录（2013）》，饲料添加剂被分为13个大类，分别是：氨基酸及氨基酸盐及其类似物、维生素及类维生素、矿物元素及络（螯）合物、酶制剂、微生物、非蛋白氮、抗氧化剂、防腐剂及防霉剂及酸度调节剂、调味和诱食物质、着色剂、黏结剂及抗结块剂及稳定剂和乳化剂、多糖和寡糖、其他物质。

添加剂有时也是一柄双刃剑，使用时要严格控制好用量，否则会给消费者健康、动物健康和环境带来危害。

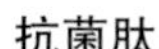
抗菌肽　　　　骨粉

★360图片，网址链接：
http://p1.so.qhimgs1.com/t017ed8e0e0dc587491.jpg
http://imgx.xiawu.com/xzimg/i4/i4/16331027618444553/T1Nm9NFgxdXXXXXXXX_!!0-item_pic.jpg

（编撰人：易振华；审核人：黎镇晖，冯　敏）

57. 如何设计和配制蛋鸡饲料?

蛋鸡饲料配方的设计及配制应当按照养殖场的自身情况来做，同时也要兼顾饲料成本的控制。要根据不同生长时期的蛋鸡，配制不同的饲料，以下是一些参考配方。

（1）雏鸡（1～60天）配方。

①玉米62%、麸皮10%、豆饼17%、鱼粉9%、骨粉2%。

②玉米60%、麸皮10%、豆饼22%、鱼粉6%、骨粉2%。

（2）青年鸡（61～120天）配方。

①玉米55%、麸皮20%、豆饼7%、棉籽饼5%、菜籽饼5%、鱼粉5%、骨粉2%、贝粉1%。

②玉米66%、豆饼18%、葵花籽粕11%、鱼粉3%、骨粉1.5%、食盐0.5%。

（3）产蛋期饲料配方。

①玉米56%、杂粮10%、麸皮6%、豆饼17%、鱼粉5%、贝粉3%、清石子3%（蛋氨酸0.1%、食盐0.4%）。

②玉米68%、麸皮6%、豆饼8%、鱼粉10%、骨粉2%、贝粉6%。

产蛋高峰期适时转换产蛋料。为了适应蛋鸡体重的增加、生殖系统的生长和对钙的需求，可在18周龄开始喂产蛋鸡饲料，20周龄起喂产蛋高峰期饲料。同时在料中额外添加一倍量多种维生素。这个时期应当取消限制饲喂的方法，让鸡自由采食，在开灯期间要保证槽中始终有料。

豆粕

麸皮

★第一农经，网址链接：
http://p1.so.qhimgs1.com/bdr/300_115_/t019e170de0ebc61b01.jpg
http://p4.so.qhmsg.com/bdr/300_115_/t01e551c643b8b9e4d9.jpg

（编撰人：易振华；审核人：黎镇晖，冯　敏）

58. 可作肉鸡健康养殖的能量饲料有哪些？

饲养肉鸡的能量饲料十分广泛，不仅包括谷类和豆类籽实，也包括糠麸类、糟渣类和动物脂肪等。

（1）玉米。肉鸡最主要的能量饲料之一。

（2）碎米。大米加工中筛选的碎粒米，淀粉含量高，粗纤维含量低，易于消化，其营养价值与玉米相似，用量占日粮的30%～50%。

（3）小麦。能量含量接近玉米，蛋白质含量较多，氨基酸比其他谷类完善，维生素B族也很丰富，适口性好，一般可占日粮的10%～25%。

（4）大麦。含有15%～20%的皮壳，能量约为玉米的75%，粗纤维含量比玉米高3倍，用量可占日粮的10%～15%。

（5）高粱。营养价值为玉米的70%～90%，口味发涩，适口性较差，用量不宜太多，一般占日粮的10%～15%。

（6）米糠。大米加工的副产品，主要由皮和米胚组成。其粗脂肪、粗蛋白和粗纤维含量均高于大米，富含维生素B，常作辅助料，用量不宜太多，一般占日粮8%～10%。

（7）麦麸。小麦加工后的副产品，含粗蛋白质、维生素B和锰元素等较多，有轻泻作用，用量不宜太大，一般肉鸡用量不超过8%。

（8）红薯。主要成分是淀粉。用鲜甘薯煮熟拌成湿料喂肉鸡，催肥效果很好，用量约占日粮40%。用晒干或烘干的薯片或薯粒粉碎后拌饲料喂肉鸡，用量可占日粮的5%～10%。

（9）南瓜。富含胡萝卜素，味甜，营养价值高，适口性好，肉鸡很爱吃，可促进增重，用量占日粮的10%左右。煮熟后饲喂，用量可占日粮的40%。

（10）脂肪和油类。含有很高的能量。为了提高肉仔鸡饲料的能量水平，通常在日粮中加入2%～5%的油脂，以动物油脂最好。

（编撰人：郎倩倩；审核人：罗　文，冯　敏）

59. 鸡场疾病综合防控措施涉及哪些方面？

随着畜牧业的不断发展，疫病的发生严重地影响了家禽业的生产和发展。主要疾病有禽流感、新城疫、马立克等疾病的危害，加强鸡场生物安全体系建设，应从饲养管理、消毒措施、免疫程序等环节构建鸡场疾病综合防控措施。

（1）采用科学的饲养管理，供给充分全价的营养、清洁的饮水，适当的饲养密度、光照、温度和湿度，以及良好的通风。加强育雏期的饲养管理措施，雏鸡对多种疾病的抵抗力均较差，抓好育雏期的饲养管理，对减少疾病发生，提高养殖效益有着重要的意义。生长期饲养管理应坚持全进全出，棚架饲养，专一品种生产。

（2）严格的卫生消毒措施，鸡舍消毒在转群、销售、淘汰完毕后，鸡舍成为空舍，这时便于鸡舍彻底消毒。孵化室消毒应远离家禽饲养区，必须经常对饲料槽、水槽或饮水器进行清洗消毒，不能存有污垢。加强对环境的杀虫、灭鼠和消毒工作，可以使鸡场周围的空气和地面得到净化，减少病原的散播，对于控制疫病具有重要意义。

（3）制定科学的免疫程序，科学的免疫接种，针对禽流感、新城疫的免疫，要按时接种，防疫密度必须达到100%，同时还应坚持科学合理用药，所有的用药都要符合相关规定。坚持“加强管理，防重于治”的原则。并且制定自己的免疫程序，当发生疫病后，严格按照免疫程序执行，保证疾病防控有效和有序进行。

H7N9病毒　　**雏鸡**

★深圳新闻网，网址链接：http://www.sznews.com/zhuanti/content/2013-04/03/content_7894925.htm

★猪易网，网址链接：http://sy.zhue.com.cn/redianzhuizong/201612/279428.html？ weqreqreqr

（编撰人：胡博文；审核人：罗　文，冯　敏）

60. 使用药物保健时应注意哪些问题?

（1）新进的雏鸡由于运输或人工抓取以及饲养环境变化等因素的应激，由种鸡垂直传播潜伏于雏鸡的慢性呼吸道病、鸡白痢及大肠杆菌病等容易发病，此时应及时对雏鸡进行药物预防保健。

（2）接种疫苗时，要了解疫苗是否会产生不良副作用或应激，提前投药预防。

（3）要对种禽种畜进行阶段性药物保健，清除母体体内毒素，增强母体体质，预防各种疾病通过垂直传播给下一代。

（4）保健用药要遵循广谱、高效、安全、耐药性低、联合用药等原则。

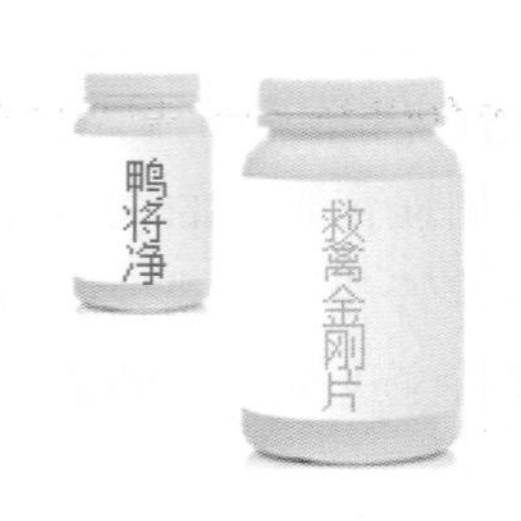

禽类保健药物

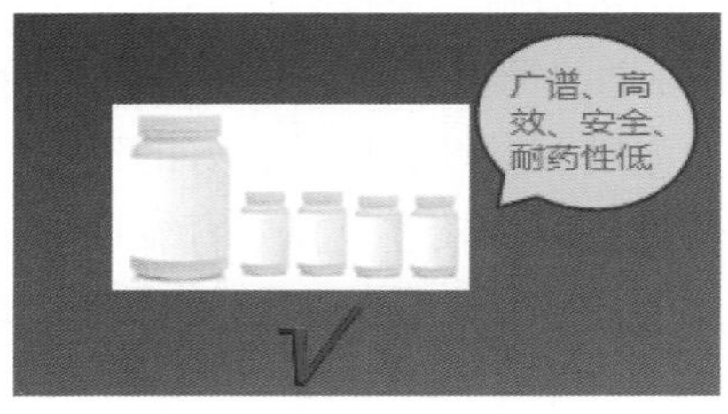

保健药物选择

★千图网，网址链接：
http://www.58pic.com/psd/17830196.html
http://www.58pic.com/psd/17830196.html

（编撰人：谢婷婷；审核人：黎镇晖，冯　敏）

61. 如何对鸡场进行无公害消毒?

无公害养鸡常用的消毒主要包括物理消毒法、化学消毒法和生物热消毒法3种。

（1）物理消毒法。利用太阳照射中的紫外线进行杀菌消毒，同时应在生产区出入口或更衣消毒间用紫外线灯来对空气和物体表面进行消毒。火焰焚烧亦是一种简单而又有效的消毒方法，结合平时清洁卫生工作，对易于燃烧的垃圾进行焚烧处理，对不易于燃烧的进行喷火法处理。

（2）化学消毒法。化学消毒法是在兽医防疫工作中应用最为广泛的一种方法，消毒剂的消毒效果与病原体的抵抗力、数量、消毒剂的浓度、用量、作用时间，环境温度、湿度、pH值以及环境中是否存在粪便等有关，应根据不同情况来选择需要的消毒剂。

（3）生物热消毒。生物热消毒方法是利用微生物发酵产热达到消毒目的，常用于对粪便的处理。粪便经堆集发酵，内部温度可达60～70℃，经1～3周可杀死一般的病原体及寄生虫虫卵。粪便发酵可生产沼气，既可消毒粪便，又提供能源，有利于环境保护，符合无公害养殖要求。

鸡场人工消毒

鸡场消毒

★法制网，网址链接：http://www.legaldaily.cn/dfjzz/content/2013-04/12/content_4355624.htm？node=8390
★新浪网，网址链接：https://weibo.com/p/1005053241691182/photos

（编撰人：胡博文；审核人：罗　文，冯　敏）

62. 如何进行鸡场消毒工作？

根据消毒的对象和消毒设施的不同，鸡场常进行以下几项消毒。

（1）鸡场与外界间的消毒，主要包括车辆消毒池和工作人员通过的脚踏消毒池。

①车辆消毒池可用1%～2%烧碱水。消毒池要有足够的长度，一般是一个汽车轮子的周长。运鸡的车厢每天使用后应清洗，再用2%～3%来苏儿喷雾消毒。

②脚踏消毒池，工作人员进出生产区时脚踏行走的消毒池，可用烧碱或季胺盐类做消毒液。同时该消毒池上方应安装紫外线灯，以紫外线来杀灭可能悬浮在空气中的病原体。

（2）工作人员的消毒包括以下几点。

①换上清洁消毒好的工作服和帽。工作服和帽应定期清洗及更换，清洗后的工作服可用阳光消毒或福尔马林熏蒸消毒，工作服不准穿出生产区。

②手的消毒。工作人员用肥皂洗净手后，浸于1∶1 000的新洁尔灭液内3～5分钟，清水冲洗后抹干。

③脚的消毒。工作人员应穿上生产区的水鞋或其他专用鞋，通过脚踏消毒池进入生产区。生产区内各鸡舍门口要设消毒池，进出鸡舍也要消毒。

（3）空舍的消毒。整栋鸡舍实行“全进全出”的制度，然后鸡舍实行较为严格的消毒，消毒程序包括：清扫→冲洗→消毒药物的喷洒→熏蒸消毒。

消毒通道

鸡舍消毒

★百度图库，网址链接：http://p1.so.qhmsg.com/t019ff42fea0d8a2bb6.jpg
★中国宁波网，网址链接：http://news.cnnb.com.cn/system/2005/11/11/005041151_02.shtml

（编撰人：凡秀清；审核人：罗　文，黎镇晖）

63. 如何对种鸡蛋进行消毒？

（1）新洁儿灭消毒法。新洁儿灭价格便宜，效果较好，使用方法方便，是性价比较高的方法，消毒种蛋时，用新洁儿灭溶液，原液为5%溶液，使用时加水50倍配成1‰浓度的溶液，用喷雾器喷洒在种蛋表面就行了。切忌将肥皂、碘、高锰酸钾、升汞和碱等类物质掺入，以免药液失效。

（2）氯消毒法。将蛋浸入含有活性氯1.5%的漂白粉溶液中3分钟，取出沥干后装盘，这项工作应在通风处进行。

（3）碘消毒法：将种蛋置于1‰的碘溶液中浸泡30～60秒，取出沥干后装盘。

（4）高锰酸钾（灰锰氧）消毒法。高锰酸钾为黑紫色结晶、有金属光泽、易溶于水。消毒种蛋时用5‰的高锰酸钾溶液浸泡种蛋1分钟，取出沥干后装盘。也可用0.2%的高锰酸钾溶液，水温在40℃，浸泡种蛋1分钟。

（5）福尔马林（甲醛溶液）消毒法。该方法特别适用于对病毒和支原体的消毒灭菌，孵化机多采用这种方法，每立方米用42毫升福尔马林加21克高锰酸钾，在温度25～27℃、相对湿度60%～75%的条件下，密闭熏蒸20～30分钟，可杀死蛋壳上95%～98.5%的病原体。福尔马林为无色带有刺激性和挥发性的液体，内含40%的甲醛，杀菌力强，能杀死细菌、芽胞和病毒，能刺激皮肤和黏膜，蒸发较快，只有表面的消毒作用。

（6）土霉素消毒法。种蛋入孵后，当电孵机的温度达到37.8℃时，开始计算，6～8小时，将种蛋取出，略置1～2分钟（防止浸泡时温差太大），再将种蛋放入预先配好的土霉素盐酸盐水溶液中浸泡15分钟。药液浓度为万分之五（即1

千克水放0.5克土霉素盐酸盐），溶液的温度为4℃，种蛋放入浸泡，15分钟后取出在孵化室内略置1～2分钟，表面不太干时，放回电孵机内继续孵化。这种方法对支原体的消毒效果显著。

双氯消毒粉

福尔马林

★聪慧网，网址链接：
https://b2b.hc360.com/viewPics/supplyself_pics/229564688.html
https://b2b.hc360.com/supplyself/428404505.html

（编撰人：张梓豪；审核人：黎镇晖，冯　敏）

64. 什么是鸡的免疫程序?

鸡场根据本地区、本场疫病发生情况（疫病流行种类、季节、易感日龄）、疫苗性质（疫苗的种类、免疫方法、免疫期）和其他情况制订适合本场的科学的免疫计划，称作免疫程序。

鸡的免疫程序可按鸡的常见重大传染病种类不同而进行，下面以新城疫为例，介绍免疫程序。

鸡新城疫是由新城疫病毒引起的一种急性高密度接触性传染病，传播快、死亡率高，主要防控措施是接种疫苗。

在有条件的种鸡场或大型养鸡场，可做HI抗体滴度监测，确定首免时间，当血凝抑制滴度下降到1∶16时进行第一次免疫接种，以后接种时间同样根据HI抗体滴度来确定。

无条件进行抗体滴度监测的鸡场或专业养鸡户，可参照如下接种程序进行。雏鸡可在10～15日龄时第一次接种IV系疫苗，疫苗用纯化水稀释10倍，滴鼻或点眼。间隔25～30天进行第二次IV系疫苗饮水免疫。75日龄时，可用注射方法或气雾方法接种I系苗。

鸡场免疫程序不仅仅要考虑当地流行的疫病，还需要考虑本鸡场对应疾病的抗体滴度，如果是雏鸡母源抗体高，进行免疫可能会导致免疫失败。同时，同一疾病的不同毒株对应有不同系的疫苗（如新城疫），在免疫程序中也要考虑当地流行毒株。同一疫苗的免疫也要间隔一段时间，以免互相干扰，导致免疫失败。总的来说，没有一个最好的免疫程序可以适用于全国，养禽场要根据实际情况，制定合适于本场的免疫程序。

雏鸡

公鸡

★天极网，网址链接：http://wap.yesky.com/qq/tupian/104/38741104.shtml
★娟娟壁纸网，网址链接：http://www.jj20.com/bz/dwxz/dwhj/9681_9.html

（编撰人：阮灼豪；审核人：罗　文，黎镇晖）

65. 制定与实施鸡的免疫程序应考虑哪些方面?

（1）本地区禽病疫情免疫的疫病种类。

（2）本鸡场的发病史。

（3）鸡场原有的免疫程序和免疫使用的疫苗。

（4）所养鸡的用途及饲养时间长短不同，接种疫苗的种类和次数也有差异。

（5）雏鸡的母源抗体水平的影响。

（6）不同品种的鸡对某些病原体抵抗力的差异。

（7）家禽日龄与对某些病原体的易感性的关系密切。

（8）季节与疫病发生的关系，外界环境对许多病影响较大，季节交替、气候变化较大时常发。

（9）免疫途径。

（10）根据流行病学特点，有针对性的选用同一血清型或亚型的疫苗毒株。

（11）对附近鸡场暴发传染病时，除采取常规措施外，必要时进行紧急接种。

（12）同一种疫苗应根据其毒株毒力强弱不同，应先弱后强免疫接种。

（13）对于难以控制的传染病，如鸡新城疫、鸡传染性支气管炎，了解活苗和死苗优缺点及相互关系，合理搭配使用，取各自所长，以有效控制疫病的发生。

（14）合理安排不同疫苗的接种时间，尽量避免不同疫苗毒株间的干扰。

（15）根据疫苗产品质量，确定合适的免疫剂量或疫苗稀释量。

（16）根据疫苗类别，确定合适的接种时间和次数。

（17）根据免疫监测结果及多发病流行特点，对免疫程序及时进行必要的修改和补充。

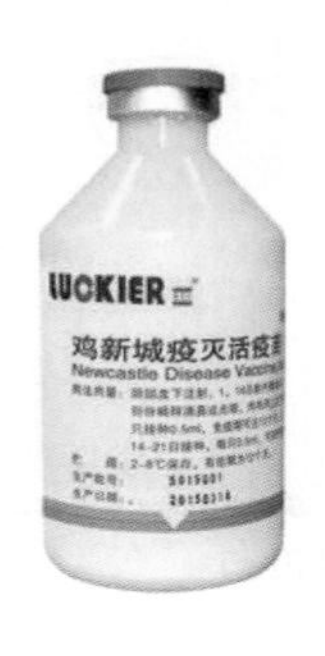

鸡新城疫疫苗

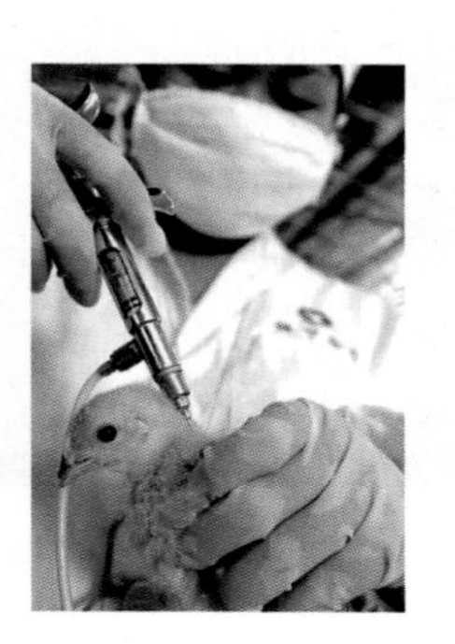

鸡疫苗注射

★百度图库，网址链接：http://i01.pic.sogou.com/b67208b4b7bad5d3

★中国宁波网，网址链接：http://www.cnnb.com.cn/new-gb/pic/0/00/03/82/38230_999159.jpg

（编撰人：凡秀清；审核人：罗　文，黎镇晖）

66. 如何科学制定鸡的免疫程序？

鸡的免疫是预防疾病发生的有效手段，每饲养一批鸡都要进行有效的免疫才能使鸡群健康生产。科学合理的免疫程序能有效预防常见疫病的发生，为鸡生产性能的稳定做好根本的保障。

（1）制定科学合理的免疫程序。科学的免疫程序不得随意更改，但是必须根据某个阶段当地疫病的流行情况和定期送检的抗体检测结果而定。两种或两种以上的疫苗混合使用很容易造成免疫失败，不同疫苗两次免疫时间间隔为5～7天，同种疫苗两次免疫时间间隔15天左右，这样可避免疫苗之间的相互干扰而造成免疫失败。

（2）科学选择疫苗。选择疫苗时应以具体生产实践结果为标准，正确选择针对本地区毒株的疫苗，才能取得良好的防治效果。疫苗不准确，不但起不到免疫作用，相反会造成病毒毒力增强和扩散，导致免疫失败。如在疫病流行重灾区仅选取安全性高但免疫力差的疫苗就会造成鸡群免疫麻痹，影响免疫效果。

（3）疫苗要科学保存和选择合适的免疫方法。疫苗通常有一定的有效期，过期的疫苗不能使用。疫苗必须放在冰箱中保存并做好标识，贮存温度为2～8℃。冰箱内必须放置2支温度计，每天检查冰箱温度4次以上；球虫疫苗严禁冻结。疫苗领出后，不能受到阳光照射，避光进入鸡舍；活苗领用后，必须在常温下1小时内用完。

鸡刺翼接种疫苗

★中国鸡蛋网，网址链接：http://www.cnjidan.com/news/664258/
★鸡病专业网论坛，网址链接：http://bbs.jbzyw.com/forum.php? mod=viewthread&tid=27954&authorid=40841&page=2

（编撰人：阮灼豪；审核人：罗　文，黎镇晖）

67. 疫苗接种的常用方法有哪儿种?

疫苗接种时常用方法有滴鼻、滴眼、饮水、气雾、皮下注射、肌内注射、刺种等，采用哪一种免疫接种方法应根据具体情况而定。

（1）滴鼻、滴眼免疫法应用较广，新城疫、传染性支气管炎、传染性法氏囊病等很多弱毒疫苗均采用此种方法。

（2）饮水免疫法适用于大数量的鸡群，简单易用，防止因为抓鸡导致应激。

（3）气雾免疫法采用气雾枪或气雾器，将疫苗喷雾形成雾化粒子，雾化粒子均匀地浮游于空气中逗留一段时间，随鸡的呼吸过程进入体内，诱导鸡产生免疫力。此方法省时省力，适用于鸡群鸡只数量大、密集饲养的鸡场。

（4）刺种鸡痘可用翼膜刺种的方法。鸡痘刺种一般是用接种针或蘸水钢笔尖蘸取疫苗，刺种于翅膀内侧无血管处。小鸡刺种一针即可，较大的鸡可刺两针。

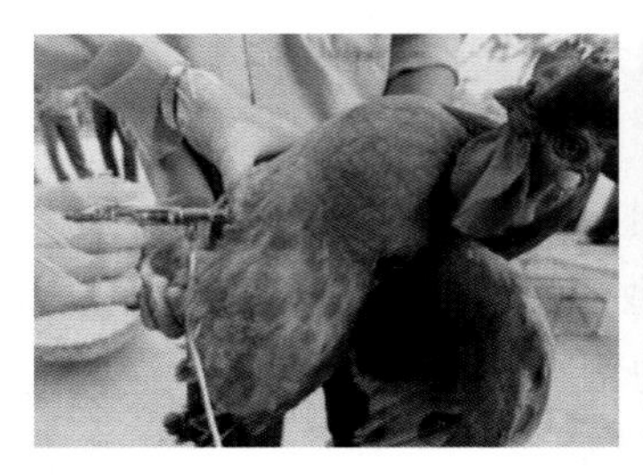

鸡疫苗接种

★中国网，网址链接：http://www.china.com.cn/chinese/zhuanti/qlg/933212.htm
★房天下网，网址链接：http://whbbs.fang.com/2610063301 ~ 1/538285267_538285267.htm

（编撰人：胡博文；审核人：罗　文，黎镇晖）

68. 影响疫苗免疫效果的因素有哪些？

在接种疫苗的动物群体中，不同个体的免疫应答程度都有差异。如果群体免疫力强，则不会发生流行病；如果群体抵抗力弱，则会发生较大的流行病。

影响疫苗免疫效果的因素有许多，主要包括以下几点。

（1）家禽本身的因素，禽的饲养状况，饲养管理好，动物营养全面，可增强机体的免疫力和抗病力，并可减少应激造成的疫苗免疫反应下降，同时想要疫苗免疫成功，应根据家禽疫病状况，注意用药和免疫的时间问题。

（2）疫苗的质量因素，疫苗本身的质量会对免疫效果产生影响；同时，免疫程序和操作因素也会对疫苗免疫效果造成影响，科学正确的免疫程序和免疫操作对保证免疫效果非常的重要，任何一个细节都不可以马虎，否则会对疫苗免疫效果造成影响。

正常鸡群

鸡疫苗接种

★生猪价格网，网址链接：http://www.shengzhujiage.com/view/56777.html
★新浪网，网址链接：http://news.sina.com.cn/o/2005-08-04/21156613123s.shtml

（编撰人：胡博文；审核人：罗　文，黎镇晖）

69. 春季鸡瘟预防措施有哪些?

鸡瘟又称鸡新城疫（Newcastle Disease，ND），抗原性属于1型家禽副黏（液）病毒，可分为3种不同类型的致病性病毒。新城疫病毒具有高度传染性。可通过吸入含病毒空气或采食污染的饲料、垫料而感染，病鸡排泄物含大量病毒。春季预防新城疫疾病应注意以下几点。

（1）科学的饲养管理，加强对鸡群的饲养管理，使鸡群处于健康良好的状态，是减少疫病发生的首要条件。

（2）控制传染源，切断外来的传染途径，鸡场生产区与办公、生活区应严格隔离，对于外来人员和车辆要进行严格的消毒措施，场区内外的饲养用品不能交叉混用。

（3）有条件的大型养殖场，最好实行自繁自养。如需从外地购鸡时，必须经当地的兽医部门进行严格检疫，对于新购进的鸡只，需先进行隔离15天，发现无疫情时再合群饲养。

（4）免疫接种，对9～10日龄、25～28日龄的蛋鸡，用鸡新城疫Ⅱ系疫苗滴鼻或进行气雾免疫，60日龄的蛋鸡，用鸡新城疫Ⅰ系疫苗进行肌内注射；对7日龄、14日龄及35日龄的商代肉鸡，用鸡新城疫Ⅳ系疫苗进行滴鼻滴眼；对7日龄、14日龄、49日龄、91日龄、140日龄、245日龄、350日龄的肉种鸡，用鸡新城疫Ⅳ系疫苗进行滴鼻滴眼。

气雾免疫

★360图片，网址链接：
http://image.so.com/v? q=%E9%B8%A1%E7%98%9F%E9%A2%84%E9%98%B2%E6%8E%AA%E6%96%BD&src=srp&correct=%E9%B8%A1%E7%98%9F%E9%A2%84%E9%98%B2%E6%8E%AA%E6%96%BD&cmsid=942f6738ddc1cb124122b3d8883ad01f&cmran=0&cmras=0&cn=0&gn=0&kn=0#multiple=0&gsrc=1&dataindex=2&id=c3ef0958c27dd9e532ab04db0abe84e5&currsn=0&jdx=2&fsn=60

（编撰人：蔡柏林；审核人：罗　文，冯　敏）

70. 如何防治鸡球虫病?

鸡球虫病是发生在鸡肠道内的一种常见且危害十分严重的寄生虫疾病，青年鸡发病率和致死率可高达80%，10～30日龄的雏鸡，35～60日龄的青年鸡都可感染此病。鸡感染鸡球虫病后会表现出精神沉郁，头蜷缩，常伫立一隅，羽毛蓬松。病鸡的粪便呈红色，鸡冠苍白，出现贫血。防治措施如下。

（1）加强管理。雏鸡与成年鸡分开饲养，以免带虫的成年鸡散播病原导致雏鸡暴发球虫病。保持鸡舍干燥、通风，及时清除粪便，堆积发酵以杀灭卵囊。及时对鸡群的饲养密度进行调整，经常刷洗消毒料槽、水槽及其他饲养用具等。

（2）免疫预防。目前已应用的疫苗有柔嫩艾美耳球虫弱毒疫苗，该疫苗具有安全、高效、价廉、使用方便等优点，适用于肉鸡；免疫前24小时到免疫后30天内，避免在鸡饲料中添加抗球虫药物。球虫活疫苗的免疫程序应根据疫苗生产厂家，垫料及鸡群健康程度的不同而定。将疫苗喷洒在球虫病免疫后2周内可在鸡的饲料或饮水中添加维生素A和维生素K，以防维生素缺乏和避免肠道出血。

（3）药物防治。应采用轮换用药，穿梭用药，联合用药方式给药，避免球虫产生耐药性。可在一批鸡中应用两种不同类型的预防药物，即在育雏阶段使用一种药物，生长期使用另一种药物，如在鸡1～4周龄时使用一种化学药物，4周龄后至屠宰前使用聚醚类离子载体抗生素，应该规范用药，注意药物残留问题。

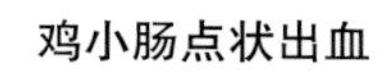

鸡小肠点状出血

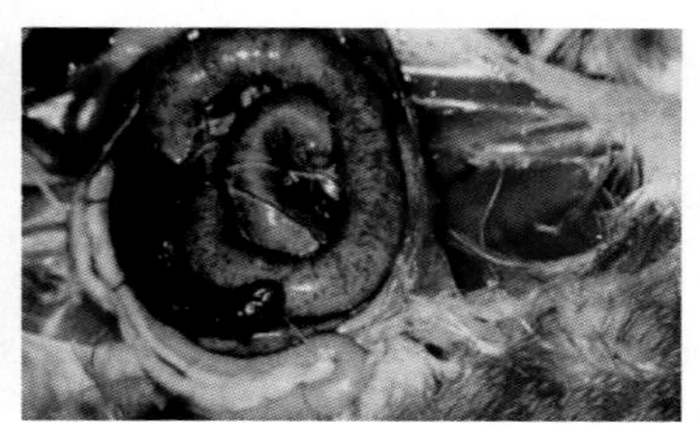

鸡盲肠出血

★搜狐网，网址链接：http://www.sohu.com/a/135408010_641244
★全球品牌畜牧网，网址链接：http://www.ppxmw.com/zt9/photo/#p=203

（编撰人：阮灼豪；审核人：罗　文，黎镇晖）

71. 如何防控减蛋综合征?

减蛋综合征是由腺病毒引起的产蛋鸡的一种急性病毒性传染病。它的特点是在饲养管理正常的情况下，当蛋鸡群产蛋量达到高峰时突然急剧下降，同时在短期内出现大量的无壳软蛋，薄壳蛋或蛋壳不整的畸形蛋，蛋壳表面不光滑，沉积有大量的灰白色或黄灰色粉状物，棕色蛋蛋壳颜色变浅。防治措施如下。

（1）杜绝病毒传入。本病主要是垂直传播，所以应从非疫区鸡群引种，引进种鸡要严格隔离饲养，产蛋后经HI试验监测，确认HI抗体阳性者，才能作种鸡用。

（2）严格执行兽医卫生措施。加强鸡场和孵化场消毒工作，加强对鸡的饲养和管理，提供全价的日粮，特别要保证赖氨酸、蛋氨酸、胱氨酸、胆碱、维生素B_{12}、维生素E以及钙的需要。

（3）免疫接种。广泛使用的油佐剂灭活苗对鸡群有良好的防制效果。产蛋鸡可在120日龄左右时注射1次鸡减蛋综合征油佐剂灭活苗，即可在整个产蛋期内维持对本病的免疫力。

（4）日常防疫措施仍须加强，千万不能忽视。一旦发病，紧急接种油佐剂灭活苗对缩短产蛋下降时间，减少产蛋下降幅度和尽快恢复具有积极作用。对未发生本病的鸡场应保持对本病的隔离状态，严格执行“全进全出”制度，严禁从有本病的鸡场引进雏鸡或种蛋；此外要谨防场外带进不洁物。

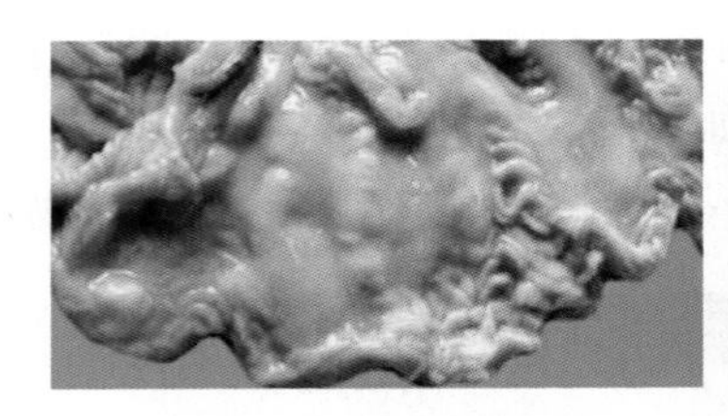

鸡输卵管内有灰白色脓性分泌物

鸡蛋品质下降

★新浪微博，网址链接：
http://photo.blog.sina.com.cn/blogpiclist/u/2749649785
http://photo.blog.sina.com.cn/blogpiclist/u/2749649785

（编撰人：阮灼豪；审核人：罗　文，黎镇晖）

72. 如何防控鸡病毒性关节炎?

鸡病毒性关节炎是一种由呼肠孤病毒引起的鸡重要传染病。病毒主要侵害关节滑膜、腱鞘和心肌，引起足部关节肿胀，腱鞘发炎，继而使腓肠腱断裂。病鸡关节肿胀、发炎，行动不便，跛行或不愿走动，采食困难，生长停滞。防治措施如下。

（1）隔离患病动物，净化鸡群。一旦发病后，立即隔离封锁，将病鸡挑出来，进行隔离治疗或淘汰处理，以逐步净化鸡群。鸡舍内部可以选择使用70%乙醇溶液进行消毒，鸡舍用具使用过氧乙酸进行全面消毒，要坚持每天带鸡消毒，对病死鸡进行无害化深埋处理。

（2）坚持自繁育，全进全出的饲养模式。尽量不要从有该病的鸡场引进雏鸡或种蛋，每批鸡出栏以后对栏舍进行彻底清洗和消毒，空置一段时间后，方可再引进新鸡进行饲养。

（3）对于易感鸡群，可在8～12日龄时使用鸡病毒性关节炎疫苗采用皮下注射或饮水免疫，然后在50～90日龄时用灭活疫苗加强免疫一次。这样，种鸡的后代雏鸡可获得较高水平的母源抗体，能有效降低经蛋传播的风险。免疫接种时要注意，尽量要与马立克病、法氏囊病弱毒苗的免疫间隔5～7天，以防止发生免疫干扰。

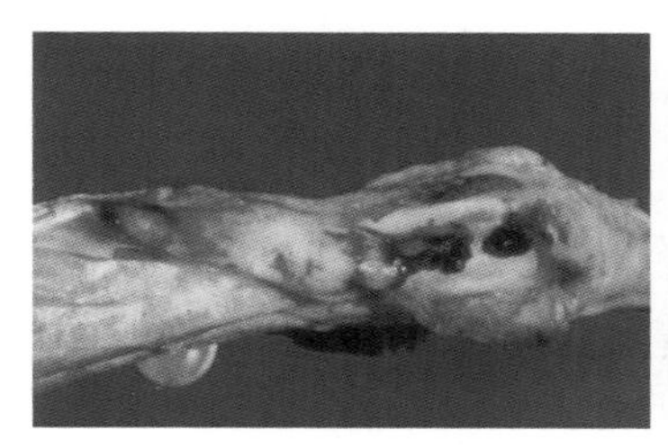

鸡腓肠肌断裂

鸡关节变形

★百度图片，网址链接：
https://baike.baidu.com/item/%E9%B8%A1%E7%97%85%E6%AF%92%E6%80%A7%E5%85%B3%E8%8A%82%E7%82%8E
http://www.qinbing.cn/tupu/details/c97f9486-1f1c-479b-b63e-d047d66bc520/841068d5-c2c3-4581-b0eb-ca7fcb1b3345.html

（编撰人：阮灼豪；审核人：罗 文，黎镇晖）

73. 如何防控鸡传染性贫血?

鸡传染性贫血又称蓝翅病、出血综合征或贫血性皮炎综合征，是由鸡传染性贫血病毒引起的以雏鸡再生障碍性贫血和全身淋巴组织萎缩为主要特征的传染病，是一种重的免疫抑制性疾病。鸡群一旦感染该病后会引起鸡体的免疫抑制，从而导致鸡群对其他细菌病、病毒病及寄生虫病的易感性增强，给养禽业带来重大经济损失。防治措施如下。

（1）加强检疫、饲养管理和兽医卫生措施。防止从外地引入带毒鸡，以免将本病传入健康鸡群。重视日常的饲养管理和兽医卫生措施，防止环境因素及其他传染病导致的免疫抑制。

（2）切断病毒的垂直传播。对基础种鸡群进行普查，了解鸡传染性贫血病毒的分布以及隐性感染和带毒状况，淘汰阳性鸡只，切断病毒的垂直传播途径。

（3）免疫接种。用传染性贫血弱毒冻干苗对12～16周龄鸡饮水免疫，能有效抵抗该病，在免疫后6周产生免疫力，并持续到60～65周龄。但不能在首次产蛋前3～4周实施免疫接种，以防止通过种蛋传播疫苗病毒。

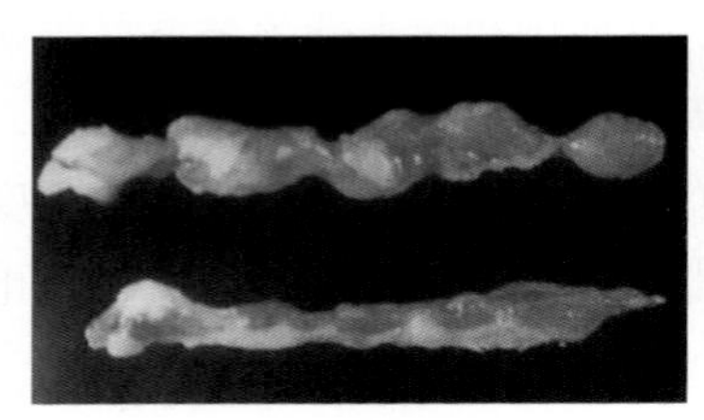

鸡胸腺肿大

鸡腿肌点状出血

★台湾WORD，网址链接：
http://www.twword.com/wiki/%E9%9B%9E%E5%82%B3%E6%9F%93%E6%80%A7%E8%B2%A7%E8%A1%80%E7%97%85

（编撰人：阮灼豪；审核人：罗 文，黎镇晖）

74. 如何对鸡粪进行无害化处理与利用？

（1）脱水干燥。

①高温快速干燥。用回转筒烘干炉，其能够在短时间内将含水率达70%的湿鸡粪迅速干燥至含水仅10%～15%的鸡粪加工品。烘干的适宜温度是300～900℃。

②太阳能烘干。主要是采用塑料大棚中形成的“温室效应”，利用太阳产生的热力来对鸡粪作干燥处理，利用大棚内积蓄的太阳能使鸡粪中的水分蒸发出来，通过强制通风排除大棚内的湿气。

③笼舍内干燥。笼养设备，每层笼下面都有一条传送带承接鸡粪，定时开动收集鸡粪，同时直接将气流引向传送带的鸡粪上，使鸡粪能够在产出后迅速干燥。

（2）发酵处理。在适宜的温度、湿度以及含氧量条件下，好气菌迅速繁殖，将鸡粪中的有机物质大量分解成易消化吸收的形式，同时释放出硫化氢、氨等气体。

（3）微波处理。微波具有热效应和非热效应。其热效应使受作用的物料内外同时产热，其非热效应是指在微波作用过程中可使蛋白质变性，因而可达到杀菌灭虫的效果。

（4）利用。

①肥料。鸡粪富含氮、磷、钾及各种微量元素，发酵后就地还田施用，可以促进土壤微生物的活动，是减轻其环境污染、充分利用农业资源最经济的措施。

②饲料。可替代肉牛、猪、羊的部分日粮，而不会对其增重、胴体品质等产生不利影响，也可供养殖藻类，主要为微型藻，如小球藻、栅列藻、螺旋藻。

③产沼气。在微生物发酵池中加入多种产甲烷菌和非产甲烷菌，共同产生沼气。

粪便脱水机

干鸡粪发酵

★杭州如丰环保科技有限公司市场部，网址链接：
http://www.cntrades.com/b2b/ruf27804/sell/itemid-73364668.html
https://b2b.hc360.com/supplyself/80421825576.html

（编撰人：张梓豪；审核人：黎镇晖，冯　敏）

75. 如何对死鸡进行无害化处理？

（1）深埋处理。在鸡场下风向位置并且与生产区保持足够距离的位置设置一个病死鸡专用深埋场所。坑深度不小于3米，直径约1米。使用前先在坑底铺一层生石灰，以后每天上下午各收集一次死鸡，在填埋坑附近砌一消毒池，死鸡在丢入坑之前要在消毒池浸泡30分钟左右，当死鸡填埋厚度约0.7米时撒一层生石灰并覆盖一层厚土，之后继续填入死鸡。填埋坑使用期间要在其上面搭设防雨棚用于防止雨水进入坑内，同时要求坑口比附近地面高出35厘米以避免雨后的雨水倒灌入坑内。

（2）高温处理。主要有焚烧、煮熟、高温高压处理等方式。

①焚烧。密闭式焚烧炉中喷油燃烧，生成的油烟经密闭管道排至二级焚烧炉中二次燃烧，生成的油烟中的毒素经密闭管道进入毒素吸收塔中，最后形成极少量的灰烬。

②煮熟。对于每天死亡的鸡只数量小的，可以每天将刚死或濒死的鸡收集后

丢入锅内加水后煮沸1个小时，待放凉后与饲料一起喂猪。

③高温高压处理。聘请专门的死鸡处理厂前来每天收集死鸡，集中投入高温高压炉内，经过高温高压处理把病原体杀灭，脱去水分的同时能够把死鸡体内脂肪融化后分离处理成为“禽油”，胴体部分干燥并粉碎成为“禽副产品粉”，两者都可以作为饲料原料使用。

焚烧死鸡

高温处理

★姑苏网，网址链接：
http://www.gusuwang.com/redirect.php？ fid=164&tid=1035353&goto=nextnewset
http://news.sina.com.cn/c/2009-04-22/062115506071s.shtml

（编撰人：张梓豪；审核人：黎镇晖，冯　敏）

76. 什么是肉鸡猝死综合征？怎样预防？

肉鸡猝死综合征又称为肉鸡急性死亡综合征、急性心脏病以及“翻跳病”，是肉鸡生产过程中最严重的疾病之一。发病急是本病最显著的特点。诱发本病的原因与饲喂的日粮有密切的关系。随着饲粮中营养浓度增高，肉鸡猝死率也随之增加。预防本病主要采用以下措施。

（1）地方鸡品种和土杂鸡比外来鸡品种发病少，可选择饲养地方鸡或土杂鸡。

（2）肉鸡的饲养过程中尽量减少打针、噪声、不良环境和抓捕等引起的应激反应，以利降低发病率。

（3）饲喂的日粮中能量饲料用葵花油等植物油代替动物性脂肪，可明显降低肉鸡猝死综合征的发生。

（4）适当降低饲养密度，保持鸡舍通风优良，提供良好的环境。鸡舍内适宜的通风，不仅有利于降低鸡舍氨气含量，同时有利于使鸡舍垫料保持较低的湿度。冬季大型鸡场为解决通风与保温的矛盾，建议热空气从鸡舍顶部吹到地面，在通过垫料时就能很快地把鸡干燥。

（5）3～20日龄肉用仔鸡可进行适度的限制性饲养，降低19%～20%日粮中蛋白质含量，对防控本病有很好效果。

（6）用粉料饲料代替颗粒饲料饲喂肉鸡，可降低发病率。

（7）适当减少光照时间，0～3周龄光照时间控制在12～16小时，22～42日龄控制在18小时，42日龄后每天光照20小时。

白羽肉鸡高密度饲养

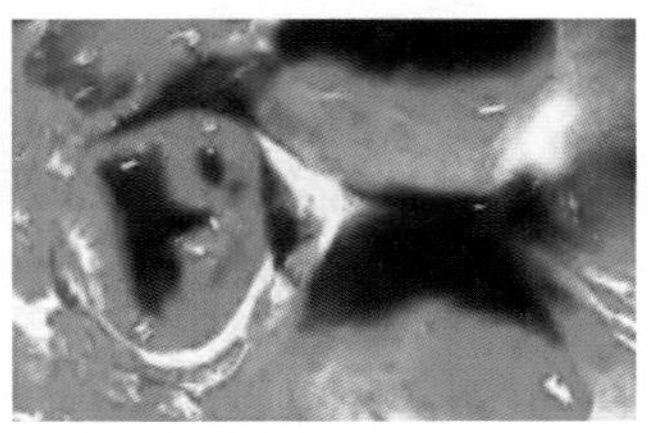

鸡心脏肿大心肌松软

★中国鸡蛋网，网址链接：http://www.cnjidan.com/news/957027/

（编撰人：阮灼豪；审核人：罗　文，黎镇晖）

77. 怎样防治肉鸡腹水综合征?

肉鸡腹水综合征是以腹水为典型特征的呼吸和循环系统机能性障碍的综合征。该病多发3～7周龄的肉鸡，该病与高海拔地域、季节等因素有较大的关系，对肉鸡胴体品质也产生一定的影响。防治措施如下。

（1）改善禽舍通风条件。禽舍在设计和建设时需要考虑到通风、保暖。禽舍建造时要有天窗和通风口等，墙壁侧面安装大功率换气扇，这样有效地保障了夏季炎热气候环境下，禽舍通风换气，增加氧含量，降低热应激。缺氧是造成肉鸡出现腹水综合征的主要原因之一，因此在冬季供暖季节里，避免在肉鸡舍内放置火炉，尽量将火炉设置在鸡舍外，减少氧气消耗量。

（2）改善饲喂方式。建议肉鸡在3周龄前饲喂低能日粮饲料，之后转为饲喂高能日粮饲料。由于肉鸡饲喂颗粒料会显著增加肉鸡腹水症的发生，因此在不影响肉鸡增重的前提下，应尽可能延长粉料的饲喂时间，进而限制肉仔鸡的快速生长。有研究表明，2～3周龄给予粉料，4周龄至出栏给予颗粒料对预防本病效果显著。

（3）治疗措施。临床上表现出明显临床特征的肉鸡一般经药物治疗无效，往往会出现100%死亡率。对临床特征不明显的肉鸡可以采取一定的治疗方案，肉鸡腹底壁消毒，用长针头刺入腹腔抽出腹水，降低腹内压，之后将青霉素、链霉素各2万单位腹腔注射，每天1次，连续注射1周。为防止继发感染现象，在肉鸡饲料中添加庆大霉素等抗菌药物，针对有腹水表现可以在饲料中添加利尿剂、健脾利水中草药，同时饮水中加入维生素C，具有一定的治疗效果。

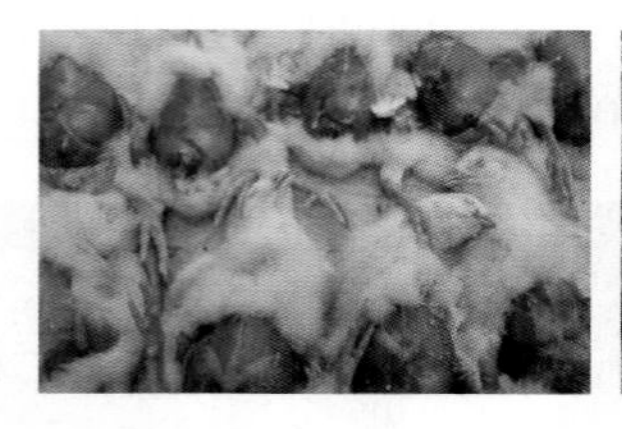

鸡腹部肿大

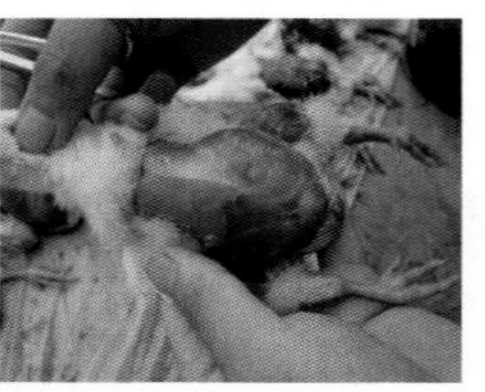

鸡腹部充满黄色液体

★中国鸡蛋网，网址链接：http://www.cnjidan.com/news/706289/
★新浪微博，网址链接：http://blog.sina.com.cn/s/blog_14e6021c20102voce.html

（编撰人：阮灼豪；审核人：罗　文，黎镇晖）

78. 如何防治鸡黄曲霉毒素中毒？

鸡黄曲霉毒素中毒是由于饲喂黄曲霉毒素超标的饲料引起的。夏末秋初，由于气温高、雨水频繁，家禽饲料极易发霉变质。饲料发霉变质后，不仅营养成分被严重破坏，一些霉菌的代谢产物还易导致家禽中毒，尤其是黄曲霉菌产生的黄曲霉毒素会影响家禽的生长发育和生产性能，重者会导致家禽大批死亡。因此，在夏秋季节，家禽养殖者务必提高警惕，以免发生家禽黄曲霉菌中毒。防治措施如下。

（1）及时处理中毒鸡。发现中毒肉鸡要马上停止饲喂目前使用的饲料，饲喂高蛋白饲料和含有大量碳水化合物的青绿饲料，停止或者减少饲喂富含脂肪的饲料。一般轻度中毒时，病鸡基本不需要进行治疗就能够自行康复；严重中毒时，要立即投服适量的泻剂，如人工盐、硫酸钠等，刺激胃肠道尽快排出毒物，同时配合保肝和止血的疗法。病鸡可内服2～5克硫酸钠或者硫酸镁，并配合大量饮水，促进毒物排出；内服3～5毫升5%葡萄糖溶液和25～30毫克维生素C片，用于解毒保肝。

（2）避免饲料霉变。饲料应贮藏在低温、通风、干燥的环境中，并要随时观察饲料，禁止饲喂发生霉变的饲料，同时不使用污染有霉菌的原料进行饲料配制和加工。即使这些饲料散发轻微的霉味或者发生不明显霉变，但都含有大量的黄曲霉毒素，也会引起中毒。为避免饲料发生霉变，可添加适量的防霉剂。

（3）加强消毒处理。饮水器、饲料槽要定期进行清洗、消毒，保持垫料比较干燥，及时清除粪便。鸡舍保持良好通风，防止滋生大量霉菌。如果饲料仓库有黄曲霉孢子污染，则可使用高锰酸钾或者福尔马林进行消毒，从而彻底将黄曲霉菌孢子消灭。

鸡肝脏肿大出血

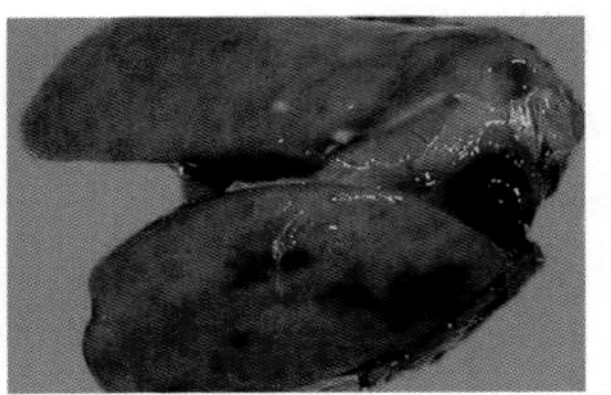

鸡肝脏出血

★中国蛋鸡网，网址链接：http://www.cnjidan.com/news/664653/
★统筹城乡服务，网址链接：http://www.tccxfw.com/tpjq/10767.jhtml

（编撰人：阮灼豪；审核人：罗　文，黎镇晖）

79. 如何防治鸡食盐中毒

鸡食盐中毒是由于配制鸡饲料时食盐用量过大或使用的鱼粉中含盐量过高以及限制饮水不当所造成的。此外饲料中缺乏维生素E、Ca、Mg及含硫氨基酸等营养物质也会增加食盐中毒的敏感性。鸡对食盐的需要量占饲料的0.25%～0.5%，以0.37%最为适宜，若过量则极易引起中毒甚至死亡。防治措施如下。

（1）严格控制饲料中食盐的含量，不得超过0.5%。若饲料中已配有一定比例的鱼粉，再添加食盐时，应扣除鱼粉的食盐含量。若饲料中使用了咸鱼粉或含盐的农副产品，可少添加或不添加食盐。

（2）食盐通常直接添加到基础日粮中，在饲料生产过程中要注意搅拌均匀。在治疗食盐缺乏症引起的啄癖时，要严格掌握食盐的添加量，同时供应充足清洁的饮水。

鸡饮水

★传道网，网址链接：http://www.xxnmcd.com/a/20141031/76762.html

（3）发现鸡群出现食盐中毒的症状时，应立即停用可疑饲料和饮水，改换新鲜的饲料和饮水。保证供给充足清洁饮水、红糖水或温水。可在饮水中添加3%～5%的葡萄糖和适量维生素C，以稀释胃肠中的食盐浓度，利于排泄，增强机体解毒机能。

（编撰人：阮灼豪；审核人：罗　文，黎镇晖）

80. 如何防治鸡磺胺类药中毒?

磺胺类药物是治疗家禽细菌性疾病和球虫病的常用广谱抗菌药物，大部分磺胺类药物治疗量与中毒量很接近。因此，长时间或大剂量使用磺胺药物或药物混合不均匀都容易造成磺胺类药物中毒。

鸡磺胺类药物中毒的症状为：急性中毒时主要表现为痉挛和神经症状；慢性中毒时精神沉郁，食欲不振或消失，饮水增加。防治措施如下。

（1）严格按要求剂量和时间使用磺胺类药物是预防本病的根本措施。无论拌料还是饮水给药，一定要搅拌均匀。

（2）磺胺类药物中加入增效剂后，其抑菌效果可提高10倍，故其剂量应为不加增效剂时的1/10。一个疗程一般3～5天，停药3～5天后再开始下一个疗程。无论治疗还是预防用药，时间过长都会造成蓄积中毒。

（3）磺胺类药物对产蛋影响较大，故在产蛋上升阶段应慎重用药。用药之后要细心观察鸡群的反应，出现中毒则应立即停药，并给予大量饮水；并在饮水中加入0.5%～1%碳酸氢钠或5%葡萄糖；如此处理3～5天后，大部分可恢复正常。

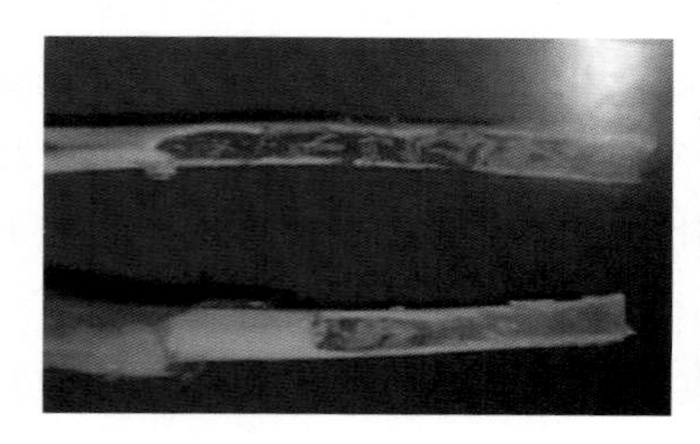

鸡骨髓变黄

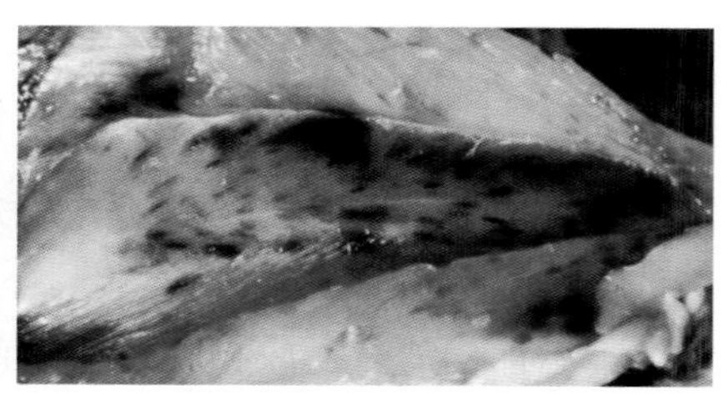

鸡肌肉有条状出血斑

★中国禽病网，网址链接：http://www.qinbing.cn/jibingfangzhi/
★点力文秘网，网址链接：http://www.dashangu.com/postimg_12871995.html

（编撰人：阮灼豪；审核人：罗　文，黎镇晖）

81. 如何防治鸡喹乙醇中毒?

喹乙醇，又名倍育诺、喹酰胺醇、快育灵、奥拉金等，为一种化学合成抗菌促成剂。喹乙醇有促进生长和预防细菌性疾病的作用，价格低廉，但由于拌料时混合不均匀，使用伪劣兽药，与其他抗生素配伍错误等原因极易造成中毒。防治措施如下。

（1）严格控制用药量和用药时间。用于治疗疾病时，雏鸡按每千克体重30毫克，成鸡按每千克体重50毫克给药，一天一次，不得超过3天，预防量为治疗量的一半。

（2）拌料要均匀。在用喹乙醇拌料时，一定要将药物与饲料混合均匀，防止喹乙醇混合不均匀，导致部分动物采食过多的药物而中毒。

（3）避免配伍禁忌。由于喹乙醇只能与磷酸泰乐菌素、持久霉素等少数几种抗菌药物配伍，其他均不能配伍，因此不能盲目与其他抗菌素配伍配合，而增大毒性。

（4）目前，喹乙醇中毒尚无有效解毒剂，只能对症治疗。如果怀疑是喹乙醇中毒，应立即停止使用喹乙醇或其制剂。并给予含5%的葡萄糖和0.1%维生素C的饮水，让其自由饮水，以加快体内药物的排除，减轻中毒症状。

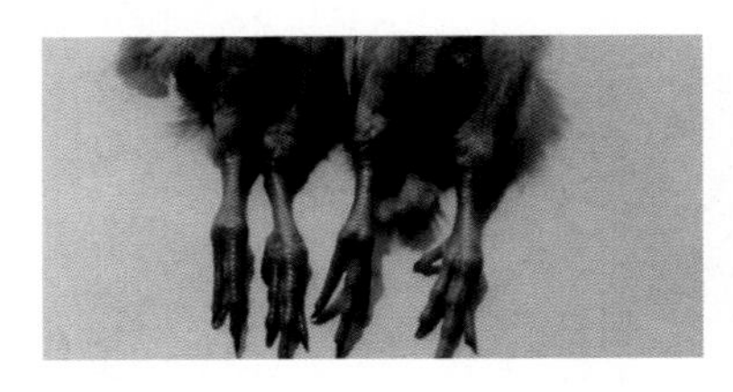

鸡趾部变暗红或者黑紫色

鸡喙变暗红或黑紫色

★中国禽病网，网址链接：
http://www.qinbing.cn/daixiebing/
http://www.qinbing.cn/daixiebing/

（编撰人：阮灼豪；审核人：罗　文，黎镇晖）

82. 如何用疫苗防治鸡新城疫？

鸡新城疫是由新城疫病毒引起的一种急性败血性传染病。俗称“鸡瘟”，即亚洲鸡瘟。鸡新城疫不受季节限制，死亡率非常高，20～60日龄鸡最易感染，感染后的病鸡会出现精神混乱、败血、呼吸困难、黏膜出血或坏死、粪便恶臭等症状，急性感染2～5天便会死亡，若亚急性感染1～2个月会死亡。防治措施如下。

（1）科学利用疫苗进行新城疫预防和控制疾病的发生。新城疫疫苗分为活苗和死苗两大类。活苗分为I系，Ⅳ系（克隆30），Ⅱ系（B1株），Ⅲ系（F株）。灭活苗（死苗）安全性好，母源抗体对其影响小，产生的免疫力和免疫期超过任何种类的新城疫活苗，但只可注射接种。

（2）鸡只7～10日龄时进行首免，可选用弱毒力苗如Ⅱ、Ⅲ、Ⅳ系疫苗或克隆30苗进行滴鼻点眼。二免在首免后15日，即22～25日龄时进行。如首免用克隆30苗，二免则用Ⅳ系苗。二免后20～25天，即42～50日龄时进行三免，使用Ⅳ系苗，在安全区采用饮水方法，在不安全区或高发季节用滴鼻点眼法，还可气雾免疫。对60日龄以上的鸡根据监测到的抗体水平进行气雾免疫。

（3）建立免疫接种档案。记录内容至少应包括接种日期、鸡的品种、日龄、数量、所用疫苗名称、生产厂家、批号、生产日期、有效期、稀释剂及稀释倍数、接种方法及操作人员等。

（4）加强环境卫生和饲养管理。做好消毒工作，切断病毒入侵途径。设置车辆和行人进出鸡场的消毒池，勤添消毒药水。采用全进全出制方式，进鸡前后做好清洁消毒工作，平时做好带鸡消毒工作。加强饲养管理，提高鸡群抵杭力。

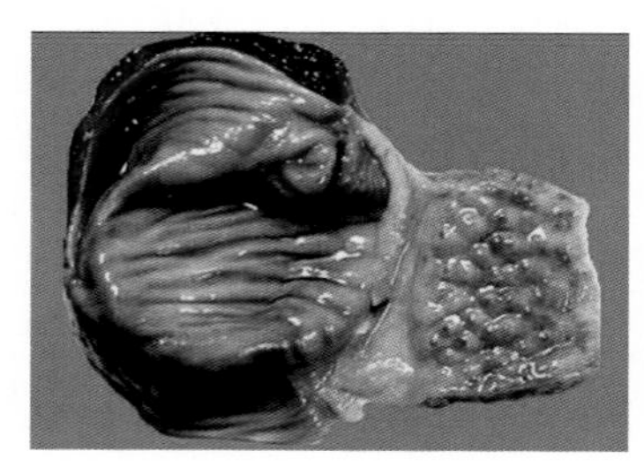

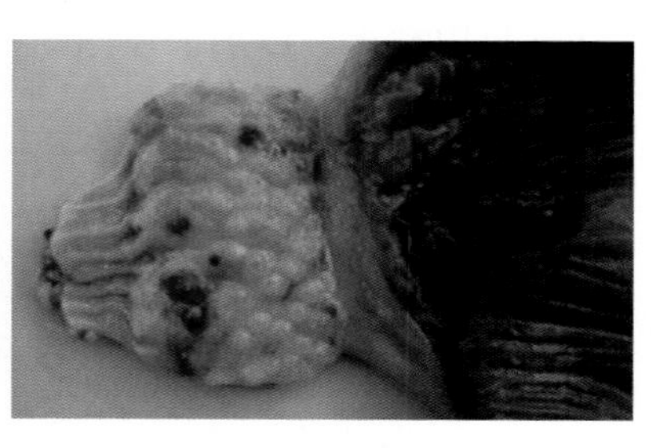

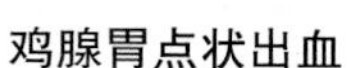

鸡腺胃点状出血　　鸡腺胃出血

★新浪微博，网址链接：
http://blog.sina.com.cn/s/blog_14ed051cf0102wq0l.html
http://blog.sina.com.cn/s/blog_14ed051cf0102wq0l.html

（编撰人：阮灼豪；审核人：罗　文，黎镇晖）

83. 如何防治鸡传染性法氏囊病?

鸡传染性法氏囊病是鸡的一种急性高度接触性病毒病。临床表现以缩颈、头下垂、呈昏睡状、排泄白色稀粪等为特点。一年四季均可发生，但每年多流行于3—6月。自然感染以3～6周龄最易感。防治措施如下。

（1）控制传染源。尽量坚持自繁自养，确保本场种群内无法氏囊病毒阳性感染个体，维持良好的健康度和整齐度；必须对外引种及购进鸡苗时，要加强种禽和外购商品禽的检疫检验措施，禁止从疫区（病史场）购进商品鸡，早期劣汰阳性个体，从源头上加强防范。

（2）计划免疫。根据当地流行病史，母源抗体水平等合理制定免疫程序，确定免疫时间及使用疫苗的种类，按疫苗说明书要求进行免疫。目前普遍应用传染性法氏囊炎弱毒苗B87，可采取饮水、滴鼻、点眼等方法，保留饮水免疫。其免疫程序为：①无母源抗体（产蛋鸡未免疫接种或未发生此病），雏鸡在5～7日龄首次接种，5周龄后做第二次接种；②有母源抗体（产蛋鸡进行过免疫接种或患过此病）的雏鸡在14～21日龄首次接种，5周龄后做第二次接种。

（3）病鸡治疗。可用鸡传染性法氏囊病高免卵黄抗体进行治疗。一般每羽雏鸡0.5～1.0毫升，每羽大鸡1.0～2.0毫升，皮下或肌内注射，必要时次日再注射一次。治疗中可同时加入庆大霉素或丁胺卡那等抗菌药物一起注射。供给鸡群充足的清洁饮水，提高鸡舍温度2～3℃，减少各种应激因素，防止继发感染，将饲料中蛋白质水平降低到15%，多种维生素加倍提高鸡体抵抗力。

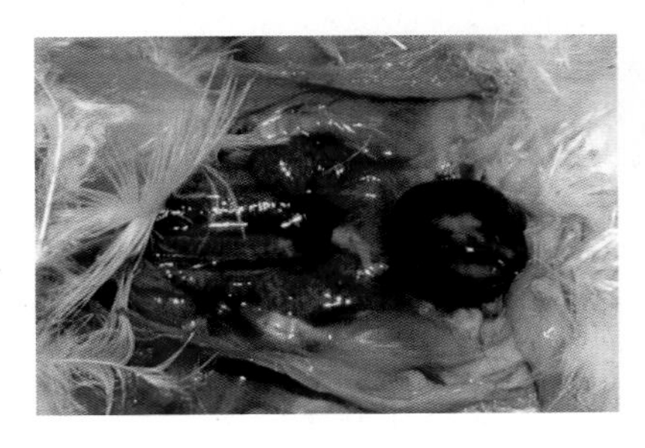

鸡法氏囊出血

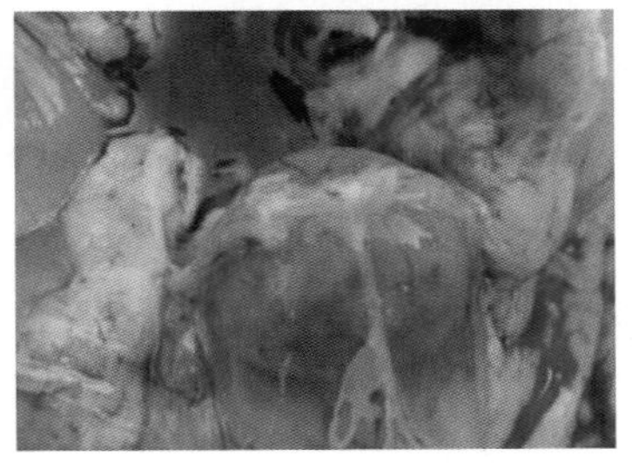

鸡法氏囊肿胀

★搜狐网，网址链接：http://www.sohu.com/a/125503284_396931
★黔农网，网址链接：http://www.qnong.com.cn/yangzhi/yangji/10891.html

（编撰人：阮灼豪；审核人：罗　文，黎镇晖）

84. 如何防治鸡痘？

鸡痘是由痘病毒引起的一种接触性疾病，通过皮肤黏膜伤口感染疾病，苍蝇、蚊子等是该种疾病的传播源，常常发生于夏、秋季节。防治措施如下。

（1）预防鸡痘最可靠的方法是接种疫苗。可用鸡痘弱毒疫苗，100倍稀释，用刺种针蘸取少许疫苗，在鸡翅膀内侧无血管处刺破皮肤即可，1月龄内雏鸡刺种一下，1月龄以上的鸡刺种两下。每刺种几只鸡后，应用脱脂棉擦拭针尖，以免针尖油脂过多蘸不到药液而影响免疫效果。接种3～5天之后，接种部位出现绿豆大小的红疹或红肿，10天后有结痂产生，即表示疫苗生效。如果刺种部位不见反应，必须重新刺种疫苗。

（2）做好消毒和灭蚊灭蝇工作。对鸡舍进行消毒，同时消除鸡舍上空的蚊蝇，更换垫料。用生石灰对地面和墙壁进行消毒。使用菊酯类药物消灭蚊虫。注意清理鸡舍周边的积水，防止蚊蝇滋生。

（3）鸡痘发生后的措施。目前尚无特效治疗药物，主要采用对症疗法，以减轻病鸡的症状和防止并发症。皮肤上的痘痂，一般不做治疗，必要时可用清洁镊子小心剥离，伤口涂碘酒或甲紫（紫药水）。

鸡冠出现痂皮

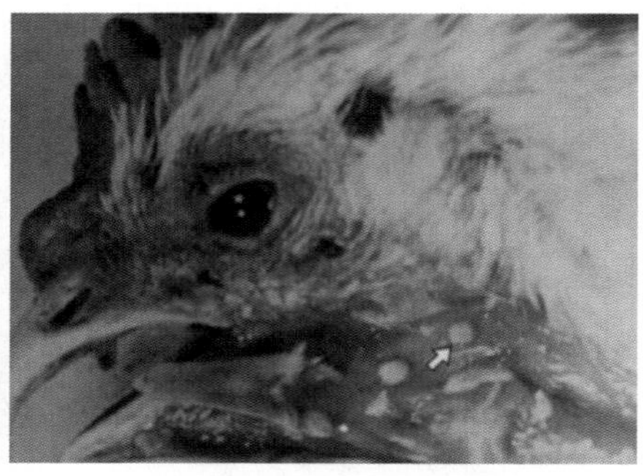

鸡口腔上的痘疹

★百度贴吧，网址链接：https://tieba.baidu.com/p/4053774577？red_tag=2650769173&traceid=
★沙澧阳光网，网址链接：http://www.yg196.com/Article/jidoudebingyin_1.html

（编撰人：阮灼豪；审核人：罗　文，黎镇晖）

85. 如何防治鸡霍乱?

鸡霍乱又称鸡巴氏杆菌病，鸡出血性败血症，俗称为禽霍乱。它是由巴氏杆菌引起的一种急性败血性传染病。该病的死亡率很高，最急性病例几乎看不到明显症状就突然死亡。防治措施如下。

（1）免疫接种。巴氏杆菌病是一种发病率高、传播速度快、死亡率高的传染病，一旦暴发经济损失巨大。做好预防工作是防止本病发生的重要措施。鸡群可在9日龄左右用氢氧化铝灭活菌苗进行预防注射，以增强机体的免疫力。

（2）多杀性巴氏杆菌是体内常在菌，当机体的抵抗力下降时容易诱发本病。该鸡场饲养管理与环境卫生条件差是引发本病的重要原因，所以应加强饲养管理，特别要做好卫生消毒工作，减少应激。

（3）出现疫情的措施。立即将鸡场封锁，并用10%新鲜石灰乳或消毒剂稀释，对鸡舍和周围环境以及用具进行消毒。将病鸡分开隔离，对未出现症状的鸡只紧急注射禽出败抗血清。对出现症状的病鸡，根据鸡只大小，每只肌内注射青霉素2万～5万单位，每天2次。另将0.5%磺胺二甲基嘧啶拌在饲料内饲喂，连用3～4天。

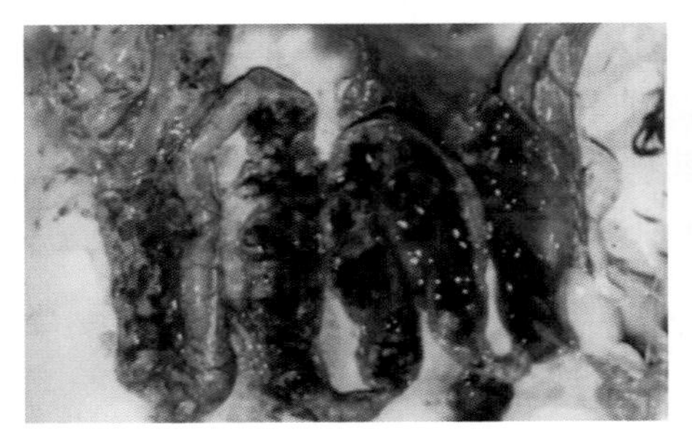

鸡肠黏膜出血

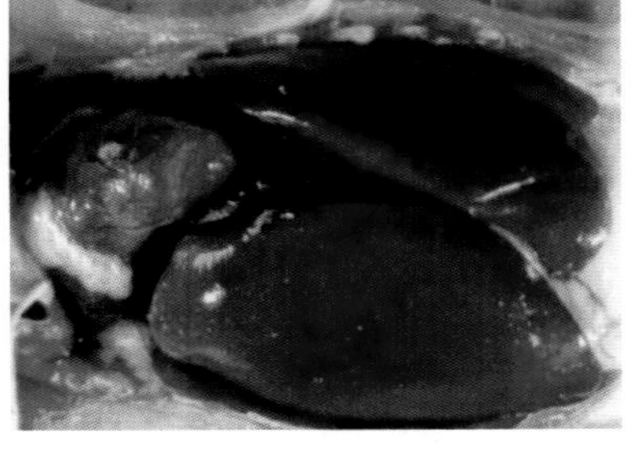

坏死鸡肝肿大出血

★现代生态养殖技术网，网址链接：http://www.syc163.com/xin/INDEX.ASP？id=1856&repage=1&action=topic&forumid=34&fn=0
★第一推网，网址链接：http://diyitui.com/content-1479629651.62987645.html

（编撰人：阮灼豪；审核人：罗　文，黎镇晖）

86. 如何防控禽脑脊髓炎？

禽脑脊髓炎是由禽脑脊髓炎病毒引起的急性高度接触性传染病。该病主要侵害雏鸡的中枢神经系统，雏鸡主要表现共济失调、渐进性瘫痪和头颈部肌肉震颤，主要病变是非化脓性脑炎。各种日龄的鸡均可感染，但尤以雏鸡最易感。1月龄以上的鸡感染后不表现临床症状，产蛋鸡产蛋下降。防治措施如下。

病鸡运动失调

病鸡瘫痪

★猪友之家网，网址链接：http://www.pig66.com/yangji/2016/38216.html
★兴旺药业，网址链接：http://www.xw518.com/yzgl/n66.html

（1）预防。严禁从疫病流行地区引进苗鸡和种蛋。定期对本场进行有效消毒和隔离处理，对感染该病的种鸡群，立即用0.2%过氧乙酸与0.2%次氯酸钠，交替带鸡喷雾消毒，种鸡感染该病后1个月内的蛋不得孵化。

（2）免疫接种。目前使用的疫苗有两种，一类是弱毒苗，种鸡接种活毒疫苗后母源抗体能保留到8周龄时才消失，加之弱毒苗对雏鸡有一定的毒力，一般种鸡在10周龄以上，但不迟于开产前4周接种活疫苗，使母鸡在开产前获得免疫力，不过，活毒苗只能用于病毒流行区。另一类是油佐剂灭活疫苗，灭活苗一般在开产前4周经肌内或皮下接种，必要时在种鸡产蛋中期再接种1次。合理的免疫程序是：10～12周龄饮水或点眼接种弱毒疫苗，开产前1个月肌注油佐剂灭活苗。

（3）发病时措施。本病尚无有效药物治疗，一般应将发病鸡群扑杀并作无害化处理，污染场地、用具彻底消毒，或在种鸡发病时用油乳剂灭活疫苗作紧急免疫。

（编撰人：阮灼豪；审核人：罗　文，黎镇晖）

87. 如何防控禽白血病?

禽白血病是由禽白血病病毒引起的禽类多种肿瘤性疾病的统称。目前尚无有效的药物和疫苗来防控禽白血病的发生，最有效的方法就是对鸡场进行病毒净化，但投入的人力、物力十分巨大。

禽白血病的主要传播途径是垂直传播，其中经卵垂直传播是最主要的传播方式。对于母鸡来说，通过卵清或者泄殖腔排出病毒导致鸡胚的先天感染，在雏鸡出壳后，又会导致大面积的横向感染。对于公鸡来说，通过人工授精能够显著减少病毒通过接触感染母鸡的概率。防治措施如下。

（1）避免外源性禽白血病病毒的垂直感染。财力相对薄弱的鸡场可以先对母鸡进行淘汰净化，同时采用人工授精避免公鸡同母鸡的接触，再逐步对种公鸡进行净化。

（2）避免外源性禽白血病病毒的水平传播。首先，做好鸡舍孵化、育雏等环节的综合管理和消毒工作，并实行全进全出制，避免人为原因造成病原的机械传播。

（3）避免弱毒疫苗的禽白血病病毒污染。生物制品生产过程中的生物安全问题也是禽白血病净化必须考虑的问题。养殖企业应该选用正规疫苗企业生产的弱毒疫苗，有条件的企业应该对弱毒疫苗进行禽白血病病毒的排查，避免使用禽白血病病毒污染的弱毒疫苗。

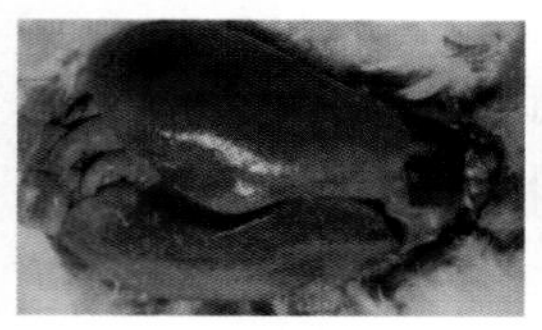

鸡肝脏肿大

鸡肝脏白色结节

★中国禽病网，网址链接：
http://www.qinbing.cn/tupu_details.aspx？id=c72b0af5-9d5c-4179-a169-fa7f411ed604&ppid=801f31dd-adf2-44df-abf9-4eeaf6a24a96

（编撰人：阮灼豪；审核人：罗　文，黎镇晖）

88. 如何防治禽大肠杆菌病？

禽大肠杆菌病是由大肠杆菌埃氏菌的某些致病性血清和菌株（大肠杆菌是健康畜禽肠道中的常在菌，可分为致病性和非致病性两大类）及其毒素引起的一种禽肠道传染病，是一种条件性疾病，即卫生条件差、饲养管理不良容易造成此病的发生。其特征是引起心包炎、肝周炎、气囊炎、腹膜炎、输卵管炎、滑膜炎、大肠杆菌性肉芽肿和脐炎等病发症。防治措施如下。

（1）优化环境。加强环境卫生的消毒工作，严格控制饲养密度，确保舍内通风透气，降低鸡舍内氨气等有害气体的产生和积聚。

（2）科学饲养管理。严格把关饲料、饮水的卫生和消毒工作，不定时检查水源和饲料是否被大肠杆菌污染。同时可在饲料中添加益生素和酶制剂，以调整鸡只肠道有益菌群， 增强鸡的抵抗力。禽舍温度、湿度、密度、光照和管理均应按饲养要求进行。

（3）加强种鸡管理。定期做好预防性投药工作，及时淘汰处理病鸡，采精、输精必须严格消毒。

（4）药物防治。结合药敏试验选择敏感药物在发病日龄前1～2天进行预防性投药，或发病后作紧急治疗。β-内酰胺类的抗生素药物通过抑制细胞壁合成而达到抗病作用，包含头孢菌素类、青霉素类、β-内酰胺酶抑制剂等。胺类糖苷类通过影响细菌蛋白质的合成，对各种类的革兰氏隐性杆菌具有较强灭菌效果。

头部皮下形成的肉芽肿

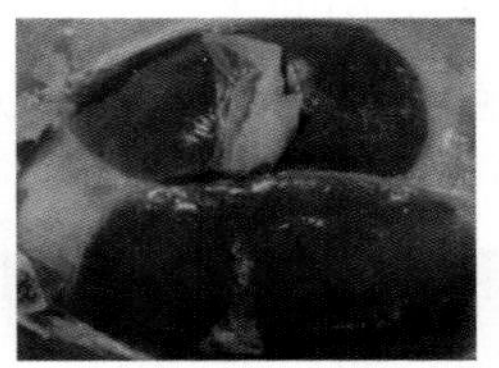

心包炎

★畜禽病虫害及疫病诊断图片数据库及防治知识库，网址链接：
http://www.tccxfw.com/bch/3/data/18.html
http://www.tccxfw.com/bch/3/data/18.html

（编撰人：谢婷婷；审核人：黎镇晖，冯　敏）

89. 如何防控禽流感？

（1）鸡场选址和布局合理。鸡场应选择有利于隔离的位置，整个场区分开设计各功能区，每一个鸡舍要保持一定空间距离，生产区、无害化处理区位于生活区下风向，做到净道、污道互不交叉，出入口分开等。

（2）日常管理要精细严格。引进鸡苗要先隔离观察一个月，无异常现象后才进场饲养；日常管理过程中要减少应激因素，避免诱发疾病；严格按照饲养要求控制鸡舍空气质量、温度以及湿度；避免不同种类的禽混养。

（3）重视防疫工作。鸡场和鸡舍的进出口处设置消毒池，保持消毒药物的有效浓度，放置消毒设备，允许进入鸡场的人员和车辆必须严格消毒方可入内；在鸡场上方安装防护网，隔离野生鸟类进入鸡舍和活动场地，避免水源、饲料被鸟类粪便污染。

（4）内部严格消毒。定期对鸡舍、鸡笼、料槽等用具消毒；重视鸡场环境卫生，包括鸡群的小环境如鸡舍，大环境如生产区及生活区的卫生；对病死鸡、被扑杀鸡及其垫料、粪便和可能被污染的饲料、鸡场垃圾等全部进行焚烧、深埋、发酵等无公害化处理。

（5）科学合理的免疫程序。疫苗的选择参考本地流行毒株选择疫苗类型；根据母源抗体水平和饲养环境制定科学的免疫程序，如注射剂量、注射日龄；免疫操作要规范，做到消毒严格、疫苗保存完好、计量准确；定期开展禽流感抗体水平检测工作。

（6）重视其他禽病的防控。禽病的发生会降低禽类的抵抗能力，因此加强常见禽病的防控，提高鸡只的免疫力。

（7）加强活禽市场的清洁消毒。活禽交易市场休市后的环境清洁消毒、清洁程序、消毒程序以及物资准备、个人防护等应参照《活禽交易市场环境清洁消毒技术指南》。

禽流感患鸡

活禽市场清洁消毒

★惠农网，网址链接：http://www.cnhnb.com/xt/article-54408.html
★百度图片，网址链接：http://news.66wz.com/system/2014/02/09/103989359.Sh tml

（编撰人：谢婷婷；审核人：黎镇晖，冯　敏）

90. 如何防治鸡白痢?

鸡白痢是由鸡白痢沙门氏菌引起的传染性疾病，世界各地均有发生，是危害养鸡业最严重的疾病之一。鸡白痢沙门氏菌主要通过病鸡排泄物传播，同时也可通过鸡蛋垂直传播。防治措施如下。

（1）根据白痢病有垂直感染的特点，首先要从建立无白痢病种鸡群入手，所有留种雏鸡，必须来自健康鸡群种蛋。有条件的种鸡场。必须对种鸡进行白痢病的检疫工作，连续3次，每次间隔1个月。全部淘汰阳性反应鸡。以后每隔3个月重复检疫1次，直到连续两次为阴性反应以后，可改为每隔6~12个月检疫1次。

（2）垂直传播是鸡白痢最主要的传播方式，由于成年鸡多隐性感染并且终身带毒，其产蛋带菌率非常高，常导致雏鸡出生就感染。因此种蛋在孵化前必须用福尔马林熏蒸消毒。

（3）加强育雏阶段的饲养管理及清洁卫生工作，要求舍内环境干燥、温度稳定、密度适中、用具清洁、饲料配方合理。在有些鸡场对白痢病未完全控制的情况下，积极采取预防投药，也十分必要，按治疗用药量减半或最低治疗量，即可收到满意效果。

（4）发病后治疗措施。抗生素有一定疗效，如土霉素、四环素等，用量为每5千克饲料中加入3~5克，连服6~7天。也可按每只雏鸡每天喂20~30毫克计算。链霉素40万单位一支，溶于1 000毫升水中，喂200只雏鸡，每日2次，连饮4~5天。

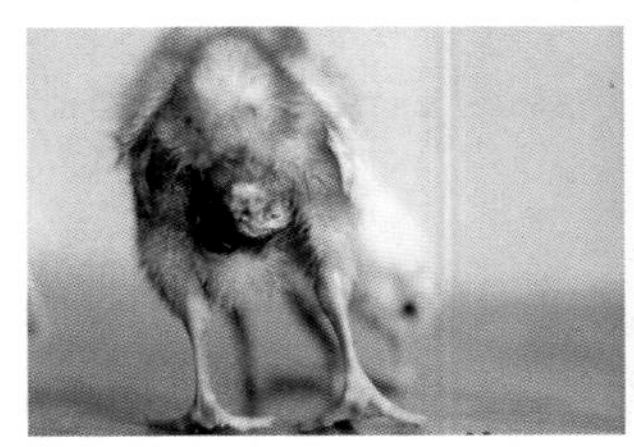

雏鸡糊肛

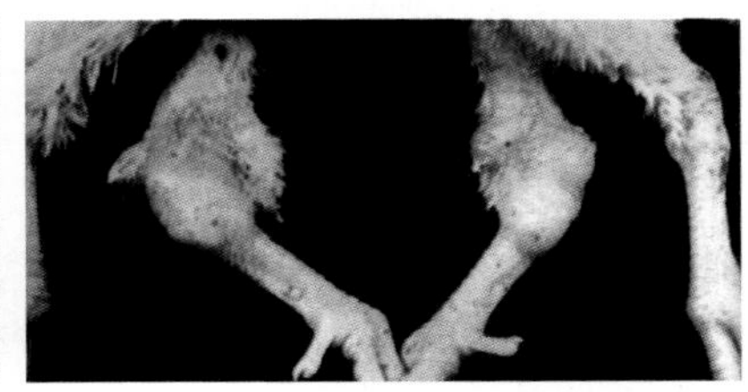

鸡关节囊肿

★鸡病专业网，网址链接：http://bbs.jbzyw.com/forum.php？mod=viewthread&tid=103631&highlight=%E7%99%BD%E7%97%A2

★百度知道网，网址链接：https://zhidao.baidu.com/question/2119648083188912027.html

（编撰人：阮灼豪；审核人：罗　文，黎镇晖）

91. 如何防治鸡慢性呼吸道病?

鸡慢性呼吸道病又称鸡败血支原体病、鸡败血霉形体病。感染鸡慢性呼吸道病的主要症状表现为流鼻涕、打喷嚏、咳嗽、窦部肿胀、结膜炎及气囊炎，呼吸时有啰音，生长停滞，患鸡经常摇头。综合预防措施如下。

（1）建立无病鸡群。进鸡前做好鸡舍用具的消毒工作；严格把关种鸡、种蛋及苗鸡的质量；遵循“同源引种”“全进全出”的原则，购进的种鸡、苗鸡需隔离观察2个月，确定健康无病后才可混合饲养；每隔3个月进行血清检查，一旦发现阳性鸡，立即淘汰。

（2）做好接种免疫。1周龄鸡进行支原体冻干苗接种，10周龄时再次接种；7～15日龄雏鸡或者成年鸡分别颈部皮下注射0.2毫升或0.5毫升灭活苗，同时要做好传染性喉气管炎、传染性法氏囊炎、传染性鼻炎、传染性支气管炎的免疫接种工作，预防支原体等病原体入侵，从而导致鸡群出现慢性呼吸道疾病。

（3）完善卫生防疫工作。定期清洗鸡舍内水槽、食料槽及其他养鸡用具，确保清洁的同时每周消毒1～2次，保持鸡舍通风正常。

眼结膜充血、肿胀　　　　病鸡张口呼吸

★百度百科，网址链接：http://www.baike.com/wikdoc/sp/qr/history/version.do?ver=3&hisiden=ZBgNWX1l，eUUdVU3sKAVRdX
★畜禽病虫害及疫病诊断图片数据库及防治知识库，网址链接：http://www.tccxfw.com/bch/3/data/19.html

（4）加强饲养管理。严格把关饲料、饮水的卫生和消毒工作，禽舍温度、湿度、密度、光照和管理均应按规定要求进行；在日常饲养中，加入适量的矿物质、维生素等，以增强鸡群的抵抗力，减少疾病的发生。此外，减少如高温、寒冷、噪音等环境因素应激；捕捉、运输、密度管理因素应激；肾上腺皮质激素分泌不足等生理应激；接种疫苗、用药等卫生因素应激，确保鸡群的健康和安全。

（编撰人：谢婷婷；审核人：黎镇晖，冯　敏）

92. 如何防治鸡传染性鼻炎？

鸡传染性鼻炎是由鸡嗜血杆菌所引起鸡的急性呼吸系统疾病。传播途径主要为飞沫及尘埃经呼吸道传染，污染的饲料和饮水经消化道传染。主要症状：鼻腔与窦发炎，流鼻涕，脸部肿胀和打喷嚏。鸡传染性鼻炎发生于各个鸡龄，老龄鸡感染后较为严重。防治措施如下。

（1）饲养管理。注意保持鸡舍的环境卫生，做好消毒工作，保持环境的清洁无菌以及通风；饲料要严格符合相关标准以保证鸡能摄取足够的营养；维持鸡群适宜的饲养密度，尤其是高温多雨的季节；对于鸡舍中出现的病鸡要及时隔离处理，以免造成更大的损失；为了保证后代鸡的健康，患病治愈鸡不可作为种鸡。

（2）免疫接种。秉承“预防为主”的原则，做好日常疫苗接种工作，防患于未然。接种时候，对疫苗的种类和活性都须进行准确的把握，在专业人员的指导下做好接种工作。

（3）治疗措施。链霉素腿肌注射，10万单位/只，每天注射1次，连续注射3天；同时使用氟苯尼考拌料，以防继发感染。

眼睑和眶下窦肿胀　　　　鼻腔发炎

★畜禽病虫害及疫病诊断图片数据库及防治知识库，网址链接：
http://www.tccxfw.com/bch/3/data/20.html
http://www.tccxfw.com/bch/3/data/20.html

（编撰人：谢婷婷；审核人：黎镇晖，冯　敏）

93. 怎样防治鸡曲霉菌病?

鸡曲霉菌病是真菌中的曲霉菌引起的真菌病，主要对呼吸器官造成侵害。该病的特征主要是以肺和气囊发生炎症形成小结节，又叫曲霉菌性肺炎。禽类中以幼禽多发，常见急性、群发性暴发，发病率和死亡率较高，成年禽多为散发。防治措施如下。

（1）不使用发霉的垫料和饲料是预防曲霉菌病的主要措施。垫料要经常翻晒，尤其是夏季或阴雨季节，防止霉菌生长繁殖。如垫料已发霉，可用福尔马林熏蒸消毒。育儿室应注意通风换气和卫生消毒，保持室内干燥，清洁。

（2）加强孵化场的管理，做好孵化场的环境控制工作，保持孵化室内外环境的清洁卫生，定期对孵化室的环境和孵化器具进行熏蒸消毒，落盘后出雏机内也要熏蒸消毒。孵化场的蛋壳，无精蛋，死胎，毛蛋及病死雏鸡等废弃物，应做好无害化处理，防止造成污染。

（3）不喂发霉变质饲料。发霉变质的饲料是曲霉菌的主要寄生场所，因此，鸡舍内尽量不要存放大量的饲料，从而降低了饲料变质的可能性，在给鸡喂食的过程中，可以少喂多餐。

（4）治疗措施。口服碘化钾溶液，每升饮水中加入5～10克，给鸡饮用，连用3～5天。全群用1：2 000硫酸铜溶液饮水，连用3～5天；制霉菌素100万单位/千克，拌料，连用7天；同时在饲料中添加复合维生素B、蛋氨酸，促进毒素排出和代谢，添加维生素A，维生素C，维生素E缓解霉菌毒素对机体细胞的毒性作用。

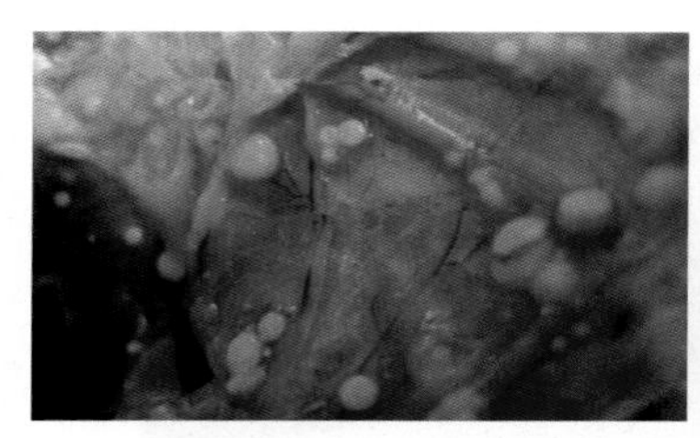

鸡腹腔有黄白色霉菌结节

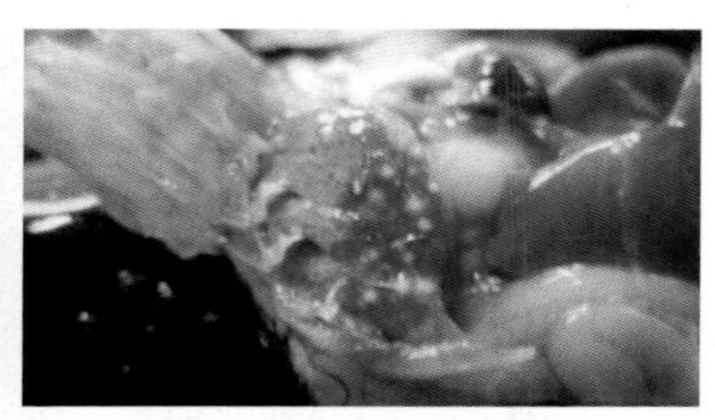

鸡肺脏有黄白色霉菌结节

★新浪微博，网址链接：http://blog.sina.com.cn/s/blog_1637e62b10102wh80.html
★鸡病专业网，网址链接：http://www.jbzyw.com/view/178942

（编撰人：阮灼豪；审核人：罗　文，黎镇晖）

94. 如何防治肉鸡猝死综合征？

（1）饲养过程中尽可能减少打针、抓捕、噪声和不良环境等引起的应激反应，以有利于降低发病率。

（2）用葵花油等植物油代替饲喂的日粮中的动物性脂肪，可降低肉鸡猝死综合征的发生。

（3）适当降低饲养密度，保持鸡舍通风，为鸡群提供良好的饲养环境。鸡舍内适宜的通风，不仅有利于降低鸡舍氨气含量，同时有利于使鸡舍垫料保持较低的湿度。冬季大型鸡场为解决通风与保温的矛盾，建议热空气从鸡舍顶部吹到地面，在通过垫料时就能很快地把鸡粪干燥。

（4）3～20日龄肉用仔鸡应进行适度的限制性饲养，通过降低19%～20%日粮中蛋白质含量，本病可得到很好效果的防控。

（5）用粉料饲料代替颗粒饲料饲喂肉鸡，可降低此病的发病率。

（6）适当减少光照时间，0～21日龄光照时间控制在12～16小时，3～6周龄控制在18小时，7周龄每天光照20小时，光照强度控制在0.5～2勒克斯。

（7）在日粮中添加维生素A、维生素E、维生素D、硒制剂和复合维生素B，其添加量为常用量的2倍，可明显减少死亡率。

（8）育雏期的病鸡用维生素E和氯化胆碱拌料，连用7～10天，可以显著降低发病率。

（9）治疗。10～20日龄的病鸡，在每吨饲料中拌入3.6千克的碳酸氢钾，连续饲喂。0.62克/千克碳酸氢钾水，连续饮用2～3天，可有效降低死亡率。

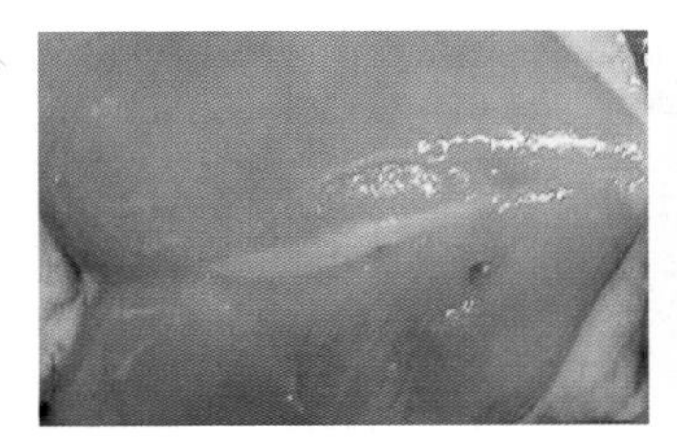

胸肌苍白　　　　腹部明显肿

★禽病学，禽病临床诊断彩色图谱，西南民族大学，网址链接：
https://www.51wendang.com/doc/8cf2561926f3c9fa1e5072e4/9
https://www.51wendang.com/doc/75982b5f992fb009d5e94416/4

（编撰人：谢婷婷；审核人：黎镇晖，冯　敏）

95. 如何防治弧菌性肝炎？

鸡弧菌性肝炎是由空肠弯曲杆菌引起的细菌性传染病，又称鸡弯曲杆菌病。以肝脏肿大、充血、坏死性肝炎并伴有脂肪浸润为特征。鸡弧菌性肝炎发病率较高、发病时间较慢、病程较长、死亡率较低。防治措施如下。

（1）定期清洁消毒。保持鸡舍、养鸡用具及周围环境的清洁消毒（可用0.3%过氧乙酸喷雾），特别是种蛋和孵化器必须严格消毒（福尔马林熏蒸），防止病原菌的污染。

（2）加强饲养管理，提高鸡群的抗病能力。饲料营养均衡，适时补充维生素和无机盐，提高鸡群的健康水平；保持鸡舍通风干燥，合理安排饲养密度。

（3）治疗。每千克饲料中添加白龙散1～2克，或土霉素1～3克或磺胺二甲嘧啶1～2克，或每只喂服甲硝唑3～5毫克，连用3～5天。或饲料中添加20%氟苯尼考，连喂10天。

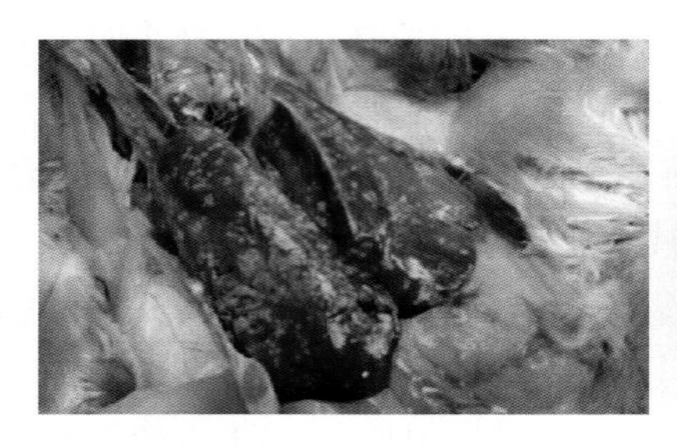
肝脏肿大、充血、坏死

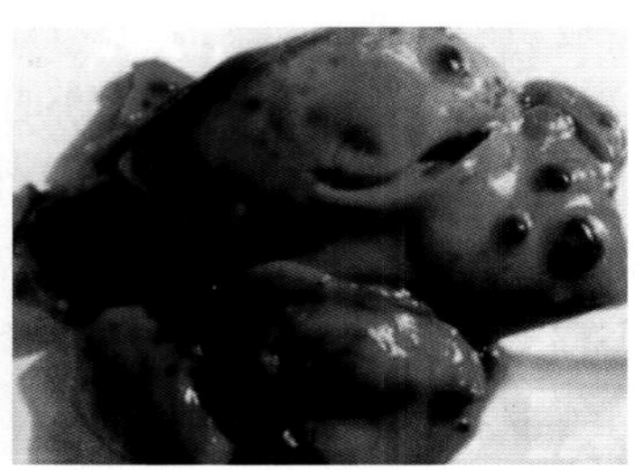
肝脏坏死

★鸡病专业网，网址链接：
http://bbs.jbzyw.com/forum.php? mod=viewthread&tid=194468&extra=page%3D1
http://bbs.jbzyw.com/forum.php? mod=viewthread&tid=194468&extra=page%3D1

（编撰人：谢婷婷；审核人：黎镇晖，冯　敏）

96. 如何防治鸡葡萄球菌病?

鸡葡萄球菌病是由致病性葡萄球菌所引起的一种传染病。4～6周雏鸡是主要侵害群体。临床症状包括急性败血症、皮下浮肿和体表不同部位皮肤出血，坏死、关节炎、雏鸡脐炎、眼型以及肺型症状等。防治措施如下。

（1）避免发生外伤，消除感染隐患。此病主要是通过创伤感染，因此鸡舍的设置和装修要安全合理，避免铁丝断端有“毛刺”的现象。

（2）定期清洁消毒。保持鸡舍、养鸡用具及周围环境的清洁消毒（可用0.3%过氧乙酸喷雾），特别是种蛋和孵化器必须严格消毒（福尔马林熏蒸），防止病原菌的污染，降低胚胎感染率和雏鸡发病率。

（3）加强饲养管理，提高鸡群的抗病能力。饲料营养均衡，适时补充维生素和无机盐，提高鸡群的健康水平；保持鸡舍通风干燥，合理安排饲养密度；适时断喙，防止相互啄羽、啄肛造成感染。

（4）适时接种菌苗。鸡葡萄球菌病多继发于鸡痘发生的过程中，因此做好鸡痘疫苗的免疫接种是预防鸡葡萄球菌病的重要措施。

（5）发现病鸡要及时隔离饲养，并做好鸡舍的消毒工作，每天消毒1～2次，使用庆大霉毒、卡那霉素进行治疗，还可结合中草药进行治疗，建议药方为麦芽、鱼腥草各90克，黄柏50克，菊花80克，连翘、地榆、白芨、茜草各45克，当归、大黄各40克，知母30克，粉碎混匀，每只鸡每天35克拌料，4天1个疗程。

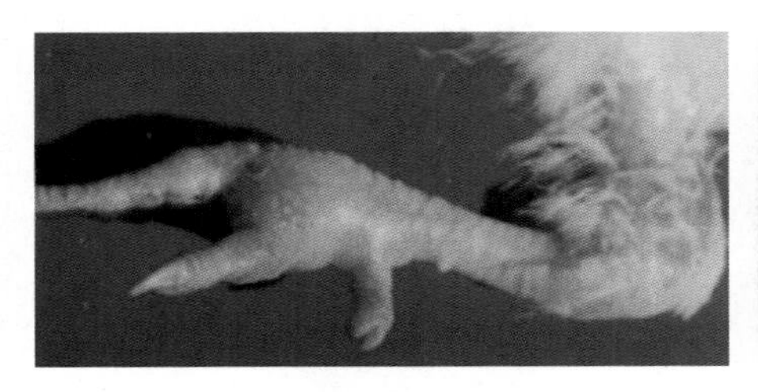

体表皮肤症状

翅尖皮肤坏死

★百度百科，网址链接：
http://hudong.cn/home/hudong/dict.wml? type=dict&word=%E7%A6%BD%E7%94%9F%E7%89%A9%E7%B4%A0%E7%BC%BA%E4%B9%8F%E7%97%87§ionid=1
http://tupian.baike.com/a4_70_43_01300001372412133749433018711_jpg.html

（编撰人：谢婷婷；审核人：黎镇晖，冯　敏）

97. 如何防控马立克氏病?

马立克氏病是禽的一种淋巴组织增生性肿瘤病，由马立克氏疱疹病毒引起，潜伏期较长，一旦发病，鸡群会陆续出现死亡，甚至大量死亡。根据临床表现，马立克氏病分为神经型、内脏型、眼型、皮肤型4个类型。

目前尚未有特效药用于治疗马立克氏病，只能通过综合的防疫措施来预防此病的发生。

（1）加强饲养管理。饲喂全价日粮，根据鸡群的不同成长时期，调整温度和湿度，保持鸡舍的通风透气，小鸡与成年鸡避免混养。

（2）鸡舍卫生与消毒。外来人员与车辆不得随意进入鸡场，得到允许进入的人员及车辆都要严格消毒；购进种蛋要严格消毒，引进雏鸡要保证来源于安全无疫病养殖场；每天清理鸡舍粪便，保持鸡舍干净和干燥。定期用0.1%的新洁尔温水溶液对鸡舍、料槽和水槽进行清洗消毒。

（3）疫苗免疫。雏鸡出壳24小时内接种马立克氏病疫苗，多价混合疫苗效果较好。早期避免感染REV、IBDV、强毒NDV、呼肠孤病毒、A型流感病毒和鸡传染性贫血病毒等引起的免疫抑制，可有效提高疫苗接种的保护效果。

（4）隔离工作。一旦发现患病鸡只，立刻隔离处理，将鸡舍、场地、用具彻底消毒，淘汰病鸡，无公害化处理病死鸡。

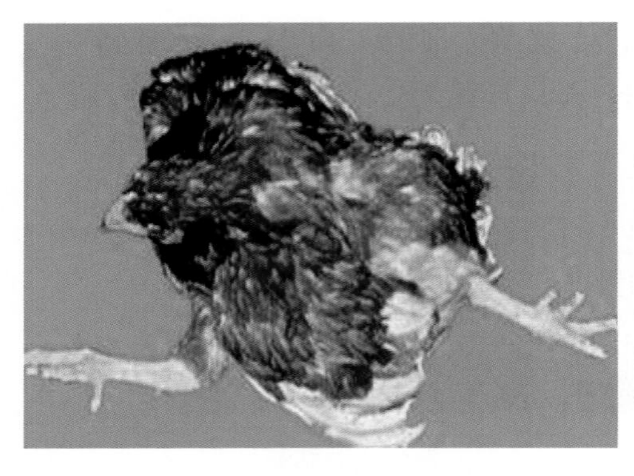

神经型马立氏克病

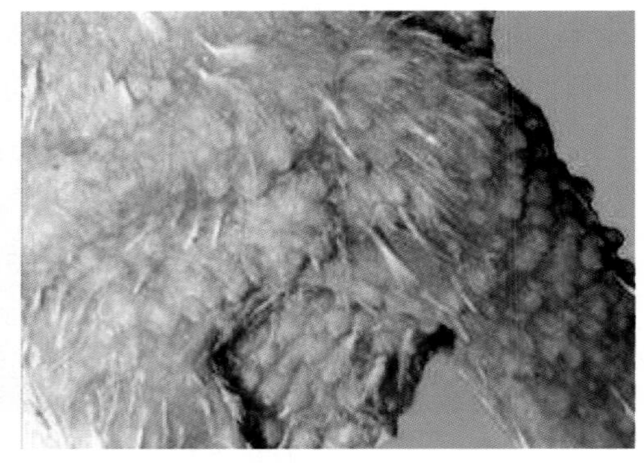

皮肤型马立氏克病

★畜禽病虫害及疫病诊断图片数据库及防治知识库，网址链接：
http://www.tccxfw.com/bch/3/data/13.html
http://www.tccxfw.com/bch/3/data/13.html

（编撰人：谢婷婷；审核人：黎镇晖，冯　敏）

98. 如何防控鸡传染性喉气管炎？

鸡传染性喉气管炎是一种急性、高度接触性传染病，由传染性喉气管炎病毒引发，患病鸡表现出呼吸困难、喘气、咳嗽以及咳出血液渗出物等症状；剖检可见鸡喉部及气管黏膜肿胀，充血，甚至出血以及附着黄色黏物等。此病多发于春季和秋季，以成年鸡较多。传播快，病死率高。防控措施如下。

（1）定期消毒。鸡舍、饲养用具、管理用具至少进行一周两次的消毒，并且两种以上的消毒药水交替使用。

（2）隔离饲养。不同日龄鸡，特别是从外引进鸡需隔离饲养。

（3）定期免疫接种。用鸡传染性喉气管炎弱毒冻干苗滴鼻或者点眼。35日龄首免，80～90日龄二免。

（4）治疗。发病前期用0.1%泰乐菌素或0.05%强力霉素饮水治疗，连用3天；发病中后期用0.02%氨茶碱拌料投药，青霉素和链霉素4万单位/只饮水投药，每天2次，连喂3天；鸡群中出现比较严重的呼吸困难症状时，进行氢化可的松喷雾处理。待症状有所改善，肌内注射青链霉素和黄芪多糖。

（5）防治继发感染。水：恩诺沙星=1千克：50毫克，每日一次。

呼吸困难

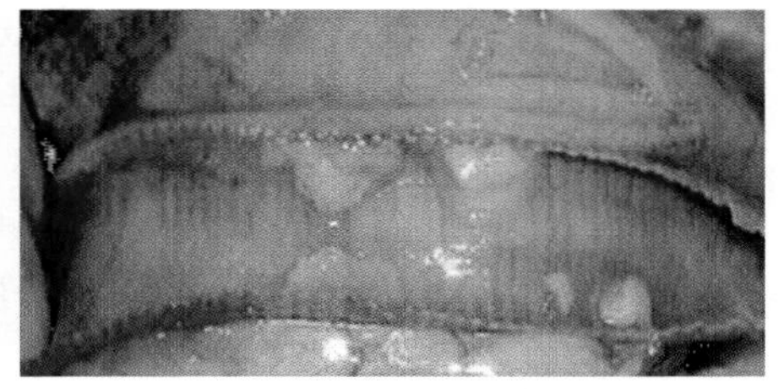

气管黏膜肿胀，充血，黄色黏物

★畜禽病虫害及疫病诊断图片数据库及防治知识库，网址链接：
http://www.tccxfw.com/bch/3/data/5.html
http://www.tccxfw.com/bch/3/data/5.html

（编撰人：谢婷婷；审核人：黎镇晖，冯　敏）

99. 如何防控鸡传染性支气管炎？

鸡传染性支气管炎是一种急性、高度接触传染性、生殖道和呼吸道病毒性传染病，导致商品肉鸡饲料报酬降低，商品蛋鸡产蛋性能下降或蛋品质下降，甚至增加鸡群的发病死亡率，造成巨大的经济损失。防控措施如下。

鸡支气管炎

病鸡鸡舍空气消毒

★山东助农养殖技术服务中心，网址链接：http://shop.99114.com/41035963/pg24304484-0-1-12
★中国鸡蛋网网，网址链接：http://www.cnjidan.com/news/664219/

（1）控制饲养环境。完善鸡场消毒设备，进入鸡场必须经过严格消毒，鸡舍、饲养用具以及鸡舍空气定期消毒，及时清理鸡粪，保持鸡舍良好通风。

（2）免疫程序（仅供参考）。1日龄鸡在孵化期首先完成喷雾免疫；4～5日龄，接种H120弱毒苗，30日龄二次接种，种鸡在30～120日龄用H52毒苗加强接种一次；蛋鸡和种鸡开产前用乳剂灭活疫苗接种1次。

（3）免疫管理。鸡传染性支气管炎免疫后鸡群会出现冷应激从而导致免疫失败，因此免疫后温度的管理至关重要。

（4）综合防治措施。患病鸡只的治疗用聚糖干扰素，加入含2毫克地塞米松的注射液30毫升/500只；加入丁胺卡那注射，100毫升/500只；加入利巴韦林注射液30毫升/500只；混合肌注，每天2次。另外电解多维可溶性粉和呼喘康宁粉按100克加水150～200千克比例全群混饮，按100克加饲料75～150千克的比例拌料投药，连用3～7天可见显著的综合防治效果。

（编撰人：谢婷婷；审核人：黎镇晖，冯　敏）

100. 如何防治蛋鸡维生素A缺乏症？

由于鸡体内不能合成维生素A，饲料维生素A不足是造成鸡维生素A缺乏症的主要原因。防治措施如下。

（1）根据日龄和产蛋阶段的营养特点，及时调整饲料中的维生素含量，应多喂黄色的玉米，以满足蛋鸡生理和生产上的需求。

（2）饲料应避免搁置，尤其是在大量不饱和脂肪酸的环境中，维生素A或胡萝卜素易被氧化。

（3）表现缺乏维生素A症状时，立即对鸡群进行维生素A缺乏症治疗。饲料中维生素A的添加剂量为日维持需要量的10～20倍。也可投喂鱼肝油，成年鸡喂1～2毫升/天，雏鸡酌情减量。注意，维生素A从机体中排出的速度较慢，应防止长期过量使用引起中毒。

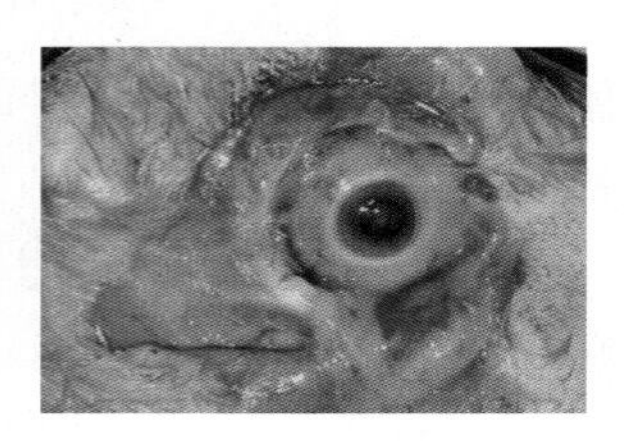

眼角膜浑浊

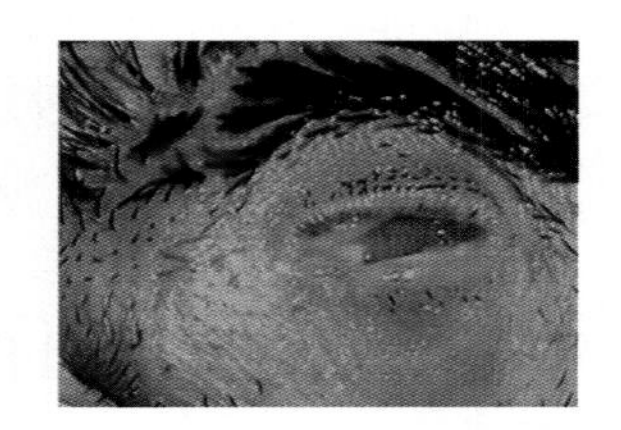

眼睑肿胀黏合，内有干酪样物

★畜禽病虫害及疫病诊断图片数据库及防治知识库，网址链接：
http://www.tccxfw.com/bch/3/data/26.html
http://www.tccxfw.com/bch/3/data/26.html

（编撰人：谢婷婷；审核人：黎镇晖，冯　敏）

101. 如何防治鸡维生素B_1缺乏症？

维生素B_1即硫胺素，是鸡碳水化合物代谢所必需的物质，维生素B_1的缺乏会导致鸡碳水化合物代谢障碍及神经系统的病变，以多发性神经炎为典型症状的营养缺乏性疾病。

（1）病因。①饲料中硫胺素不足；②饲料中含有蕨类植物、抗生素、抗球虫病等对维生素B_1有拮抗作用的的物质；③鱼粉品质差，硫胺素酶活性较高，硫胺素遭到破坏。

（2）症状。生长不良、羽毛松乱、步态不稳。皮下胶冻样浸润，卵巢以及输卵管萎缩、睾丸萎缩、右心室扩张。

（3）防治措施。①多喂谷物，麸皮，青绿饲料；②确保鱼粉质量；③尽量减少嘧啶环和噻唑药物的使用，若必须使用时则应控制疗程不宜过长；④日粮营养比例要合理搭配，每千克鸡饲料中加入1～2毫克的维生素B_1。⑤治疗：小群饲养可个别强饲或肌内注射硫胺素，内服量为每千克体重饲喂2.5毫克的维生素B_1，肌内注射量为每千克体重注射0.1～0.2毫克硫胺素。

病鸡头向后仰

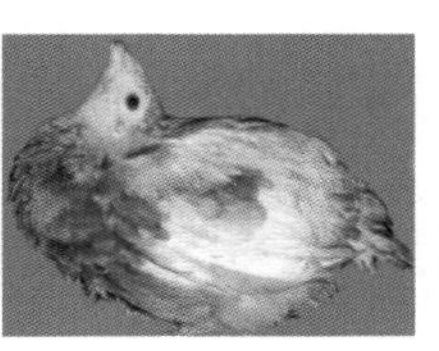

呈观星状

★畜禽病虫害及疫病诊断图片数据库及防治知识库，网址链接：
http://www.tccxfw.com/bch/3/data/27.html
http://www.tccxfw.com/bch/3/data/27.html

（编撰人：谢婷婷；审核人：黎镇晖，冯　敏）

102. 如何防治鸡维生素B_2缺乏症？

鸡维生素B_2缺乏症又称核黄素缺乏症，是一种鸡的常见病，是以幼禽足趾向内蜷曲，两腿发生瘫痪为主要特征的营养缺乏性疾病。

（1）病因。饲料营养不均衡，导致饲料中鸡维生素B_2未达到鸡体内所需摄取的维生素量；饲料保存不当，破坏了维生素B_2。

（2）症状。一般发生在2～3周龄，表现为消瘦、贫血、鸡冠苍白、精神沉郁、卧地不起，足趾向内蜷曲等。

（3）防治措施。雏鸡一开食时就投喂按标准营养成分配制的日粮，每吨饲料添加2～3克核黄素。已经发病的鸡，症状较轻者，可喂服维生素B_2，雏鸡0.1～0.2毫克/只，蛋鸡10毫克/只，连喂5～7天；症状较严重者，肌内注射维生素B_2或复方维生素B注射剂，成年鸡5～10毫克/只，并且在日粮中添加维生素B_2。

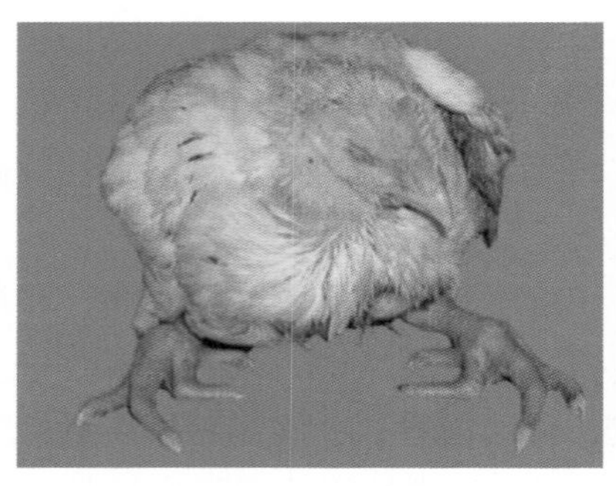

鸡维生素B_2缺乏症

★畜禽病虫害及疫病诊断图片数据库及防治知识库，网址链接：
http://www.tccxfw.com/bch/3/data/28.html
http://www.tccxfw.com/bch/3/data/28.html

（编撰人：谢婷婷；审核人：黎镇晖，冯　敏）

103. 如何防治鸡维生素E和硒缺乏症？

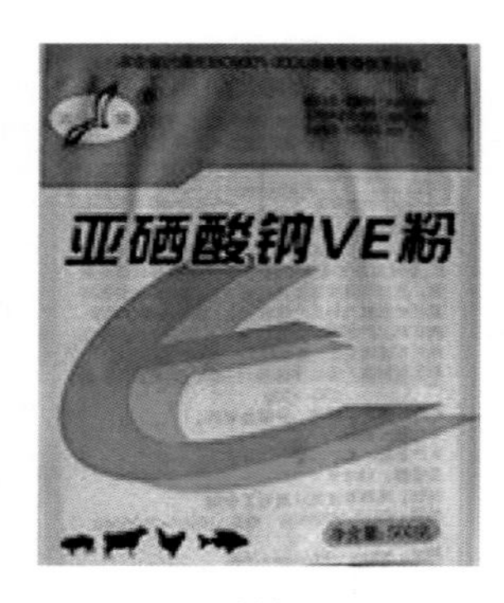

亚硒酸钠VE粉

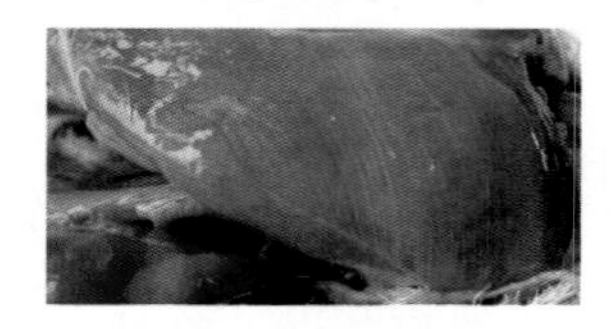

胸部肌肉出现灰白色条纹

★慧聪网，网址链接：
https://www.hc360.com/hotsoio/906279231.html
★畜禽病虫害及疫病诊断图片数据库及防治知识库，网址链接：http://www.tccxfw.combch/3/data/30.html/

维生素E和硒是动物体内不可缺少的抗氧化物，二者协同作用，共同抗击氧化物对动物组织的损伤。

（1）临床症状。15～30日龄雏鸡缺乏维生素E和硒时会发生脑软化症。①共济失调，步态蹒跚，两腿向后伸到一侧，最后衰竭死亡；②渗出性素质，皮下组织水肿，伴有毛细血管通透性异常，症状轻微者腹皮，胸下游黄豆大小蓝色斑点。

（2）防控措施。

①配制饲料时必须添加足够的维生素E和微量元素硒，不使用过期饲料。对全群鸡的日粮中添加亚硒酸钠VE粉，每千克饲料拌入住0.5亚硒酸钠VE粉。在饮水中添加亚硒酸钠VE注射液，每毫升亚硒酸钠VE注射液混合100～200毫升饮用水，鸡自由饮用，连续饮3天。

②症状较轻的鸡群，每千克饲料添加维生素E10～40毫克，亚硒酸钠0.2毫克，胱氨酸1～2克，蛋氨酸2～3克，也可用0.1%亚硒酸钠饮水，连用14天。

③症状较严重的鸡，用亚硒酸钠VE注射液进行治

疗，0.5 ~ 1毫升（亚硒酸钠浓度：1毫克/毫升，维生素E 500SI）。

（编撰人：谢婷婷；审核人：黎镇晖，冯　敏）

104. 鸡场药物使用规范有哪些?

（1）投药准确，确保对症下药，集中投药为宜，药量适宜。

（2）注意抗药性，抗生素用药需制定特定的用药疗程。首次用药需集中投药，可加倍，根据药敏试验结果调整用药量，不同疗程内各种药物交替使用，可对抗药性鸡可使用中药。

（3）选择正确的投药方式。饮水投药，适用于能完全溶于水的药；注射投药适用于紧急治疗或逐只治疗，药物吸收速度快，注射时应呈45° 角刺入1 ~ 2厘米，不可刺入过深；拌料投药，适用于不完全溶于水或不溶于水的药物，拌料时可以加入大约饲料量1%的水参与搅拌；喷雾给药，感染部位为气管和支气管、气囊等时，可以采用喷雾给药的方法。

（4）正确认识兽药，合法用药，参考药物配伍禁忌，注意药物的副作用，用药需与免疫有适当的间隔。

饮水给药

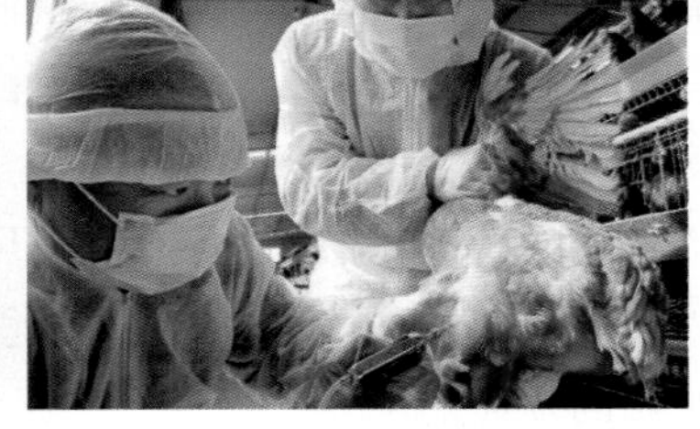

注射给药

★兽药饲料招商网，网址链接：http://www.1866.tv/news/73576
★中国鸡蛋网，网址链接：http://www.cnjidan.com/news/736020/

（编撰人：谢婷婷；审核人：黎镇晖，冯　敏）

105. 我国肉鸭养殖业的现状如何?

养鸭业是我国家禽产业和畜牧业的重要组成部分，是我国农村经济发展的支柱产业之一，对我国新农村建设发挥非常重要的作用。我国肉鸭年出栏量和成年蛋鸭存栏量约占世界总量的72%。

我国肉鸭养殖经历了农户家庭散养、小规模放养到现如今的鸭鱼混养方式。我国目前的肉鸭养殖业有三大特点：多种饲养方式并存；公司经营、公司加农户经营和农户个体经营方式并存；肉鸭品种多样化。随着肉鸭养殖业的发展，养殖集约化程度的提高，肉鸭品种的多样化，肉鸭与肉鸭产品流通的加快以及市场交易日益频繁，鸭疫病发生和流行亦变得日益复杂。而且，伴随着肉鸭的饲养数量和规模不断扩大，传统的疫病防控已远远不能适应规模化养殖发展的需要，严重制约了养鸭业的发展。

肉鸭新品种培育

车间肉鸭养殖新技术

★中国牧业网，网址链接：http://www.china-ah.com/qinye/show.php? itemid=4
★兽药饲料招商网，网址链接：http://www.1866.tv/baike/s-rouya/

（编撰人：谢婷婷；审核人：黎镇晖，冯　敏）

106. 我国有哪些优良的蛋用型鸭品种?

金定鸭

★360图片，网址链接：http://g.search.alicdn.com/img/bao/uploaded/i4/i1/725760753/TB2TmaekXXXXXc5XXXXXXXXXXXX_!!725760753.jpg_200 × 200.jpg

（1）金定鸭。身体狭长，体重轻，外形清秀，头中等大，颈细长。母鸭平均开产期为140天，年产蛋量达240 ~ 280枚，育种群最高平均为341枚，蛋重60 ~ 70克。

（2）康贝尔鸭。头中等大，喙中等长，眼大而不凹陷，胸部丰满。成年体重公鸭1.9 ~ 2.2千克，母鸭1.8 ~ 2.0千克。约120日龄开产，年产蛋量约300枚，蛋重65 ~ 75克。

（3）绍兴鸭。产蛋多、成熟早、体型小、耗料少。开产日龄在120天左右，年产蛋量约260枚。成年体重：公鸭1.35 ~ 1.45千克，母鸭1.4 ~ 1.5千克。

（4）龙岩山麻鸭。体型小、早熟、蛋多、适应性强、饲料转化率高。开产日龄为110 ~ 115天，年产蛋量达275 ~ 300枚，蛋重63 ~ 67克。成年鸭体重1.2 ~ 1.5千克。

（5）攸县麻鸭。体型狭长，呈船形，羽毛紧密。年产蛋200 ~ 250枚，蛋重60克。开产日龄为110天左右。公母配种比例为1∶20，种蛋受精率94%，受精蛋孵化率82%。成年体重公鸭1.5千克，母鸭1.35千克。

（6）莆田黑鸭。黑羽，着生紧密。年产蛋量为260 ~ 290枚，蛋重65克。开产日龄110 ~ 120天，公母配种比例1∶25，种蛋受精率可达95%。成年体重：公鸭1.68千克，母鸭1.34千克。

（7）连城白鸭。体型狭长，头小，颈细长，前胸浅，腹平。年产蛋量230 ~ 250枚，蛋重58克。开产日龄为120天左右，公母配种比例1∶25，受精率可达95%。成年体重公鸭1.4千克，母鸭1.32千克。

（8）荆江鸭。体躯较长，肩较狭，背平直。年产蛋200 ~ 220枚。成年体重公鸭1.4 ~ 1.6千克，母鸭1.4 ~ 1.5千克。

（9）三穗鸭。颈细，胸部凸出，尾上翘，羽毛为深褐色。年产蛋200 ~ 240枚，成年体重：公鸭1.69千克，母鸭1.68千克。

（编撰人：郎倩倩；审核人：罗　文，冯　敏）

107. 我国养殖的优良肉用型鸭品种有哪些?

据《中国畜禽遗传资源志家禽志》中记录，我国地方鸭品种共有32个，其中肉用型品种只有北京鸭和中国番鸭，其他为兼用型和蛋用型品种。

北京鸭俗称白鸭、白蒲鸭，原产于北京西郊玉泉山一带，但在国内其他地区和国外都有分布。始于明代的鸭油点心和300多年历史的烤鸭是形成大型肉鸭品种北京鸭的直接因素，因为这两种美食都要求具有肥育性能优良的鸭种做食材，而北京鸭的性状刚好符合这个要求。

中国番鸭是福建番鸭、海南嘉积鸭、贵州天柱番鸭、湖北阳新番鸭、云南文山番鸭等的合称。中国番鸭原产于中美洲和南美洲，在我国境内的番鸭最初是由东南亚等地传入福建，然后向各地扩散形成的。由于引入我国的时间长，并且番鸭早已适应我国的生态环境，因此不应将番鸭视为引入品种，应当视为我国地方畜禽遗传资源的一部分。

北京鸭　　黑番鸭

★360图片网，网址链接：http://www.tech-food.com/kndata/detail/k0203753.htm
★第一农经，网址链接：http://p1.so.qhmsg.com/bdr/300_115_/t011dc5201f93843fa6.jpg

（编撰人：易振华；审核人：黎镇晖，冯　敏）

108. 樱桃谷鸭有什么品种特征？生产性能如何?

樱桃谷鸭以北京鸭和埃里斯伯里鸭为亲本，经杂交选育而成的商用品种，具有生长快、瘦肉率高、净肉率高和饲料转化率高，以及抗病力强等优点，是世界著名的瘦肉型鸭。

（1）樱桃谷鸭的品种特征。樱桃谷鸭全身羽毛白色，头大额宽，颈粗短，背宽而长，从肩到尾倾斜，胸部宽而深，胸肌发达，喙橙黄色，胫、蹼都是橘红色。体型外貌与北京鸭极相似，属北京鸭型的大型肉鸭。喜水、耐寒、喜合群、食性广、耐粗饲、易饲养、反应灵敏、无就巢性。

（2）樱桃谷鸭的生产性能。樱桃谷鸭开产日龄为180～190天。公母配种比例为1∶5。种蛋受精率90%以上。父母代母鸭第一年产蛋量为210～220枚，可提供初生雏160只左右；平均蛋重90克左右。父母代公鸭成年体重4～4.25千克，母鸭3～3.2千克。商品代49日龄活重3～3.5千克；料肉比（2.4～2.8）∶1。全净膛率72.55%，半净膛率85.55%，瘦肉率26%～30%，皮脂率28%～31%。

樱桃谷鸭

★百度图库，网址链接：
http://9072933.s21i-9.faiusr.com/2/ABUIABACGAAg6pDeuAUo8MTLnwUwmQY41wM.jpg
http://www.nczfj.com/UploadFiles/2017-08/184/15020917711189618.jpg

（编撰人：凡秀清；审核人：罗　文，黎镇晖）

109. 北京鸭有什么品种特征？生产性能如何？

（1）北京鸭的品种特征。羽毛纯白色，嘴、腿和蹼呈橘红色，头和喙较短，颈长，体质健壮，生长快。北京鸭体型硕大丰满，挺拔美观，头较大，喙中等大小，眼大而明亮，颈粗、中等长，体躯长方，前部昂起，与地面约呈30°角，背宽平，胸部丰满，胸骨长而直，两翅较小而紧附于体躯，尾短而上翘，公鸭有4根卷起的性羽。产蛋母鸭因输卵管发达而腹部丰满，显得后躯大于前躯，腿短粗，蹼宽厚。全身羽毛丰满，羽色纯白并带有奶油光泽；喙、胫、蹼橙黄色或橘红色；虹彩蓝灰色。初生雏鸭绒羽金黄色，称为“鸭黄”，随日龄增加颜色逐渐变浅，至4周龄前后变成白色，至60日龄羽毛长齐。

（2）北京鸭的生产性能。一般鸭群雏鸭初生重为58～62克，3周龄为600～700克，7周龄为1 750～2 000克，9周龄为2 500～2 750克，150日龄为2 750～3 000克。北京鸭有较好的肥肝性能，是生产肥肝的主要鸭种，用80～90日龄北京鸭与瘤头鸭杂交的杂种鸭，填饲2～3周，每只可产肥肝300～400克，而且填肥鸭的增重快，可达到肝、肉双收的目的。据1983年中国农业科学院畜牧研究所测定，72周龄种鸭蛋851个，平均蛋重为103克。性成熟期为150～180日龄。公母配种比例多为1：5。种蛋受精率为90%以上。受精蛋孵化率为80%左右。1～28日龄雏鸭成活率为95%以上。

北京鸭

★新浪微博，网址链接：http://blog.sina.com.cn/s/blog_89aa81610101d94z.html
★百度图库，网址链接：http://epaper.gmw.cn/gmrb/html/2014-08/22/nw.D110000gmrb_20140822_1-13.htm

（编撰人：凡秀清；审核人：罗　文，黎镇晖）

110. 狄高鸭有什么品种特征？生产性能如何？

狄高鸭是澳大利亚狄高公司引入北京鸭，选育而成的大型配套系肉鸭。该鸭生长快，体型大，肉质鲜嫩，无鸭腥味，品质优良，肥而不腻，含脂率低，生长周期短，经济效益高。

（1）狄高鸭的品种特征。狄高鸭的外型与北京鸭相近似。雏鸭红羽黄色，脱换幼羽后，羽毛白色。头大稍长，颈粗，背长阔，胸宽，体躯稍长，胸肌丰满，尾稍翘起，性指羽2～4根；喙黄色，胫、蹼橘红色。

（2）狄高鸭的生产性能。性成熟期182天，33周龄进入产蛋高峰。产蛋率达90%，年产蛋量在200～230个，平均蛋重88克，蛋壳白色。公母配种比例1：（5～6），受精率90%以上，受精蛋孵化率85%左右。父母代每只母鸭可提供商品代雏鸭苗160只左右。初生雏鸭体重55克左右，30日龄体重1 114克，60日龄体重2 713克。7周龄商品代肉鸭体重3.0千克，肉料比1：（2.9～3.0）；半净膛屠宰率92.86%～94.04%，全净膛屠宰率（连头脚）79.76%～82.34%。胸肌重273克，腿肌重352克。该鸭具有很强的适应性，即使在自然环境和饲养条件发生较大变化的情况下，仍能保持较高的生产性能。该鸭抗寒耐热，喜在干爽地栖息，能在陆地上自然交配，是广大农村旱地圈养和网养的好鸭种。

狄高鸭

狄高鸭鸭苗

★百度图库，网址链接：
http://s14.sinaimg.cn/mw690/001QQmXizy7d3ayZg4Zad&690
http://spe.zwbk.org/file/upload/201408/25/09-39-51-14-30.jpg

（编撰人：凡秀清；审核人：罗　文，黎镇晖）

111. 丽佳鸭有什么品种特征？生产性能如何？

丽佳鸭外形与北京鸭相似，是由丹麦培育的优良肉鸭品种。1989年广东省珠海市广海良种种鸭场从丹麦引入父母代。

（1）丽佳鸭的品种特征。丽佳鸭适应性比较强，在寒冷和炎热的环境下，既可以圈养，也可以放牧饲养。有L1（超大型）、L2（中型）和LB（瘦肉型）三个配套系。具有生长速度快，耐热、抗寒，适应性强，宜于舍饲和半放牧的特点。体型外貌与北京鸭大致相同，但比北京鸭体型大。

（2）丽佳鸭的生产性能。成年母鸭40周龄（入舍后）产蛋量200～220枚。丽佳鸭有各具特色的L1系、L2系和LB系三个配套系。L1系7周龄体重达3.7千克，全净膛屠宰率70%；L2系7周龄体重达3.3千克，全净膛屠宰率71%左右；LB系7周龄体重2.9千克，全净膛屠宰率在70%。

丽佳鸭

★中国兽药网，网址链接：
http://www.514193.com/yangzhijishu/44501.html
http://www.514193.com/yangzhijishu/44501.html

（编撰人：凡秀清；审核人：罗　文，黎镇晖）

112. 番鸭有何生产性能?

番鸭是著名水禽之一，又名麝香鸭、巴西鸭、洋鸭，在欧洲也称火鸡鸭。由于番鸭头部两侧和脸部长有皮瘤，所以又叫瘤头鸭。在番鸭的繁殖季节，公鸭会散发出麝香味，因此仅称为“麝香鸭”“麝鸭”。此外，在海南省的加积镇饲养较多，因此在当地又叫做加积鸭。隶属鸟纲，雁形目，鸭科，鸭亚科，栖鸭属。3月龄番鸭，用玉米粒料填饲2周，平均肝重299.64克，个体肝重最高达337.40克；填肥3周，平均肝重352.77克，最高491.80克。填肥2周和3周，在肝重增加的同时，体重分别增加1.44千克（增重率为51.61%）、1.66千克（增重率为68.90%），全净膛屠宰率分别为70.58%和67.41%。公鸭肝重和体得的增长都高于母鸭。填肥2周和3周，瘦肉（胸、腿肌）占屠体比率分别24.96%和23.66%，而北京鸭分别为16.20%、14.80%。填肥2周和3周，每产1千克肥肝耗玉米分别为30.05千克和32千克，每增加1千克活重的玉米消耗量分别为4.80千克和5.84千克。

番鸭

番鸭群

★360图片网，网址链接：
https://p1.ssl.qhmsg.com/dr/270_500_/t010fcb3e88c217101a.jpg
https://baike.so.com/doc/5811288-6024091.html

（编撰人：易振华；审核人：黎镇晖，冯　敏）

113. 绿头鸭有何生产性能?

雄性绿头鸭的鸭头、颈部为绿色，具有辉亮的金属光泽，因此又名大麻鸭、对鸭、官鸭、大红腿鸭、大绿头、青边鸭等。根据分子生物学研究成果基本证实了我国家鸭起源于绿头鸭和斑嘴鸭。绿头鸭颈基有一白色领环；上背和两肩褐色，并夹杂灰白色波状细斑，羽缘棕黄色；下背黑褐色，腰和尾上覆羽绒黑色，微具绿色光泽；中央两对尾羽黑色，向上卷曲成钩状，外侧尾羽灰褐色，具白色羽缘，最外侧尾羽大都灰白色；两翅灰褐色，翼镜呈金属紫蓝色，其前后缘各有一条绒黑色窄纹和白色宽边；颏近黑色，上胸浓栗色，具浅棕色羽缘；下胸和两肋灰白色，杂以细密的暗褐色波状纹；腹部淡色，亦密布暗褐色波状细斑。尾下覆羽绒黑色。成年雄性绿头鸭体重1 000～1 300克，雌性体重910～1 015克；成年雄性体长540～615毫米，雌性体长470～550毫米。绿头鸭的适应性很强、抗病力强、耐粗饲、肉质鲜美，但长速并不快，且产蛋量不高。

绿头鸭

正在水中觅食的绿头鸭

★第一农经，网址链接：
http://www.1nongjing.com/uploads/allimg/170413/1856-1F4131A022459.jpg
http://www.1nongjing.com/uploads/allimg/170413/1856-1F4131A20CY.jpg

（编撰人：易振华；审核人：黎镇晖，冯　敏）

114. 绍兴鸭有何生产性能？

绍兴鸭又称绍兴麻鸭、山种鸭、浙江麻鸭，因原产地位于浙江旧绍兴府所辖的绍兴、萧山、诸暨等县而得名，是我国优良的高产蛋鸭品种。浙江省、上海市郊区及江苏的太湖地区为主要产区。目前，江西、福建、湖南、广东、黑龙江等十几个省均有分布。绍兴鸭根据毛色可分为红毛绿翼梢鸭和带圈白翼梢鸭两个类型。

WH（带圈白翼梢）系见蛋日龄97天，开产日龄132天，达到90%产蛋率日龄178天，能够维持90%以上的产蛋率215天，500日龄只均产蛋量303.15枚，只均蛋重68.5克，产蛋期料蛋比2.6：1，产蛋期存活率97%。

RE（红毛绿翼梢）系见蛋日龄104天，开产日龄134天，达到90%产蛋率日龄197天，90%以上产蛋率维持180天，500日龄只均产蛋量307.32枚，只均蛋重67.35克，产蛋期料蛋比2.64：1，产蛋期存活率92%。

WH系和RE系的繁殖性能无显著差异，公母配比1：（15～25），受精率90%，受精蛋孵化率85%，从出壳到4周龄成活率95%。

绍兴鸭（公鸭） 绍兴鸭（母鸭）

★新浪博客，网址链接：http://blog.sina.cn/dpool/blog/s/blog_895604c1010189a1.html

（编撰人：张梓豪；审核人：黎镇晖，冯 敏）

115. 攸县麻鸭有何生产性能？

攸县麻鸭产于湖南省攸县境内的洣水和沙河流域一带。攸县鸭是国家级的著名地方品种蛋鸭。攸县麻鸭的体型小、生长快、成熟早、产蛋多，能够适应于稻田放牧饲养。

攸县公、母麻鸭

★371致富网，网址链接：http://www.371zy.com/m/view.php？aid=4216

（1）生长性能。初生重为38克，60日龄公鸭850克，母鸭852克；120日龄体重1 160～1 250克，成年体重1.2～1.3千克，公母相似。在放牧和适当补料的饲养条件下，60日龄时每千克增重耗料约2千克；每千克蛋耗料2.3千克，每只产蛋鸭全年需补料25千克左右。90日龄公鸭半净膛为84.85%，全净膛为70.66%；85日龄母鸭半净膛为82.8%，全净膛为71.6%。

（2）产蛋性能。在大群放牧饲养的条件下，年产蛋量为200个左右，平均蛋重为62克，年产蛋重为10～12千克；在较好的饲养条件下，年产蛋量可达230～250个，总蛋重为14～15千克。每年3—5月为产蛋盛期，占全年产蛋量的51.5%；秋季为产蛋次盛期，占全年产蛋量的22%。

（3）繁殖性能。性成熟较早，母鸭开产日龄为100～110天，公鸭性成熟为100天左右。公母配种比例为1∶25。据新市乡孵化坊于1974—1980年统计，种蛋受精率为94.8%，受精蛋的孵化率为82.66%。30日龄的育雏成活率在95%以上。

（编撰人：张梓豪；审核人：黎镇晖，冯 敏）

116. 莆田黑鸭有何生产性能?

莆田黑鸭是在海滩放牧条件下发展起来的蛋用型鸭品种，主要分布于福建省莆田市沿海及南北洋平原地区。莆田黑鸭体态轻盈，行走敏捷，有较强的耐热性和耐盐性，尤其适合在亚热带地区硬质滩涂饲养，是我国蛋用型地方鸭品种中唯一的黑色羽品种。

（1）生长性能。初生重为40.15克，8周龄平均体重为890.59克。屠宰率：平均体重为（1.50 ± 0.04）千克，半净膛屠宰率为78.38%，全净膛屠宰率为71.99%。母鸭与黑色瘤头鸭杂交产生的半番鸭，生长速度快，70日龄平均体重为1.99千克，半净膛屠宰率为81.91%，全净膛屠宰率为75.29%，每千克增重耗料为3.66 ~ 3.76千克。

（2）产蛋性能。开产日龄120天，蛋重73克，蛋壳以白色占多数，年产蛋270 ~ 290个。300日龄产蛋量为139.31个，500日龄产蛋量为251.20个，个别高产家系达305个。500日龄前，日平均耗料为167.2克，每千克蛋耗料3.84千克，平均蛋重为63.84克。蛋壳白色占多数。

（3）繁殖性能。公鸭6月龄开始配种。公母配种比例为1：25，种蛋受精率达95%左右，雏鸭成活率为95%左右，132日龄时的群体产蛋率达50%。

★互动百科，网址链接：http://www.baike.com/wiki/%E5%8D%81%E5%A4%A7%E5%90%8D%E9%B8%AD&prd=tupianckxx

莆田黑鸭

（编撰人：张梓豪；审核人：黎镇晖，冯　敏）

117. 鸭场场址选择要考虑哪些因素?

鸭场应选择生态环境好，无工业“三废”污染，离公路、村镇（居民点）、工厂、学校和其他养殖场1 000米以上，避开水源保护区、风景名胜区、人口密集等环境敏感地区，符合环境保护和疾病防疫要求。除此之外，还要考虑以下几方面因素。

（1）气候条件。从饲养场地来讲，应当尽量选择在气候长年温暖、夏季无高温、冬季无严寒的地区。

（2）地势、地形。考虑在南向或东南向坡地建场。鸭场地面要平坦而稍有坡度，以便排水。地形要开阔整齐，不宜选择过于狭长和边角多的场地。不要选择在山口地带和山坳里。鸭舍用地的面积应根据饲养数量、饲养方式而定，陆上运动场的占地面积必须充足，最好留有发展余地。场地内阳光必须充足。鸭舍建筑物应坐北朝南，开放的一面方向应朝南或南偏东一些。

（3）土质鸭场建设用地以沙壤土最好，凡是被化学性污染和病原微生物污染的土壤不能建场。

（4）水源条件。鸭场要有良好的水质和丰富的水源。

（5）交通条件。鸭场要求交通便利，以利于饲料和产品的运输。但为了防疫、卫生及减少噪声，鸭场与主要公路的距离至少要在500米以上，如有围墙可缩短到50米左右，同时修建专用道路与主要公路相连。

水上鸭舍

鸭厂局部

★新浪网，网址链接：http://tech.sina.com.cn/digi/dc/2014-09-01/07539588189_4.shtml
★百度图库，网址链接：https://b2b.hc360.com/viewPics/supplyself_pics/223661427.html

（编撰人：凡秀清；审核人：罗　文，黎镇晖）

118. 如何对鸭场划区设置？

鸭场的分区规划应注意：一是应节约用地；二是应全面考虑鸭粪的处理和利用；三是应因地制宜，合理利用地形地物；四是应充分考虑今后的发展。在进行鸭场规划时，首先应从人、禽健康的角度出发，以建立最佳生产联系和卫生防疫条件，来合理安排各区位置。职工生活区应占据全场上风和地势较高的地段，然后依次为管理区、鸭生产区。

（1）生活区。与经营有关的办公室、资料室、会议室、水塔、职工宿舍、食堂、生活服务设施，应与生产区相距至少200米，用消毒通道和隔离设施把生活区和生产区连接，从而起到防疫的作用。

（2）生产区。包括孵化室，鸭舍（育雏舍、育成舍、商品鸭舍、种鸭舍），蛋库，饲料库，消毒、更衣室。

（3）病禽隔离区。包括病鸭隔离观察室、疾病诊断和治疗室、病死鸭处理室及粪便污染处理设施等。病禽隔离区与其他各功能区之间应有围墙，并有绿化带隔开。地势以生活管理区最高，病鸭隔离区最低，风向亦是病鸭隔离区为下风向。

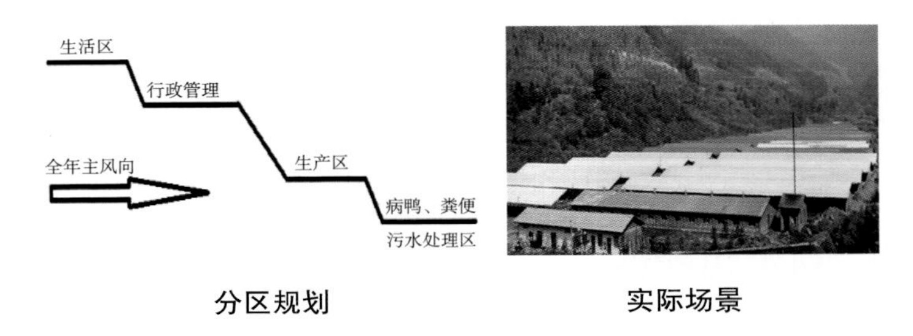

分区规划　　　　实际场景

★自创，永安之窗，网址链接：http://www.yawin.cn/list/engage_2029.html

（编撰人：张梓豪；审核人：黎镇晖，冯　敏）

119. 鸭舍建筑设计有哪些要求？

（1）基本原则。鸭舍建筑应根据饲养的鸭的不同年龄、不同的饲养方式、不同饲养地的气候条件来设计。

（2）结构要求。根据当地气候结合自己实际情况来选择地面平养还是网上平养。地面平养的地势要高且干燥，使用秸秆或者干沙作为垫料，优点是投资成本较低，养殖时操作方便。网上平养，用竹架或者铁网做成网床来使鸭群高于地面50厘米以上，优点是鸭不会接触到粪便，减少了球虫病等的发生，环境卫生易于控制，但是一次性投入成本较高。鸭舍的面积视鸭群的大小而定。通常鸭舍宽8～10米，为操作方便，鸭舍的长度不宜超过100米。分间时，每一小间形状以正方形或近似正方形为好，便于鸭群在室内转圈运动，不能把鸭舍分隔成狭窄的长方形，窄长的鸭舍极易造成拥挤践踏。

（3）性能要求。①保温性能好，屋顶要有隔热层，墙壁要厚实，以利保温，寒冷地区北窗要钉一层塑料薄膜，室内能够安装加温设备，并有稳定的电源，育雏鸭舍不必太高，2～2.5米即可。②鸭舍要采光充分，通风良好，保持安静，便于清洁消毒。③地面或者网床要坚实，既防鼠害，又利于排水。地面向一边或中间倾斜，以利排水。

鸭舍内部

★传道网，诸城天仕利塑业有限公司，网址链接：
http://www.xxnmcd.com/a/20150107/82907.html
http://m.1688.com/blog_detail/32763870.html

（编撰人：张梓豪；审核人：黎镇晖，冯　敏）

120. 如何配制蛋用鸭的饲料？

（1）饲料的配制。要因地制宜，尽量选择当地丰富的饲料资源，既保证营养，也降低成本。配制的日粮要与饲养标准接近，饲料能量水平低，采食量就多，因此，饲料中蛋白质与能量的比例要平衡，否则可能增加饲料消耗。注意日粮新鲜保质，适口性好。添加维生素，微量元素等添加剂后要搅拌均匀。日粮中粗纤维含量不要过高，在3%左右为宜。更换不同配方的饲料时不能突然更换，要有一个过渡期。

（2）参考日粮配方。雏鸭：玉米61.00%，豆粕29.00%，菜籽粕3.00%，鱼粉4.70%，磷酸氢钙0.94%，石粉1.08%，食盐0.19%，蛋氨酸0.09%。中鸭：玉米65.00%，豆粕13.00%，麦麸12.00%，菜籽粕3.82%，鱼粉2.00%，磷酸氢钙1.37%，石粉2.19%，食盐0.49%，蛋氨酸0.13%。成鸭：玉米56%，小麦30%，菜籽粕8%，花生粕4%，微量元素2%。产蛋期：玉米65.00%，豆粕20.96%，菜籽粕3.00%，鱼粉5.50%，磷酸氢钙0.21%，石粉4.75%，食盐0.50%，蛋氨酸0.08%。

配制的日粮

蛋用鸭饲料

★私聊发酵技术网，网址链接：http://www.zzbyb.com/siliaofajiao/436.html
★火爆兽药饲料招商网，网址链接：http://www.1866.tv/news/57014

（编撰人：张梓豪；审核人：黎镇晖，冯　敏）

121. 什么是蛋白质饲料？鸭常用哪些蛋白质饲料原料？

蛋白质饲料是指干物质中粗蛋白含量为20%以上、粗纤维含量在18%以下的饲料。根据饲料学分类，蛋白质饲料分为植物性、动物性和单细胞蛋白质饲料，以及合成氨基酸饲料4类。

（1）植物性蛋白质饲料包括豆类籽实、饼粕类和部分糟渣类饲料，以及某些谷实的加工副产品等。饼、粕是我国主要的植物性蛋白质饲料，使用极广泛，常见的有：①大豆饼（粕）。②花生仁粕（饼）。③菜籽粕（饼）。④棉仁饼。⑤植物蛋白粉，为制粉、酒精等加工业采用谷实、豆类、薯类提取淀粉后得到的副产品，有玉米蛋白粉、粉浆蛋白粉等。

（2）动物性蛋白质饲料，包括肉粉、鱼粉、羽毛粉和肉骨粉。此外还有血粉、蚕蛹、蝇蛆、蚯蚓等及其制品。

（3）单细胞蛋白质饲料生产实践中应用最广泛的是饲料酵母，其蛋白质生物学价值介于动物性蛋白质和植物性蛋白质之间。

（4）DDGS饲料。即含有可溶固形物的干酒糟，是酒糟蛋白饲料的商品名。

花生饼

玉米蛋白粉

★慧聪网，网址链接：https://b2b.hc360.com/supplyself/619990487.html
★慧聪网，网址链接：https://b2b.hc360.com/viewPics/supplyself_pics/220592240.html

（编撰人：胡美伶；审核人：罗　文，冯　敏）

122. 什么是矿物质饲料？鸭常用哪些矿物质饲料原料？

矿物质饲料是补充动物矿物质需要的饲料。它包括多种混合的和天然单一的矿物质饲料，以及某些常量或微量元素的补充料。

（1）常量元素矿物质饲料。①石粉由天然石灰石粉碎而成，白色或灰色，主要成分为碳酸钙。②贝壳粉为各种贝类外壳经加工粉碎而成的白色粉状或粒状产品。③蛋壳粉为禽蛋加工厂的副产品。④石膏即二水硫酸钙。⑤骨粉以家畜的骨骼为原料制成。⑥磷酸钙盐。常用的有磷酸氢钙、磷酸二氢钙。

（2）微量元素矿物质饲料。①含铁饲料。②含铜饲料。③含锰饲料。④含锌饲料。⑤含硒饲料。⑥含碘饲料。⑦含钴饲料。

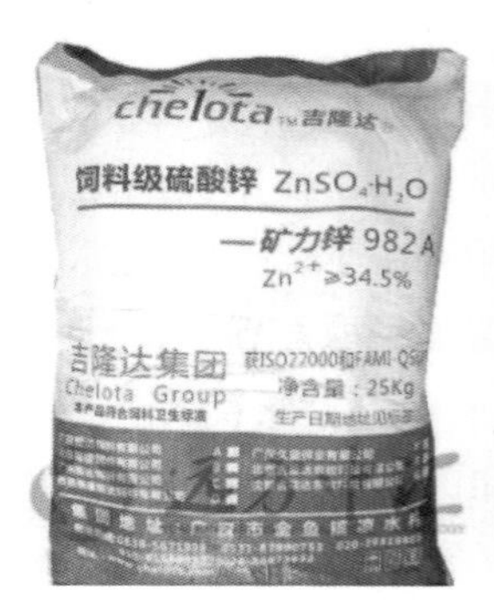

★慧聪网，网址链接：https://b2b.hc360.com/viewPics/supplyself_pics/343103177.html

★慧聪网，网址链接：https://b2b.hc360.com/supplyself/436814669.html

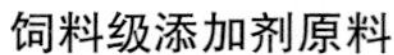

饲料级添加剂原料　　玉米蛋白粉

（编撰人：胡美伶；审核人：罗　文，冯　敏）

123. 肉鸭养殖常用矿物质（常量元素）饲料有哪些?

肉鸭生长发育所需要的矿物质常量元素主要有钙、磷、镁、钠、钾、氯等。镁和钾离子在普通植物性饲料原料中含量丰富，不需要特别添加矿物质饲料原料进行补充。而钙、磷、钠、氯需要用矿物质饲料进行补充。在肉鸭配合饲料中，常用磷酸氢钙和骨粉补充钙、磷不足，使用贝壳粉和石粉补充钙不足，使用食盐补充钠、氯不足，使用碳酸氢钠补充钠不足。磷酸氢钙是白色或灰白色粉末，含钙量一般在22%～24%，含磷量为16.5%～18.0%，是肉鸭饲料中主要的磷、钙来源。但是，鸭对磷酸氢钙中氟超标特别敏感。在使用磷酸氢钙时，氟含量应低于0.13%。在肉鸭配合饲料中，严禁使用氟超标的磷酸氢钙产品。骨粉是动物骨骼经过高温、高压、脱脂、脱胶、烘干、粉碎后形成的粉末状饲料原料产品。骨粉一般含钙量约为21%，含磷量为11%～12%。优质蒸制骨粉含磷12.0%～13.5%，含钙21%～25%。我国部分厂商目前生产的劣质骨粉，磷含量只有6%～8%，钙含量高达30%左右。因此，肉鸭饲料应慎重使用劣质骨粉。石粉和贝壳粉是肉鸭常用的高钙类饲料，其含钙量33%～38%。食盐是肉鸭配合饲料常用的钠、氯补充剂，用量一般为0.30%。

磷酸氢钙

骨粉

★360图片，网址链接：
http://st.so.com/stu? a=simview&imgkey=t0155d8dc7f748c846a.jpg&fromurl=&cut=0#sn=0&id=4df7166efccf2f33d4c41c9a44bcb66c
http://st.so.com/stu? a=siftview&imgkey=t019794cc94071fe3d0.jpg&fromurl=http://toutiao.com/i6257646126019641858/#i=0&pn=30&sn=0&id=0952828f4732dfb2fcf84b525d3dbb72

（编撰人：蔡柏林；审核人：罗　文，冯　敏）

124. 为什么说配合饲料是饲喂雏鸭的理想饲料?

配合饲料是根据雏鸭的各种营养素需要量生产的，具有营养丰富、平衡、易消化等特点，能够满足雏鸭生长发育所需要的各种营养素。其营养价值是小米或大米等原粮无法比拟的。给雏鸭仅饲喂大米或小米将显著抑制雏鸭的生长发育，并可能对雏鸭消化系统的生长发育及消化功能造成不可逆的影响，影响鸭子终生的产肉性能，造成无法挽回的经济损失。

配合饲料

★中国网库，网址链接：http://shop.99114.com/47872363/pd80568783.html

（编撰人：胡博文；审核人：罗　文，冯　敏）

125. 肉鸭养殖常用的能量饲料有哪些?

能量饲料主要包括谷物类籽实和糠麸类饲料，是指干物质中粗纤维含量低于18%，粗蛋白含量低于20%的一类饲料。在肉鸭日粮中，能量饲料一般用量为55%～75%。谷物类饲料是指碳水化合物含量达70%以上，粗蛋白7%～11%，粗脂肪2%～6%的一类谷物，包括玉米、大麦、小麦、燕麦、高粱、稻谷等。具有家禽可利用能（代谢能）、淀粉等含量较高，蛋白质和粗纤维含量低，消化率高的营养特点。糠麸类饲料主要包括小麦麸、细米糠等，其生物可利用能量含量较低，粗纤维、植酸磷较高。米糠中脂肪含量较高，易氧化变质，不易久存。麸皮富含B族维生素，磷含量较高，饲喂时要注意补钙。此外，麸皮有轻泻作用，喂量不要超过日粮总量的10%～20%。砻糠、统糠等粗纤维和木质素含量较高，不易消化，在雏鸭和产蛋期的种鸭日粮中应少用。玉米、稻谷等是饲养肉鸭最理想的能量饲料原料。

混合能量饲料

玉米

★360图片，网址链接：
http://st.so.com/stu？a=simview&imgkey=t01e166de75313be378.jpg&fromurl=&cut=0#sn=0&id=05393b246d6c3ff3af03097b9aa3522e
http://st.so.com/stu？a=simview&imgkey=t01176ddd228fc7e5f8.jpg&fromurl=&cut=0#sn=1&id=e6c7b22363181743a731c81cffc482bb

（编撰人：蔡柏林；审核人：罗　文，冯　敏）

126. 肉鸭养殖常用蛋白质饲料有哪些？

肉鸭常用的蛋白质饲料包括大豆、大豆粕（饼）、花生粕（饼）、棉籽粕（饼）、菜籽粕（饼）、葵花仁粕（饼）、胡麻粕和玉米蛋白粉等植物性蛋白质饲料，及鱼粉、肉骨粉、羽毛粉、血粉等动物性蛋白质饲料。

饼类饲料含油量一般较高，能达到4.0%～5.0%，而蛋白质含量较低。大豆粕、花生粕、棉籽粕和菜籽粕等粕类饲料，含油量较低，一般为1.0%～2.0%。

熟大豆和熟豆粕是优质的蛋白质饲料，其蛋白质含量分别可达37%和43%～48%。在大豆蛋白质的结构中，氨基酸组成相对平衡。在以玉米—豆粕为主要能量蛋白质来源的配合原料中，在蛋白质满足肉鸭营养需要的前提下，需适当补充蛋氨酸。经熟化处理的花生粕，味香甜，适口性好，蛋白质含量45%～51%，是优质蛋白质饲料，但其赖氨酸和蛋氨酸含量相对较低。在肉鸭配合饲料中使用超过10%的花生粕时，应特别注意补充添加蛋氨酸和赖氨酸。菜籽粕是肉鸭常用的饲料原料，蛋白质含量33%～38%，氨基酸组成相对平衡，含硫氨基酸丰富，赖氨酸含量较低，且适口性差。普通油菜籽中含有丰富的硫葡萄糖苷（GS）、芥子碱、单宁和植酸等抗营养因子，对动物健康危害极大。

菜籽粕

花生粕

★360图片，网址链接：
http://st.so.com/stu? a=siftview&imgkey=t01026371608e3920ae.jpg&fromurl=http://china.makepolo.com/productdetail/10003230202（3）html#i=0&pn=30&sn=0&id=efa53ece39db0399c10a59ab5f2eb740
http://st.so.com/stu? a=siftview&imgkey=t017620b0731d45102（3）jpg&fromurl=http://yangzhi.huangye88.com/xinxi/3446937（3）html#i=0&pn=30&sn=0&id=47c11e789fc6e05abd40ed57f4cb59e5

（编撰人：蔡柏林；审核人：罗　文，冯　敏）

127. 怎样贮存鸭饲料?

引起鸭饲料变质变味的原因有强光照射、高温高湿、氧化、酶的破坏、虫蛀、鼠害等。为避免饲料变质变味，应加强对饲料的贮存保管。贮存饲料的含水量应低于14%，饲料应置于遮光、阴凉、通风、干燥处。饲料不散放，尽量密闭封装保存；一次性配料不宜过多，一般不能超过鸭15天的采食量。维生素、微量元素及一些药品应现用现配，必要时可在饲料中适量添加抗氧化剂和防霉剂。定期进行灭鼠、灭虫。鸭对霉菌敏感，尤其2月龄内的幼鸭，因此应坚决弃用严重发霉变质的饲料。对于轻度霉变的饲料，最好弃用，如仍然需用，则必须经过适当处理，方法是将霉变的饲料放进锅中煮沸半小时，或放入蒸笼内蒸1～2小时，或置于铁锅中用微火焙炒半小时即可去霉。

饲料仓

饲料罐

★360图片，网址链接：
http://st.so.com/stu? a=siftview&imgkey=t0100971515cb88988b.jpg&fromurl=http://www.51sole.com/b2b/cd_29033497.htm#i=0&pn=30&sn=0&id=8e3514c4f9a319f2d3bdcc6fe90df1c2
http://st.so.com/stu? a=simview&imgkey=t01309d3a98847c3be8.jpg&fromurl=&cut=0#sn=0&id=65203856ca70c2192ba012672480232e

（编撰人：蔡柏林；审核人：罗 文，冯 敏）

128. “稻鸭共栖”技术怎么操作?

“稻鸭共栖”就是将雏鸭放到稻田中进行饲养，利用鸭的杂食性以吃掉稻田内的杂草和害虫，同时鸭粪可以作为肥料，鸭在稻田中的活动可以刺激水稻生长，是一种生态复合型农业技术。

（1）品种的选择。水稻品种一般选择单季稻两优688，该品种苗期分蘖能力强，根系发达，抗稻瘟病、纹枯病能力强。鸭子选中、小型品种，选择生活力、适应力、抗病力都比较强的品种，才能适应昼夜露天食宿的生活环境，并且具有前期长势快的特点，达到快速育肥，仔鸭早上市出栏早的需要。例如安红毛鸭和山麻鸭，适应“小窝密植”的水稻栽培特点，在稻田中自由穿行觅食。也可选用高邮麻鸭，该品种体型及食量较萍乡本地麻鸭大，活力强、食量大、抗逆性强、适应性好，在田间活动时间长，喜食害虫等野生生物，同时鸭子体积大，鸭肉产量高。

（2）放养时机。以秧苗返青时为宜，可以开始放鸭苗，当季温度高的，所放雏鸭可以稍小，气温低时需要稍大点的雏鸭。

（3）水稻管理。在5月中旬播种，6月中旬移栽，行距宜为40厘米×40厘米。放牧初期水深保持3～5厘米，中后期水深加到5～10厘米，方便鸭子活动，同时不影响鸭子除草除虫的效果。水稻灌浆期，赶鸭上岸后保持田间湿润即可。使用低毒、低残留、高效的农药，施药时要收鸭，待安全期过去后再放鸭。

（4）鸭子管理。鸭苗饲料饲养15天后，可以进行稻田放养，一年可放两季，分春鸭和秋鸭，每667平方米稻田放养33群，500只左右为一群，过多过少都会影响仔鸭的生长发育。雏鸭放田后，要开始人工补料，每日早晚各补1次，早上喂料1/3，晚上喂抖2/3。一般用籽实料，若用粉抖补饲，应用食槽或食垫，以防止浪费，每只补料只需2～3千克。60天左右，鸭子重1.5千克左右即可收鸭。

稻鸭共栖

稻田放养

★易可纺，网址链接：http://www.ecofine.cn/2017/0805/17169.html
★黔农网，网址链接：http://www.qnong.com.cn/news/shipin/10930.html

（编撰人：张梓豪；审核人：黎镇晖，冯　敏）

129. 如何选择种鸭蛋？

（1）种蛋的来源。父母代的种鸭对雏鸭的质量和成活率影响很大，因此要选择健康、生产性能优良、遗传性能稳定、繁殖力高的种鸭群的种蛋。

（2）新鲜程度。种蛋越新鲜，胚胎的生命力越高，孵化率也就越好。种蛋在温暖季节保存时间不超过7天，热天不超过3天，冷天不超过10天为好。新鲜种蛋气室小，蛋壳颜色具有一定光泽和油质。陈旧蛋气室变大，蛋的颜色暗污，还常玷污一些脏物。将蛋转动，新鲜蛋蛋白浓稠，蛋黄转动速度缓慢，陈旧蛋蛋白稀薄如水，转动速度快。

（3）蛋壳。蛋壳表面质地均匀，厚薄适度，壳色要符合品种要求，蛋壳多孔、太薄、表面不平滑，俗称沙壳蛋，敲起来发出沙沙的声音，孵化时蛋壳易破损，水分蒸发过大，孵化率低。相反，蛋壳过厚，质地过于致密，气孔少，俗称铁壳蛋，声音特别响，孵化时因蛋内水分和二氧化碳难以排出，胚胎不易啄破蛋壳，造成胚胎死亡。

（4）大小。应符合品种的蛋重标准，大于或小于标准蛋重15%的蛋不宜作种蛋。蛋形指数（纵径/横径）一般要求在1.35～1.4的范围内，不用过圆、过长、两头尖的种蛋。

（5）清洁度。蛋壳上不应有粪便、破蛋液等污物，否则污物中的病原微生物侵入蛋内，引起种蛋变质，污染正常种蛋与孵化器。或由于污物堵塞气孔，妨碍蛋的气体交换。对于一些轻度污染的种蛋，也宜用干沙或统糠“干洗”，然后消毒，不能用水洗。

（编撰人：张梓豪；审核人：黎镇晖，冯 敏）

130. 为什么要对种鸭进行人工强制换羽？

种鸭完成一个产蛋年后，一般在每年的夏、秋季节换羽，换羽时因种鸭体内营养用于换羽，会停止产蛋，高产鸭则一边产蛋一边换羽，如果让其自然换羽，需要3～4个月的时间，且换羽时间参差不齐，换羽期内产蛋减少，种蛋品质降低。如果采用人工强制换羽，换羽时间需要2个月左右，且换羽整齐，换羽后产蛋整齐，饲养管理方便。此外人工强制换羽还有以下优点。

（1）节省饲料，饲养成本降低，而且换羽后种鸭抗应激能力增强，种鸭的利用年限增长。

（2）改善蛋壳质量，提高蛋重。人工强制换羽后因蛋壳质量提高，减少了蛋的破损，同时蛋重也略有增加。

（3）在市场供应发生改变时，可帮助制订并实施新的生产计划，以保证获得尽量高的经济效益。

狄高鸭

鸭毛

★陌上青禾的博客，网址链接：http://blog.sina.com.cn/s/blog_6525ea340102wzon.html
★慧聪网，网址链接：https://b2b.hc360.com/supplyself/80506562755.tml

（编撰人：周良慧；审核人：黎镇晖，冯 敏）

131. 怎样对种鸭进行人工强制换羽？

人工换羽，是指采用强制性方法，对种鸭进行突然应激，人为破坏种鸭的生活规律，造成其营养供应不足，新陈代谢紊乱，使鸭迅速换羽后产蛋的方法。这样不仅可以缩短种鸭的休产期，提高种蛋合格率和蛋的品质，而且可以延长种鸭的使用时间，进而根据市场的供给控制种鸭的生产，提高养鸭的经济效益。

一般换羽季节都选在春季或者秋末冬季，此时温度、气温合适，适应自然规律。常见的方法包括对种鸭进行停水停料的控制，冬季适时停水，夏天不停水，体重偏低的种鸭停食时间可缩短，反之延长；在给料时间上要有一定的把握，根据羽毛进行给料，一般羽跟干枯即可给料；换羽后要限制种鸭的饲料，光照延长，控制饲料霉菌的发生，以及及时做好清理肠道和驱虫，做好疫苗接种免疫等。

除此之外还要注意外界环境条件的变化，以及及时淘汰体质弱的种鸭。

种鸭养殖

鹅苗孵化

★眉山全搜索，网址链接：http://www.msxh.com
★武进论坛，网址链接： http://bbs.wj001.om

（编撰人：吴文梅；审核人：罗　文，黎镇晖）

132. 人工强制换羽种鸭恢复期的饲养管理要注意什么？

拔完毛后，把鸭放到垫草柔软、干净的鸭舍，前5天要避免烈日暴晒，保护毛囊组织，同时逐步提高饲料质量，增加饲喂量，促使尽其快恢复体质。待所有羽毛都脱落后，饲喂营养水平较高的饲料，促使其早开产，在拔羽毛后的一周，饲料中的蛋白质应提高到15%以上，并在这个基础上逐步增加，达到种鸭的标准。另外，还要在饲料中添加多种维生素和微量元素。进入恢复期以后，鸭群要放牧游泳，多活动，勤洗澡，增加运动，使其不过于肥胖，促进长出新羽，使尾脂发达，新羽光泽良好。

在恢复期内，要改善饲养环境，舍内勤换垫草，保持干燥清洁，并且要放足水盒和饲料，使每只鸭都能吃到饲料，一切按产蛋鸭的要求进行管理，一般在拔羽后25天左右可长齐新羽，逐渐开始产蛋。

大户鸭棚

保温鸭舍

★摄影之家，网址链接：http://www.photofans.cn/album/showpic.php?year=2009&picid=1189804
★中国制造网，网址链接：http://cn.made-in-china.com/tupian/langfangcaigang-XoFxdwuKyLRV.html

（编撰人：周良慧；审核人：黎镇晖，冯　敏）

133. 肉用型种鸭的饲养管理要点有哪些?

（1）饲喂及体重控制。每周每栏鸭群抽10%个体称体重，与该时期标准体重比较，若体重不达标，就要适时调整加料幅度。

（2）均匀度控制。一般要使每栏鸭子的均匀度达到75%以上，整批鸭子的均匀度也要达到70%以上，鸭子的个体差异小，几乎同时开产，才能保证将来有较高的产蛋率，才能维持较长时间的产蛋高峰期。

（3）光照。适宜光照对鸭的物质代谢、生长发育和生产性能都有非常重要的作用。对肉种鸭而言，育成期光照时间为16小时、光照强度为20勒克斯。肉种鸭在产蛋期光照与育成期光照相同，保持光照时间16小时、光照强度20勒克斯较为合理。

适宜光照

★371种养致富网，网址链接：http://www.371zy.com/nyjs/yzjs/13736.html

（4）疾病防控。严格按免疫计划按时接种疫苗，鉴于育成鸭活动能力强、采食集中，增长速度快，易发生腿病，饲养员在每天喂料之前，要细心观察，发现弱残鸭及时挑至病鸭栏，并及时治疗。

（5）及时淘汰。在公、母鸭按比例进行混群时，需进行一次大的挑选，把一些不符合品种要求、发育不良、体型不好、拱背、畸形鸭、腿病鸭、杂毛鸭，雄性特征不明显的公鸭，个体弱小的母鸭和一些伤残无饲养价值的鸭子及时淘汰。

（编撰人：张梓豪；审核人：黎镇晖，冯　敏）

134. 中鸭的饲养管理要点有哪些？

中鸭为5～10周龄的鸭，此时期的鸭个体发育迅速，粗毛基本张齐，消化能力增强，采食量大，个体大小出现差异。

（1）分群饲养。按照大小和公母分群饲养，为了便于按照不同体型不同营养物质标准来进行饲养。每平方米12～15只，每群60～100只为宜。

（2）饲料充足。中鸭生长迅速，需确保每天的饲料充足，同时还应在饲料中适当增加蛋白质、钙、磷、维生素的含量。小规模场可以饲喂没有完全煮熟的早稻米或者糠麸皮，慢慢过渡到放牧，使鸭吃到多样的动物饲料和植物籽实。

（3）定时采食。中鸭合群性强，活动能力强，每天于凌晨、9—11点、下午3点和黄昏的时候定时采食，吃完休息，使其养成定时采食定时休息的好习惯。

（4）加强训练。中鸭期是最适合用来训练鸭，着重训练头鸭，使其发挥带头作用，行动期间防止个别乱跑，行走时要疏密有致，不能拥挤，不良行为应及时制止。

（5）保证休息。中鸭采食完要有安静的环境让它们梳毛，睡觉，环境和光照适宜，空气新鲜，晚间舍内点灯，可使鸭群安定。

（6）防暑降温。一般中鸭正值夏、秋季，放牧要早放早归，下午要迟放，尽量让他们在树阴下采食，以免中暑。

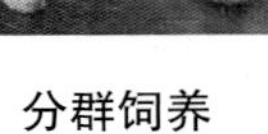

分群饲养

加强训练

★川北在线，网址链接：
http://www.pxzmsp.cn/yzyz/561.html
http://www.guangyuanol.cn/luyou/20150516/398151_2.html

（编撰人：张梓豪；审核人：黎镇晖，冯　敏）

135. 育成期种鸭为什么要进行公母分群饲养?

由于公母鸭生长速度、采食量及采食速度差异很大，育成期内将公母鸭分栏饲养有利于控制公母鸭的体重。在相同时间内，公鸭采食强横，采食速度快于母鸭，采食量也比母鸭多。因此对公鸭需要采取特别措施加以限制，以控制其增重。为了尽可能准确地分别控制公母鸭的体重，最好将公鸭和母鸭分开单独饲养，一直到18周龄。但是公鸭在任何时候都不可以长时间单独饲养，否则很容易导致公鸭的同性恋，严重影响将来的受精率。因此在公鸭单独进行饲喂时，应保持其“性记忆”，在公鸭群中添加适当比例的母鸭，这些母鸭俗称为盖印母鸭。公母鸭的饲养比例应按如下执行：18周龄以前公母鸭单独饲喂，同时在公鸭群中添加22%的母鸭。育成期，在计算喂料量时，将公鸭栏里的盖印母鸭作为公鸭处理，即每栏喂料量=（公鸭数+盖印母鸭数）×公鸭单只料量。

鸭舍

网养鸭舍

★中国兴农网，网址链接：http://nykj.xn121.om/kjdt/tp/1767527.shtml
★中国制造网，网址链接：http://big5made-in-china.com/tupian/langfangcaigangXoFxdwuKyLRV.html

（编撰人：胡美伶；审核人：罗　文，冯　敏）

136. 鸭的配种方法有哪几种?

鸭的配种方法主要可分为自然配种和人工授精。

（1）自然配种。

①大群配种。将公母鸭按一定比例合群饲养，群的大小根据种鸭群规模和配种环境的面积来定。这种方法能使每只公鸭都有机会与母鸭自由组合交配，受精率较高。但要注意的是大群配种时，种鸭的年龄和体质要相似。

②小群配种。将每只公鸭与要配种的母鸭单间饲养，使每只公鸭与规定的母鸭配种。这种方法适用于鸭的育种。

（2）人工授精。将采集好的精液用稀释液1：1稀释。用注射剂吸足稀释好的精液，将配种针头插入母鸭的泄殖腔内，插入深度约4厘米，输入精液0.1～0.2毫升。

小群配种

大群配种

★网易科技网，网址链接：http://tech.163.om/17/0625/00/CNO1QV9M00097U81.tml
★鸟网，网址链接：http://www.birdnet.cn/thread-439148-1-1.tml

（编撰人：周良慧；审核人：黎镇晖，冯　敏）

137. 蛋鸭饲养的最佳年限是多少？

农村一些养鸭户饲养蛋鸭，有些饲养三四年，有些一直养到老死。但是实际上老鸭的活动能力差，放牧觅食困难，对气候变化的适应性弱、饲料消耗大且利用率低，使整个鸭群经济效益降低。按鸭的最佳产蛋日龄，从出壳到120日龄左右开产，第一个产蛋年的产蛋率最高，圈养鸭年产蛋重量可达20千克。到第二个产蛋年一般就要下降5%～10%，到第三个产蛋年就会下降更多。所以根据鸭在第一个产蛋年产蛋率高的特点，应加强此阶段的饲养管理，使整个鸭群在最佳生产期内发挥最大的生产潜力。第一个生产年过后，就要根据鸭的产蛋情况进行选择性淘汰，去除低产鸭，保留高产鸭。当蛋鸭养到500～600日龄时，就要根据市场上鸭蛋和饲料的价格来判断老鸭是否有必要保留。若鸭蛋的销售收入大于老鸭的饲养成本，整个鸭群仍可饲养。

蛋鸭

★黔农网，网址链接：http://www.qnong.com.cn/yangzhi/yangya/10922.tml

（编撰人：周良慧；审核人：黎镇晖，冯　敏）

138. 饲养蛋用雏鸭的季节怎么选择?

人工养殖蛋鸭原则上一年四季都可以饲养，但是为了使雏鸭更适应环境，提高雏鸭的成活率，建议避开盛夏和严冬进行育雏。

（1）春鸭。3月下旬至5月饲养的雏鸭称为春鸭，这个时期育雏要注意给雏鸭保温，育雏期一过，天气日趋变暖，自然饲料丰富，又正值春耕播种阶段，放牧场地很多，雏鸭可以充分觅食水生动植物。春鸭生长快，节约饲料，而且开产早。

（2）夏鸭。6月上旬至8月上旬饲养的雏鸭称为夏鸭。这个时期气温高，雨水多，气候潮湿，雏鸭育雏期短，不需要保温。6月上、中旬饲养的夏鸭，早期可以在稻田放牧，充分利用早稻收割后的落谷，节省部分饲料，而且这个时期的夏鸭开产早，进入冬季就能达到产蛋高峰，当年可产生效益。但是，夏鸭的前期气温闷热，管理较困难，要注意防潮湿、防暑和防病工作。开产前要注意补充光照。

（3）秋鸭。8月中旬至9月饲养的雏鸭称为秋鸭。此期秋高气爽，气温由高到低逐渐下降，是育雏的好季节。秋鸭可以充分利用杂交稻和晚稻的稻茬地放牧，放牧时间长，可节省很多饲料，故成本较低。但是，秋鸭的育成期正值寒冬，气温低，天然饲料少，放牧场地少，因此要注意防寒和适当补料。过了冬天，日照逐渐变长，对促进性成熟有利，但仍然要注意光照的补充。

（编撰人：周良慧；审核人：黎镇晖，冯　敏）

139. 笼养蛋鸭技术有哪些优缺点?

笼养蛋鸭技术的优点如下。

（1）节约饲料。鸭在笼中生活，因活动范围小限制了活动量，能量的消耗少，从而提高了饲料转化效率。

（2）有利于疾病的防控。笼养鸭不与地面直接接触，降低了鸭与外界环境病原微生物接触的机会，减少疾病的感染。由于笼养鸭的活动空间有限，防疫所需时间短，减少了免疫应激。

（3）减少粪污蛋和破损蛋。鸭蛋产出后直接滚到料槽下面的蛋托架上，不与地面和粪便接触，大大减少了粪污蛋的比例，并且鸭蛋不会因为鸭的活动在地面上滚动而撞破。

（4）有利于清洁生产和环境保护。笼养鸭处于相对封闭的环境，所产生的代谢排泄物容易收集，只要经过合理的处理再排放就不会对环境造成污染。

笼养蛋鸭技术的缺点如下。

（1）容易导致软脚病。笼养鸭因长期在鸭笼中饲养，活动空间受到限制，鸭子大部分时间伏着休息，活动少，易导致软脚病等问题。

（2）鸭羽毛零乱，外观差。鸭子上笼以后，梳理羽毛的行为会减少，鸭与笼壁和鸭与鸭之间接触摩擦机会增加，影响了羽毛色泽和鸭子的外观。

（3）会发生卡头、卡脖子、卡翅现象。饲养员喂料和捡蛋时，鸭会产生躲避反应，如果笼具不合适，常会发生卡头、卡脖子、卡翅现象，对鸭造成直接伤害，增加鸭的淘汰数量。

蛋鸭笼养

★中国制造交易网，网址链接：http://www.c-c.com/sale/view-48320107.html
★慧聪网，网址链接：https://b2b.hc360.com/viewPics/supplyself_pics/211459600.html

（编撰人：周良慧；审核人：黎镇晖，冯　敏）

140. 蛋鸭育成期的主要工作目标是什么？有什么生长特点？

（1）蛋鸭育成期的主要工作目标。成活率较高，均匀度良好，体重不低于该品种的体重控制标准。体成熟与性成熟同步发育良好，适时开产。

（2）蛋鸭育成期的生长特点。

①育成期蛋鸭体重增长速度快。作为体重快速增长时期，蛋鸭到28日龄后体重增长加快，到16周龄，体重可以接近成年鸭。

②育成期蛋鸭羽毛增长速度加快，到91日龄左右蛋鸭的腹部已经完成第二次换羽，102日龄蛋鸭主翼及全身羽毛均已长齐。

③性器官发育快。育成10周龄后，在第二次换羽期间，卵巢上的卵泡也在快速长大，12周龄后，性器官的发育尤其迅速。为了保证青年鸭体发育与性发育一致，必须严格控制青年鸭的饲料和光照，防止过早性成熟，影响产蛋性能的充分发挥。

④适应能力强，各项器官发育快，羽毛丰满后能够适应外界环境变化，可以

进行露天饲养，随着鸭体重增长消化能力也变得强大起来。此阶段的蛋鸭食欲也很好，天然的食物性饲料是这一阶段最好的。

樱桃谷鸭

★鞍山大鹏鹅苗孵化厂，网址链接：http://www.asdpem.com/Products_show_23345.tml

（编撰人：周良慧；审核人：黎镇晖，冯　敏）

141. 如何用电机孵化鸭蛋？

（1）用具消毒。新购置的和长期未用的孵化机以及各种用具，在开始孵化前都应进行消毒。消毒工作应在种蛋入孵前12小时进行。

（2）温度。入孵种蛋前可将温度调到要求的范围。常用施温方法有两种，变温孵化和恒温孵化。恒温孵化是指在孵化期间保持恒定温度，而这个温度可根据入孵批次、孵化季节和禽种的不同相应的改变。变温孵化是根据胚龄和气温的不同，在孵化期间分阶段施温。

（3）湿度。入孵种蛋前可将湿度调到要求的范围，每天定时加水一次，保持水盘内不断水。在出雏机内放水盘加大湿度，可以收到好的孵化效果。番鸭种蛋在孵化的中后期，要用温水喷雾于蛋表面，每天1次。

（4）码盘，预温。将选好的种蛋大头朝上放在盘上，番鸭种蛋可以平放，小心轻放，各行蛋数一致。从蛋库拿出来时，应先放在孵化室6小时左右预温，避免直接放到孵化机内温差太大，影响胚胎后期的生长发育。

（5）通风。孵化前期，第一次照蛋前不必打开进、出气孔。孵化中期可逐渐增大进、出气孔的通风面积。孵化后期全部打开进、出气孔，必要时还要打开电孵机的大门，以达到通风降温的目的。

（6）照蛋。头照在第5天进行，照出无精蛋、死胚蛋、破损蛋。二照在第13～14天进行，照出死胚、破损胚。照蛋时要轻、快、准。

孵化机　　　　码盘

★新浪博客，网址链接：http://blog.sina.com.cn/s/blog_adbdde7101019ouf.html
★安庆企事业新闻网，网址链接：http://www.aqqynews.com/display.asp？id=412

（编撰人：张梓豪；审核人：黎镇晖，冯　敏）

142. 种鸭产蛋中期的饲养管理要点是什么？

这个阶段饲养管理的重点是保高产，力求将产蛋高峰维持到48周龄以后。

（1）日粮中增加蛋白质含量可以达到20%左右，同时适当添加蛋氨酸和胱氨酸，要求含量在0.68%以上。适当的补充钙、磷，并在日粮中拌入维生素A、维生素D和鱼肝油、多种维生素等，也可在日粮中加入骨粉或在运动场上堆放贝壳粉，让种鸭自由采食。在整个产蛋高峰期一般不要减少饲料喂量，始终保持最高水平。

（2）保持环境安静，避免应激影响产蛋率和种蛋品质。勤捡蛋，减少污染蛋、破壳蛋等。

（3）注意鸭群的健康状态。产蛋率高的鸭子精力充沛，下水后潜水的时间长，上岸后羽毛光滑不湿，这种鸭子产蛋率不会下降。如鸭子精神不振、不愿下水，下水后羽毛沾湿，甚至下沉，说明鸭子营养不足或有疾病，应立即采取措施补充动物性蛋白饲料或进行疾病防治。

鸭场　　　　产蛋鸭

★传道网，网址链接：http://www.xxnmcd.com/a/20150107/82907.html
★北方网，网址链接：http://news.enorth.com.cn/system/2010/05/31/004732394.html

（编撰人：周良慧；审核人：黎镇晖，冯　敏）

143. 种鸭产蛋后期的饲养管理要点是什么?

（1）种鸭在48周龄以后，产蛋率开始以每星期1%～2%的速度下降。由于此时母鸭已完全达到体成熟，而且蛋重相应保持稳定，母鸭对营养的需求开始减少，因此从48周龄开始应随着产蛋率的下降而逐渐减料。一般情况下，产蛋后期的种鸭日喂料量为高峰期喂料量的80%～85%。

（2）每天保持16小时的光照时间，如产蛋率已降至60%时，可以增加光照时数直至淘汰为止。

（3）饲养环境尽量保持稳定，克服气候变化的影响，使鸭舍内的小气候变化幅度不要太大。

（4）观察蛋壳质和蛋重的变化，如出现蛋壳质量下降，蛋重减轻时，可增补鱼肝油和无机盐添加剂。最好另置无机盐盆，让其自由采食。

（5）及时淘汰残次种鸭以及停产母鸭。

肉鸭　　种鸭

★创业第一步，网址链接：http://www.cyone.com.cn/cfsp/14889.html
★慧聪网，网址链接：https://b2b.hc360.com/supplyself/82818750853.html

（编撰人：周良慧；审核人：黎镇晖，冯　敏）

144. 蛋鸭产蛋期饲养管理的重点有哪些?

根据蛋鸭的周龄、产蛋率和生理特点，大致可以将蛋鸭产蛋期分为3个阶段：产蛋前期、产蛋中期和产蛋后期。除了每个饲养阶段应供给不同营养含量的饲料和采用相应的管理措施外，还应注意如下几点。

（1）加强卫生管理。保持鸭舍及运动场的环境、饮水和饲料的卫生，水盆、料槽应每天清洗，鸭舍及运动场要定期消毒。

（2）做好日常管理。根据季节制定相应的管理措施，每天放牧、捡蛋、喂料、更换或补充垫料、开灯、关灯以及打扫卫生等各项工作都应固定时间，不随意更改，防止一切应激因素。

（3）适时进行免疫，合理用药。接种疫苗和驱虫等事项应在开产前进行。预防或治疗疾病时，不使用禁用的药物和影响产蛋的药物，可选用微生态制剂或酶制剂。

（4）做好各项记录。包括生产日记、用料、免疫、用药、死淘、产蛋、称重等，根据记录分析生产实际情况，发现问题及时纠正，总结经验。

蛋鸭

★传道，网址链接：http://www.xxnmcd.com/a/20140723/69120.html
★农村致富网，网址链接：http://www.sczlb.com/cate-news/6623.html

（编撰人：周良慧；审核人：黎镇晖，冯　敏）

145. 鸭苗怎么选择?

第一，不能选择用商品代作种鸭孵化出来的鸭苗，应选择由父母代作种鸭孵化出来的鸭苗。因为市场上现在存在很多用商品一代、商品二代作种的，虽然其价位较低，但是孵出的鸭苗质量较差，主要表现为生长速度缓慢，均匀度较差，料肉比较高，成本也就随之较高。

第二，选择鸭苗时也可以对其外观进行选择。挑选时需对以下几个部位进行观察：一是看眼睛，眼睛是否有神，能否正常地睁开。如果是父母代营养不好或孵化条件不好，技术不过关，鸭苗眼神可能暗淡无光。二是看嘴巴和四肢是否红润光滑。三是看肚脐，正常鸭苗的肚脐蛋白蛋黄吸收完好，肚脐是很干净的，没有蛋壳和粪便粘在上面。四是看爪，正常孵化的鸭苗的四肢很鲜艳，无脱水的现象。

（编撰人：胡美伶；审核人：罗　文，冯　敏）

146. 雏鸭饲养方式有哪些?

雏鸭的育雏方式一般有3种方式，即地面育雏、网上育雏和立体笼育雏。

（1）地面育雏是指直接将雏鸭饲养在铺盖垫料的地面上，通过煤炉或红外线灯泡等加热方法升高育雏室内的温度，这种方法简单，容易操作，但房屋的利用率低，还需要及时更换湿润的垫料，雏鸭直接与粪便接触，羽毛较脏，易感染疾病。

（2）网上育雏是指在育雏舍内距离地面50厘米左右高的地方设置网面或者木栅条，将雏鸭饲养在网上，粪便从网眼或栅条的缝隙经过雏鸭的踩踏落到地面上。这种方式雏鸭不与地面接触，降低了感染疾病的概率，节约了大量垫料，但是一次性投资较大。

（3）立体笼育是指将雏鸭饲养在特制的多层金属笼或毛竹笼内，与其他方式相比这种育雏方式更能有效地利用房屋和热量，既有网上育雏的优点，还可以提高劳动效率，但是投资较大。目前商品肉鸭大多采用网上育雏或立体笼育的育雏方式，而肉用种鸭则一般采用地面育雏或网上育雏的育雏方式。

地面育雏

网上育雏

★百度图片，网址链接:
http://www.dlliyuan.com
http://www.qnong.com.cn/news/shipin/10929.html

（编撰人：王芷筠；审核人：罗　文，冯　敏）

147. 怎样做好进雏鸭前的准备工作?

雏鸭最好能在出生后24小时内，最迟不应超过36小时到达育雏室。进雏鸭前需要做好准备工作，首先要把育雏室准备好，一般地面平养时按每平方米饲养20～25只来准备育雏室。育雏室要求保温良好，环境安静，同时需要进行全面的消毒工作。其次要准备好育雏用具等设备，而且要准备好人员，配备好管理人员和经验丰富的饲养员，并制定好切实可行的有关育雏技术措施。最后要进行预温，育雏室的温度在30～32℃时，才能进雏鸭，因此在雏鸭进舍前24小时必须对育雏舍进行预升温，尤其是寒冷季节，温度升高比较慢，育雏舍的预升温时间更应提前，实时对温度进行监控。

散养雏鸭

★传道网，网址链接：http://www.xxnmcd.com/a/20150520/88805_2.html

（编撰人：胡博文；审核人：罗　文，黎镇晖）

148. 进雏鸭前要做哪些准备工作？

（1）清理鸭舍内卫生。在雏鸭进入鸭舍前，应彻底清理鸭舍内的全部设备和用具，清除鸭舍内外包括通气孔、工作区、贮藏室等的灰尘和粪池粪便；清扫料槽、料盘，清洗水池和饮水系统；集中人力清理所有垫料，旧垫料应远离鸭舍，进行无害化处理。

（2）净化鸭舍内所有设备。对鸭舍内所有的设备用具进行浸泡、冲洗。对洗净的用具进行消毒处理，晾干后保存在消毒过的干净处，妥善保管。用高压水枪冲洗鸭舍内的各种管道、通气孔、顶棚、固定设备、墙壁，清扫地板。清洗和消毒供水系统，防止污物污染水池。放回清扫干净的设备，舍内喷洒消毒剂，全面消毒。地板可以用生石灰消毒，使鸭舍彻底干燥，禁止工作人员进入。清洗鸭舍周围水泥地面，保持环境整洁，入鸭舍口处放置消毒池和消毒液。

（3）雏鸭抵达前育雏舍的准备。清理完育雏舍后，向育雏室地面撒生石灰用以吸干地面的潮气。育雏鸭舍的消毒一般采用福尔马林高锰酸钾熏蒸消毒法。若急需使用育雏室时，可采用氨气（NH_3）熏蒸法。

在雏鸭进入育雏舍前，育雏舍应保持空气新鲜，若室内存在异味或甲醛气味时，可加大通风量。加热使育雏舍温度达到31～33℃。将清洗干净的饮水器装好水，提前放入育雏室，以便水温与室温一致。料盘应提前清洗好，雏鸭饲料也应提前运至鸭舍内备用。

雏鸭舍的清洁

雏鸭舍的通风

★鸡病专业网，网址链接：http://bbs.jbzyw.com/thread-156860-1-1.html
★环球经贸网，网址链接：http://image1.nowec.com/2013/1/20/zhengxingwenshi/2/13-1637034-7014152.jpg

（编撰人：胡美伶；审核人：罗　文，冯　敏）

149. 怎样挑选健康雏鸭?

在挑选雏鸭时，可以听雏鸭的声音。健康的雏鸭叫声响亮、清脆，呼吸正常，质量稍差的雏鸭则鸣叫声不响亮；健康的雏群应该是鸭群大小相差不大，雏鸭个体应均匀一致，同时健康的雏群应是雏鸭的颜色一致，整体呈现出黄色的为上等雏群。

在挑选雏鸭时，可以把雏鸭从雏盒里随意拿出几只放在鸭铺上，健康的雏鸭应是机警伶俐、健壮并活泼好动。然后再单独看雏鸭，健康雏鸭腹部松软、脐部愈合良好，无黑脐，脐孔闭合，无大肚子等不良现象。健康雏鸭腿部呈黄色且丰满，跗关节无发红现象。如雏鸭腿部呈白色并且无光泽，则肯定为病雏。如雏鸭有脱水情况，则雏鸭爪部会出现血管凸出、皮肤无光泽现象。正常雏鸭爪部温度应不低于鸭体温度，可将雏鸭放于手背或后颈处感觉温度的方法来挑选健康雏鸭。

（编撰人：胡博文；审核人：罗　文，黎镇晖）

150. 怎样辨别雌雄雏鸭?

（1）肛门鉴别法。肛门鉴别法是几种方法最常用的，准确率也较高，依操作手法的不同可分为以下几种。①翻肛法，轻轻翻开泄殖腔如在泄殖腔下方见到细小凸起的即为雄雏鸭，若无此小凸起状的即为雌雏鸭。②捏肛法，捏住肛门两侧轻轻揉搓，如果感觉有芝麻粒或米粒似的小凸起即为雄雏鸭，否则为雌雏鸭。③顶肛法，把中指放在泄殖腔外部轻轻往上顶，如果感觉有芝麻粒大小颗粒即为雄雏鸭，否则为雌雏鸭。

（2）鸣管鉴别法。用右手托住小鸭，左手大拇指压住颈后部，并用左手食指将小鸭的头抬起，使头在上下移动时，右手的食指可以触摸到一个稍微能活动的绿豆大小的小凸起即为雄雏鸭，无此结构的则为雌雏鸭。

（3）外观鉴别法。可以从头上看出来，头大、身体圆、尾巴尖的一般是公鸭；头小、身体扁、尾巴散开的一般是母鸭。

（编撰人：胡博文；审核人：罗　文，黎镇晖）

151. 怎样做好雏鸭的第一次饮水和饲喂?

掌握好雏鸭饮水与开食的方法技巧，对养好雏鸭，提高成活率至关重要。首先要适时开水、适时开食，刚孵出的雏鸭，一般在雏鸭出壳后24～26小时饮水。饮水过迟对雏鸭生长发育不利。集约化养鸭场给雏鸭饮水，多采用饮水器或浅水盆，并添加0.02%抗生素或多种维生素水，可防止雏鸭肠道疾病和补充维生素。

第一次给雏鸭喂食，通常在第一次饮水后15分钟左右进行。如果气温较高，雏鸭精神活泼并有求食的表现时，也可以在开水后接着开食。只要在开食时，每只雏鸭都能吃进饲料，以后就比较好饲养了。开食方法：饲喂时可在地上放块塑料布，在上面均匀地撒上饲料，可在饲料中添加些葡萄糖，宜于雏鸭吞食和消化。对于不吃食的雏鸭，应用滴管或注射针筒吸葡萄糖水单独饲喂。

雏鸭饮水

雏鸭群饮水

★八路创业网，网址链接：http://www.8658.cn/nccy/489191.shtml
★中国鸡蛋网，网址链接：http://www.cnjidan.com/news/762555/

（编撰人：胡博文；审核人：罗　文，黎镇晖）

152. 肉鸭育雏的饲养管理要点有哪些?

（1）饮水和开食。培育雏鸭要掌握“早饮水、早开食、先饮水、后开食”

的原则，先饮水后开食，有利于雏鸭的胃肠消毒，减少肠道疾病。

（2）主要掌握好育雏期的温度、湿度、光照、通风换气、饲养密度等。

①温度。昼夜24小时的温度均匀一致，上下波动不超过2℃，切忌忽高忽低。一般地讲，接雏时鸭舍温度为30℃，以后均匀下降，每2～3天降1℃，直至20℃，恒温到出栏。

②湿度。育雏前期室温较高，水分蒸发快，此时相对湿度要高些。

③光照。一般出壳后2～3天，采用24小时连续光照，使其在明亮的光线下熟悉环境，增加运动，尽早饮水、开食。3天以后，每天光照23小时，黑暗1小时，至第2周结束。也可采用自然光照，即3日龄后利用白天的自然光照明，早晚适当开灯喂料。1～2周龄时，每20平方米15～30瓦光照，灯泡分布均匀，经常擦去灯泡表面的饲料粉尘，保证光照强度。

④通风换气。目的是排除舍内污浊空气，换入新鲜空气，并以此调节室内的温度和湿度。

⑤饲养密度。在一定范围内所饲养肉鸭的只数，控制饲养密度也是重要的一环。

（编撰人：凡秀清；审核人：罗　文，黎镇晖）

153. 为什么应及时为雏鸭提供清洁饮水？

雏鸭在出生后自身体表和体内的水分损失较快，容易造成缺水。所以饲养雏鸭应先饮水，后喂料。由于路途远，运距长，会导致雏鸭体内缺水，如果先喂饲料，将加重体内缺水。而且在采食后饮水，将会拼命喝水，容易造成饮水过量而死亡。供水的时间依天气和运输时间而定。雏鸭一般在出壳12～24小时后即可饮水。雏鸭一边饮水，一边嬉戏，在受到水的刺激后，雏鸭生理上处于兴奋状态，促进新陈代谢，促使胎粪的排泄，有利于开食和生长发育。

雏鸭的饮用水必须清洁卫生，无污染，水温应与室温一致，符合国家畜禽饮用水标准。对于使用的水源要定期进行监测，测定大肠杆菌指数和含菌量，按卫生规定，大肠杆菌指数每1 000毫升水中不能大于3，每1 000毫升水中含菌量不能超过100个。另外，水中矿物质的含量应符合饮用水的标准。应避免让雏鸭饮用池塘污水或其他不洁净的水。

（编撰人：胡博文；审核人：罗　文，黎镇晖）

154. 应采取何种方法饲喂雏鸭?

在饲喂0～7日龄阶段的雏鸭时，应饲喂经破碎工艺生产的颗粒饲料。在饲喂8日龄以后的雏鸭时，宜选用直径为2～3毫米的颗粒饲料。雏鸭一般采用自由采食方式饲喂，因为雏鸭具有自我调节采食量的能力，不会过量采食。只有在长期缺水断料情况下，突然给雏鸭先提供饲料，后提供饮水，雏鸭可能因为采食后过量饮水而造成消化不良死亡。

给雏鸭定期饲喂的原则是少给勤添。雏鸭在1～14日龄阶段若采用定期饲喂方式饲喂粉料，每天应最少喂6次，3周龄以后可减少到5次。随着雏鸭生长发育，运动量增加，采食量提高，饲喂量应相对同步增加。若饲喂粉料，应将饲料拌湿饲喂，随拌随喂。拌湿后的饲料不应放置，以防止饲料发霉变质。

（编撰人：胡博文；审核人：罗　文，黎镇晖）

155. 雏鸭的培育方式有哪几种?

雏鸭的培育方式主要有地面育雏、网上育雏和塑料大棚育雏3种。

（1）地面育雏。这是使用最久、最普遍的一种方式。雏鸭直接放在育雏舍的地面上，地面铺垫清洁干燥的稻草（需切短）或木屑，雏龄越小垫草越厚（初生雏第一次垫料厚6～8厘米），使雏鸭熟睡时不受凉，且有保温作用，但在饮水和采食区不垫料。这种育雏方式，设备简单，投资省，利于积肥，无论条件好坏，均可采用。

（2）网上育雏。其最大特点是环境卫生条件好，雏鸭不与粪便接触，感染疾病的机会少；不用垫料，节省劳力；温度比地面稍高，容易满足雏鸭对温度的要求，可节约燃料，而且成活率较高。缺点是一次性投资比较大。

（3）塑料大棚育雏。它是结合应用塑料大棚饲养肉鸭而采取的育雏方式，其具体方法是在大棚内用塑料薄膜隔出一部分空间用来育雏，优点是容易保温，不需专门设置育雏室，投资少，成本低，易于管理，成活率高。

除上述3种育雏方式外，还有将地面育雏与网上育雏结合起来，称为混合式。其做法是将育雏舍地面分为两部分：一部分是高出地面或将地面挖深的网床；另一部分是铺垫料的地面。这两部分之间有水泥坡面连接。饮水器放在网上，可使鸭舍内垫草保持干燥。

地面育雏

网养育雏

★铜梁在线，网址链接：http://www.023tl.ccoo.cn/news/local/2517773.html? jdfwkey=ewdib2
★盐城华得来农膜有限公司，网址链接：http://m.hdlnm.com/_ChanPinZhongXin_v30.aspx

（编撰人：胡美伶；审核人：罗　文，冯　敏）

156. 鸭育雏对温度有什么要求?

育雏成败的关键是温度控制。雏鸭的各生理系统发育还不健全，体温调节能力差，既怕热又怕冷。因此，育雏室需做到环境安静、保温良好。

进雏前鸭舍需提前进行预温，防止鸭雏进舍时出现温度不达标的情况，进雏首日温度应控制在33～35℃，此后调节可按每天降0.5℃进行，也可3～5天调温一次，每次2～3℃。严格调节舍内温度，始终保持舍内（育雏段）前后温度基本一致，必要时可开风机进行拉动调节，以保持供热平衡。

地面平养雏鸭舍

网养雏鸭舍

★黔农网，网址链接：http://www.qnong.com.cn/yangzhi/yangya/1571.html
★学习啦，网址链接：http://www.xuexila.com/aihao/siyang/2652320.html

在炎热情况下，育雏温度可以适当低于标准。在寒冷的情况下，育雏温度可以适当高于标准。两周内侧重于保温，两周后侧重于通风换气。当外界温度低时，尤其是阴雨（雪）天气时，育雏舍内的温度要高一些；当外界温度高时，育雏舍的温度要低一些；雏鸭体质弱的温度要高一些，体质好的温度可适当低一些。

饲养实践证明，育雏的头3天采用高温育雏，温度34～35℃，这样有利于卵黄的吸收，减少雏鸭白痢病的发生。1周后每周温度下降2～3℃，到第四周降到21～24℃。温度不降或降得太慢不利于羽毛的生长，降温速度太快也不行，小鸭不适应，生长减缓，死亡增加。

（编撰人：胡美伶；审核人：罗　文，冯　敏）

157. 鸭育雏对饲养密度有什么要求?

育雏密度是指每平方米面积饲养鸭的数量。因鸭的品种、周龄、季节、性别、饲养方式和通风条件不一样，饲养密度存在较大差别。鸭育雏期的适宜饲养密度以雏鸭活动互不影响，能够自由采食、自由饮水、自由活动，并有足够的运动空间为准则。饲养密度应随雏鸭日龄的增长而不断进行调整，一般平养的饲养密度为：1周龄每平方米15～20只，2周龄每平方米为10～12只，3周龄每平方米为7～10只。

以北京鸭和麻鸭为例：北京鸭系列的肉鸭品种，生长速度快、体型大，饲养密度较小，而我国的麻鸭品种体型小，饲养密度相对较大。地面平养的大体型北京鸭在育雏期的适宜饲养密度在第1～2周龄阶段为每平方米15～20只，第3～4周龄为每平方米7～10只，第5～6周龄为每平方米3～5只。育雏期麻鸭进行地面平养时的适宜饲养密度在第1～2周龄时为每平方米25～30只，第3～4周龄为每平方米15～20只，第5～6周龄为每平方米10～12只。密度过大，鸭舍内的空气相对污浊，地面潮湿，空气中氨气、二氧化碳、硫化氢气体浓度大，影响雏鸭的生长发育，并容易诱发鸭群发生大肠杆菌病、浆膜炎等传染病，不利于鸭群健康；密度过小，鸭舍建筑的利用率降低，饲养成本增加。网上平养育雏的饲养密度可比地面平养时提高6%～20%。

（编撰人：胡美伶；审核人：罗　文，冯　敏）

158. 运输雏鸭应注意哪些问题?

雏鸭对较差的外界环境的对抗能力较差，运输时，应尽量在其出壳后36小时运到育雏室；如果是远距离运输，时间也应不超过48小时。运输过程应注意如下几方面。

（1）天气良好，清晨或傍晚比较适合运输雏鸭。恶劣天气容易影响雏鸭健康及存活率。

（2）安排专门的运输车辆及运输笼具。笼具不得有变形且周围有通气孔，底部较软且平。笼具数量要与综合运输雏鸭的数量、季节、气候等因素相配，留有一定的空间，做到空气流通。

（3）选择健康，举止活泼的雏鸭。

（4）做好防疫工作。运输车辆和笼具要做好清洁和消毒。运输途中避开疫区。

（5）运输途中及时观察雏鸭的精神状态和异常反应，采取相应的紧急技术措施。

（6）及时供水喂食。雏鸭一到目的地直接到育苗场地，不在目的地过多停留。到达育雏室休息片刻后饮水，雏鸭活动2～4小时后可以喂食。

运输车

★中国制造交易网，网址链接：http://www.c-c.com/c5107/view-50879090.html

（编撰人：周良慧；审核人：黎镇晖，冯　敏）

159. 肉鸭有哪些生活习性?

（1）喜水、合群鸭喜欢在水中寻食，嬉戏，求偶交配，且合群性强，适于放牧饲养或圈养。

（2）喜欢杂食鸭的嗅觉、味觉不发达，对饲料的味道要求不高。无论精饲料粗饲料或青饲料，还是昆虫、蚯蚓、鱼虾等都可作为鸭的饲料。可以充分利用江河、湖泊、水塘等天然牧地养鸭。

（3）耐寒性强，在较好的饲养条件下，即使冬春季节气温较低时，也不影响产蛋和增重；但耐热性较差，夏季开始不久就逐步换羽停产。

（4）生活有规律鸭的反应灵敏，容易接受训练和调教。一天之中的放牧、觅食、嬉水、休息、交配和产蛋等都可以形成一定的时间规律。这种规律，一经形成就不易改变。放牧时，上午一般以觅食为主，间以嬉水和休息；中午一般以嬉水、休息为主，稍事觅食；下午则以休息为主，间以嬉水和觅食。交配活动多在早晨和黄昏嬉水时进行。产蛋活动则集中在下半夜进行，产蛋旺季一般在春季，夏季则开始换羽，逐步停产。

（5）无就巢性鸭经过人类的长期驯化、选育，已丧失了就巢的本能，因此无孵化能力，需要实行人工孵化和育雏。

（编撰人：郎倩倩；审核人：罗　文，冯　敏）

160. 什么是肉鸭网上平养技术?

肉鸭网上平养是指从雏鸭出壳到出栏（40～60日龄）全程在舍内网床上育肥的饲养方式，这种饲养方法不受季节影响，易管理、技术简单、省工省料，肉鸭生长快，育肥性能好，饲养周期短、投资少、劳动强度小、收益大。

（1）选择适宜地点，搭建合理规范的鸭舍。以建双列式鸭舍为宜，棚舍宜建成拱棚。舍内净道两边设置网床，网床上料筒，在网床内侧用PC管设水槽，网床分为多个养殖单元，以15～20平方米为一个养殖单元。

（2）选择适宜网养的肉鸭品种。选择性情温驯，适应性强，喜合群，好安静，生长速度快，育肥性能好，屠宰率高，肉嫩味美，以及在产蛋前免疫接种过鸭瘟、禽霍乱、禽流感、病毒性肝炎等疫苗的种母鸭生产的雏鸭。

（3）创造良好的环境条件。保证肉鸭生长所需的适宜温度、湿度、光照及饲养密度。

（4）合理的饲喂方法和良好的管理。雏鸭出壳后24小时内供给5%的葡萄糖水，等到全部喝上水后开始训练采食，喂料做到少喂勤添；保持环境清洁卫生，网床上的粪便，每天清除，网床下的粪便2～5天清除 1 次。

（5）加强疫病防治。合理选择消毒剂，定期消毒。结合当地疫情情况，按免疫程序接种疫苗。一旦发病，及时诊断，有效治疗。

（6）全进全出，适时出栏。每栋鸭舍要饲养同一日龄的肉鸭，在网上饲养37～40天，体重达2～3.5千克时全部出栏。

鸭舍

★360图片，网址链接：
http://p1.so.qhmsg.com/bdr/200_200_/t0115291707b32952b6.jpg
http://course.cau-edu.net.cn/course/Z0381/ch10/se01/slide/images/05.gif

（编撰人：郎倩倩；审核人：罗　文，冯　敏）

161. 常用哪些指标衡量肉鸭的生产性能?

衡量肉鸭的生产性能指标主要有活体重、饲料转化效率（料重比）、屠体重、半净膛重、全净膛重、屠宰率、胸肌率、腿肌率、成活率等。

（1）活体重。肉鸭在屠宰前禁食12小时后的体重。

（2）饲料转化效率。包括料肉比和肉料比两方面的概念。料肉比是单位体增重G（千克）的耗料量F（千克），即：F/G。肉料比是单位饲料消耗量F（千克）所增加的体重G（千克），即：G/F。

（3）屠体重。肉鸭放血去羽毛后的重量（湿拔法须沥干）。

（4）半净膛重。屠体去气管、食道、嗉囊、肠、脾、胰和生殖器官，留心、肝（去胆）、肺、肾、腺胃、肌胃（除去内容物及角质膜）和腹脂的重量。

（5）全净膛重。半净膛胴体去除心、肝、腺胃、肌胃、腹脂，保留头、脚的重量。

（6）肉鸭常用的屠宰率指标的计算方法如下。

屠宰率（%）=屠体重/活重×100

半净膛率（%）=半净膛重/活重×100

全净膛率（%）=全净膛重/活重×100

胸肌率（%）=胸肌重/全净膛重×100

腿肌率（%）=大小腿肌重/全净膛重×100

鸭的屠宰

★360图片，网址链接：
http://img65.foodjx.com/9/20150706/635717891789136391380.jpg
http://p0.so.qhimgs1.com/bdr/200_200_/t01ddfeb23578bf4bb4.jpg

（编撰人：郎倩倩；审核人：罗　文，冯　敏）

162. 影响肉鸭生产性能的主要因素有哪些?

（1）品种。不同品种的肉鸭，生长速度、饲料转化率、抗病能力、死亡率等存在较大差异。

（2）饲料。确定饲养的肉鸭品种后，肉鸭的生产性能主要取决于饲料品质与营养水平。肉鸭饲料中所含有的代谢能、蛋白质、氨基酸、钙、磷、维生素、微量元素等指标应满足肉鸭的营养需要量。

（3）性别。不同性别的肉鸭生长发育速度不同。在出壳后的1～2周内，公鸭体重生长和母鸭比差异较小，随后公鸭生长速度加快。母鸭沉积脂肪的能力高于公鸭，饲料转化效率低于公鸭。

（4）环境温度。高温导致肉鸭采食量下降、活动量降低、生长发育受阻，热应激甚至可导致疾病和死亡；环境温度低，肉鸭采食量增加，饲料转化效率下降。不同生理阶段肉鸭的适宜温度存在差异，刚出壳的雏鸭需要31℃以上的高温。生长肥育肉鸭的适宜温度在10～22℃。

（5）饲养密度。饲养密度大，鸭舍内的空气容易污浊，易造成肉鸭呼吸道黏膜损伤，增加鸭群发生大肠杆菌和浆膜炎的概率，会降低肉鸭的运动量、采食量、生长速度，导致伤残、死亡。

肉鸭

肉鸭群

★360图片，网址链接：
http://img2.taojindi.com/pho/M/20131124/22405323.jpg
http://p1.so.qhimgs1.com/bdr/200_200_/t010d5aac08e20f3f41.jpg

（编撰人：郎倩倩；审核人：罗　文，冯　敏）

163. 如何提高肉鸭种蛋孵化率？

（1）加强种鸭饲养管理，改善种鸭健康状态，提高种蛋的品质。供给种鸭全价配合饲料，严格按照种鸭的饲养标准进行饲养，保证其营养充足。重视疾病防治，严格履行防疫程序，防止疾病发生。

（2）严格种蛋的选择、保存、运输与消毒。种蛋应选自生产性能高、无经蛋传播的疾病、受精率高、营养供给充足、管理良好的种禽群；种蛋应保存在专用的库房里，其要求是：隔热性能好（防冻、防热），清洁卫生，空气新鲜，无异味，防尘沙，杜绝蚊蝇和老鼠，避免阳光直射和穿堂风直接吹到种蛋上。蛋库还应另设隔间，以便于种蛋的接收、清点、分级、装箱等；种蛋运输时，注意使其钝端向上，包装完好，做到轻搬轻放；种蛋消毒是提高种蛋品质的有效措施，因此，一要及时捡蛋，每天捡蛋4～6次，二是及时对种蛋进行消毒。

（3）创造适宜的孵化条件。提供适宜的温度、湿度、通风、翻蛋、凉蛋、照蛋、移盘和卫生等孵化条件，以获得高孵化率的雏鸭。

（编撰人：郎倩倩；审核人：罗　文，冯　敏）

164. 肉鸭饲养中怎样应用垫料?

肉鸭养殖中，垫料一般以优质的稻壳、麦草为主，要求松软、干净、无霉变。夏季养鸭可垫水洗沙，最好不用土、锯末等作垫料。垫料要及时添加与更换，保证舍内舒适，利于肉鸭的生长。饲养方式可采用地面垫料饲养或网上棚架饲养。垫料饲养投资少，简单易行。垫料应选择吸水性好的稻壳、刨花为最好；其次也可选用破碎的花生壳、麦秸、麦穰等，厚度以6～8厘米为宜，运动场地可选择干净新鲜的河沙铺垫。舍内垫料要求清洁干燥无霉变，吸湿性强。网上棚架饲养一般在舍内用竹条或木条做成漏缝地板，上面铺以网眼缝隙为1.3厘米的弹性塑料网。

鸭舍垫料

★360图片，网址链接：http://upload.chinapet.com/forum/201412/03/133738tibvi8mw980v2vd1.jpg

另外，发酵床养殖是发展生态养殖重点推广的一项养殖技术。根据微生物发酵原理，在舍内铺设稻壳、锯木、微生物发酵剂等混合成一定比例的垫料，通过微生物的发酵、降解，实现粪污的无害化处理。南方的一些养鸭场开始应用网上与发酵床养殖相结合的养殖方式，可以解决清粪后剩余部分产生的大量异味。

（编撰人：郎倩倩；审核人：罗　文，冯　敏）

165. 饲养肉鸭为何要坚决实行“全进全出”制度?

“全进全出”是指在同一栋鸭舍或在同一鸭场只饲养同一批次、同一日龄的肉鸭，同时进场、同时出栏的管理制度。“全进全出”分3个级别：一是在同一栋鸭舍内“全进全出”；二是在鸭场内的一个区域范围内实行“全进全出”；三是整个肉鸭场实行“全进全出”。

实行“全进全出”的好处主要表现在能有效控制鸭病，提高肉鸭的出栏率。全场肉鸭饲养实行“全进全出”，保证鸭群健康；同时便于饲养管理。整栋或整场都饲养相同日龄的肉鸭，雏鸭同时进场，温度控制、饲料配制与使用、免疫接种等工作都变得单一，容易操作。

（编撰人：胡博文；审核人：罗　文，黎镇晖）

166. 为什么饲养肉鸭要采用阶段饲养法?

根据肉鸭周龄和产蛋期分为若干阶段，不同阶段喂给含不同水平蛋白质、能量和钙的饲料，使饲养较为合理且节省了一部分蛋白质饲料，这种方法就叫阶段饲养。大致分为3个阶段，肉用种鸭的育雏期为0～4周龄，育成期为5～24周龄，产蛋期为25周龄直至淘汰。肉鸭育雏期间饲喂全价的配合饲料，用来保证营养充足；而在育成期要限制饲养，使其体重和性成熟协调发展，使其适时开产；产蛋期鸭的喂料量可以按不同品种的指导手册饲喂，但是最好用全价配合饲料或湿拌料。

（编撰人：胡博文；审核人：罗　文，黎镇晖）

167. 如何判断肉鸭育雏期的饲养密度?

育雏密度是指每平方米面积饲养鸭的数量。因鸭的品种、周龄、季节、性别、通风条件和饲养方式不同，饲养密度存在较大差异。

肉鸭饲养密度

★新浪网，网址链接：http://blog.sina.com.cn/suliaopingwang

鸭育雏期的适当饲养密度以雏鸭活动互不影响，能够自由采食、自由饮水、自由活动，并有充足的运动空间为原则。密度过大，鸭舍内的空气相对污浊，地面潮湿，空气中氨气、二氧化碳、硫化氢气体浓度大，影响雏鸭的生长发育，并容易诱发鸭群发生大肠杆菌病、浆膜炎等传染病，不利于鸭群健康。密度过小，鸭舍建筑的利用率降低，饲养成本增加。网上平养育雏的饲养密度可比地面平养时提高10%～20%。

（编撰人：胡博文；审核人：罗　文，黎镇晖）

168. 育雏期肉鸭在饲养管理过程中应注意哪些问题？

饲养管理主要掌握好育雏期的温度、湿度、光照、通风换气、饲养密度等。

（1）温度。雏鸭刚出壳时，绒毛稀短，不御寒；神经系统发育不健全，调节体温能力较差；胃肠容积小，采食量少，消化力弱，产热少，因此无法适应温差较大的外界环境，必须人为调节，给雏鸭创造一个适宜而稳定的温度环境。

（2）湿度。育雏前期室内温度较高，水分蒸发快，此时相对湿度要高些。若湿度过低则脚趾干瘪，精神不振，影响健康和生长。

（3）光照。太阳光能提高鸭的体表温度，增强血液循环，促进骨骼生长，并能增强食欲，刺激消化系统，有助于新陈代谢。若自然光照不足，可用人工光照弥补。

（4）通风换气。排除污浊空气，换进新鲜空气，并以此调节室内的温度和湿度。

（5）饲养密度。在一定范围内所饲养肉鸭的只数。密度越大，垫料越易潮湿，采食饮水不均匀，生长发育迟缓且个体大小不均匀；密度小虽饲养效果好，但设备利用率低，成本高。

雏鸭

★搜狐网，网址链接：http://www.sohu.com/a/106761200_119097
★淘图网，网址链接：http://www.taopic.com/tuku/201204/160208.html

（编撰人：胡博文；审核人：罗　文，黎镇晖）

169. 生长期肉鸭在饲养管理方面有哪些要求?

生长期肉鸭

★传道网，网址链接：http://www.xxnmcd.com/a/20140623/67818.html

（1）从第3周开始至第5周龄，肉鸭舍内适宜饲养密度将从每平方米10只减少到4只，室外运动场适宜密度为每平方米3只。

（2）肉鸭应分群饲养，群体大小以1 000～1 500只为宜。鸭舍宜用0.5米高的篱笆墙分隔，每栏面积200～300平方米。每栏提供15～20米长的饮水槽和足够的食槽，保证肉鸭能充分采食到饲料。鸭舍内地面和垫料要求干燥。垫草不能反复使用，以防止霉菌病和其他细菌病（大肠杆菌、浆膜炎等）发生；然后饲料类型及每日喂料量生长期肉鸭饲料可用颗粒料或粉料。

（3）最后应注意在现代肉鸭生产中，一般采用全日光照，即24小时光照。如果采用非全日光照，在鸭舍熄灯后，为防止肉鸭因外界干扰（如耗子跑动等）而惊群，可供给弱光照，这有利于肉鸭自由活动，自由采食，便于饲养管理和观察鸭群精神面貌。

（编撰人：胡博文；审核人：罗　文，黎镇晖）

170. 如何对育肥期肉鸭进行饲养管理?

应采用人工填饲法育肥鸭，比一般圈舍育肥法、放牧育肥法可缩短一半时间，经济效益十分显著。当鸭子的体重达到1.5～1.75千克时开始填肥，填肥期一般为2周左右。前期料中蛋白质含量高，粗纤维也略高；而后期料中粗蛋白质含量低，粗纤维略低，但能量却高于前期料。同时应注意填肥期的管理，填喂时动作要轻，每次填喂后适当放水活动，清洁鸭体，帮助消化，促进羽毛的生长；每隔2～3小时赶鸭子走动1次，以利于消化；舍内和运动场的地面要平整，防止鸭跌倒受伤；舍内保持干燥，夏天要注意防暑降温，在运动场院搭设凉棚遮阴，每天供给清洁的饮水；白天少填晚上多填，可让鸭在运动场上露宿；鸭群的密度为前期每平方米2.5～3只，后期每平方米2～2.5只；始终保持鸭舍环境安静，减少应激，闲人不得入内；一般经过2周左右填肥，体重在2.5千克以上便可出售上市。

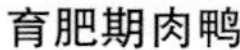
育肥期肉鸭

肉鸭

★中国鸡蛋网，网址链接：http://www.cnjidan.com/news/782452/
★农博数据网，网址链接：http://shuju.aweb.com.cn/breed/20120927/152854.html

（编撰人：胡博文；审核人：罗　文，冯　敏）

171. 放牧肉鸭时应注意哪些问题？

肉鸭放牧可充分利用牧草等资源，有效降低精饲料的使用量，降低饲养成本，提高鸭肉品质和养鸭效益。肉鸭放牧时的注意事项如下。

（1）天然牧草的季节性很强，不利于常年放牧养鸭。因此，养鸭户应根据季节变化和牧草资源情况，确定适宜的养鸭时间，包括育雏时间、放牧时间、补饲时间等。

放牧肉鸭

★360图片，网址链接：http://st.so.com/stu?a=siftview&imgkey=t01e647e6569e0fd058.jpg&fromurl=https://www.zhifujing.org/html/201609/44875.tml#i=0&pn=30&sn=0&id=51f48de94463f6392ac25aa227907821

（2）放牧应在不使用农药的稻田、草场进行，防止鸭在放牧过程中误食残留农药的牧草而中毒。在稻田和草地施药期间，禁止放牧，需经过一定时间的安全隔离期后，再下田放牧。

（3）在田间建造简易鸭舍时，应注意防止鼠类侵害及其他野生动物的乱入。

（4）在发生过鸭瘟或在患传染病鸭走过的地方，以及被矿物油和企业排放的有害污染物污染的水面、稻田，不能放牧，以确保肉鸭的健康和安全。

（5）在放牧饲养肉鸭的同时，应补饲营养丰富的配合饲料，以提高放牧肉鸭的生长速度，缩短饲养期。

（编撰人：蔡柏林；审核人：罗　文，冯　敏）

172. 放牧肉鸭什么季节育雏好？

“春季养鸭可赚钱，夏季养鸭可还本”。按育雏季节，放牧肉鸭可分为头水鸭、夏水鸭和秋水鸭3种。一般来说，以饲养头水鸭为好，夏水鸭次之，秋水鸭较差。

（1）头水鸭在清明至谷雨期间进行育雏。雏鸭出壳、舍饲约1周后，放牧进入翻耕后的绿肥田，可让其自由觅食田里的天然动物饲料。到达收获早稻时，蛋用型母鸭开始产蛋；公鸭到达上市体重；蛋肉兼用型鸭，可通过“双抢”及采食水稻收割时田间落谷和虫子，催肥上市。

（2）夏水鸭在只种一季稻的地方于小暑前后进行育雏，在种双季稻的地方则应提前至芒种到夏至期间。夏水鸭雏鸭出壳、舍饲几天后，可分别赶入早稻和一季稻田放牧，在收割后的稻田里采食落谷。同时，夏水鸭补料少，疾病和兽害较少，成活率高，饲养60天左右，体重可达1.5～2.0千克。

（3）秋水鸭是在立秋以后进行育雏。雏鸭可以在一季稻、双季稻田吃落谷和虫子。此后，可在塘坝、沙滩、沟渠等处进行放牧。母鸭至第二年开产。肉用及兼用鸭在采食稻田落谷后，可通过补饲催肥，年底即可上市。

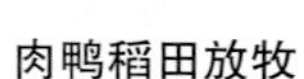

肉鸭稻田放牧　　　　肉鸭塘坝放牧

★360图片，网址链接：

http://st.so.com/stu？a=siftview&imgkey=t016f1300335627b5ef.jpg&fromurl=http://www.chinadaily.com.cn/qiye/201512/02/content_22611368.htm#i=0&pn=30&sn=1&id=e7bff114b6cdbd385cfabcb85ad81c76

http://st.so.com/stu？a=siftview&imgkey=t01e44d5326b3e8b63b.jpg&fromurl=http://www.9ye88.com/goods-37906451755.html#i=0&pn=30&sn=2&id=d5e9a8f16c912cc05a77263df22d2bc3

（编撰人：蔡柏林；审核人：罗　文，冯　敏）

173. 肉鸭饲养到什么时间出售最佳？

在正常的饲养管理条件下，肉鸭养到6～7周龄、体重到达3千克左右、羽毛基本长齐时即可上市。然而，肉鸭上市的价格常根据市场需求在不同的季节、不同的上市时间出现不同程度的波动。当肉鸭达到上市标准并且市场价格高于生产成本时，及时上市可以使肉鸭生产获得盈利，可取得一定客观的经济效益。在肉鸭的生产后期，饲料转化率已经开始逐渐降低，超过上市时间后的肉鸭饲料转化率会更低，多养一天就意味着多增加一天的生产成本。养殖户应在每批肉鸭达到上市标准前了解肉鸭市场信息，如远近市场的价格、需求的数量、运输的方式等，制订肉鸭出售的最佳方案，谋求最大的经济效益。

肉鸭出栏体型

肉鸭上市

★360图片，网址链接：
http://www.hui-chao.com/zx-cqjxbbcezxzqqznzqb.html
http://st.so.com/stu?a=siftview&imgkey=t01f7c85897247bea9f.jpg&fromurl=http://www.114piaowu.com/techan_chongqing_9129#i=0&pn=30&sn=0&id=71cfcc1ad33c81395c567fff6c05c452

（编撰人：蔡柏林；审核人：罗　文，冯　敏）

174. 出售肉鸭时应注意哪些事项？

一般而言，因饲养后期料肉比会增加，适时上市肉鸭一般在45日龄左右，体重2.5～3千克时出售最为经济科学。在肉鸭出售时，应注意上门捕捉时尽量减少刺激，避免造成肉鸭的过大应激影响肉鸭的销售甚至死亡。严密控制消毒防疫，避免在出售运输过程中，造成疾病的感染、传播。此外，肉鸭的生产建议采用“全进全出”的饲养制度，即在同一肉鸭养殖场同一规划舍内的同一时间内，只饲养同一日龄的雏鸭，经过一定的饲养周期，又在同一天（或大致相近的时间内）全部出栏。“全进全出”的饲养制度有利于防疫、有利于管理，可以避免养殖场过于集中给环境控制和废弃物处理带来负担。

肉鸭体重称量　　肉鸭出售运输

★360图片，网址链接：
http://st.so.com/stu?a=siftview&imgkey=t014959971d87433f0e.jpg&fromurl=http://luo.bo/23509/#i=0&pn=30&sn=2&id=6f6aa3dbf85f7b642f36b56640ce9484
http://st.so.com/stu?a=siftview&imgkey=t010de15809ed75b9fb.jpg&fromurl=http://bbs.cnncy.cn/ningbo/forum.php?mod=viewthread&tid=308285#i=0&pn=30&sn=2&id=ab3cf21cb40c0b3eded3080608948256

（编撰人：蔡柏林；审核人：罗　文，冯　敏）

175. 脂肪对肉鸭有何营养作用?

脂肪是肉鸭组织器官的重要成分，是体内贮存能量的最好形式。脂肪在动物体内氧化后可变成二氧化碳和水，放出热量。由脂肪所产生的热量约为等量的蛋白质或碳水化合物的2.2倍。饲料中的脂肪是肉鸭体内能量的重要来源。脂肪的导热性能差，所以皮下的脂肪组织构成是保护身体的隔离层，能防止体温的放散。此外，脂肪还可为动物储存“燃料”作为备用，吃进脂肪以后，一时消耗不完的部分可以存在体内，等身体需要热量时再利用。此外，饲料中添加脂肪可以提高日粮的代谢能含量，改善日粮的适口性，降低粉尘。脂肪是多种脂溶性维生素的溶剂，日粮中添加脂肪有利于溶解营养素，利于脂溶性维生素的吸收和利用，提高肉鸭的营养水平。

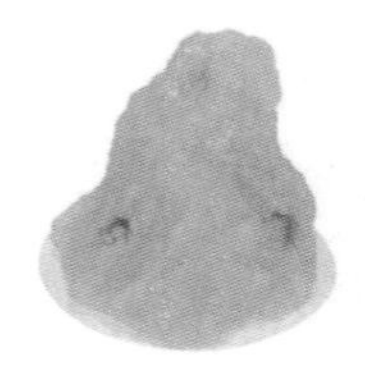
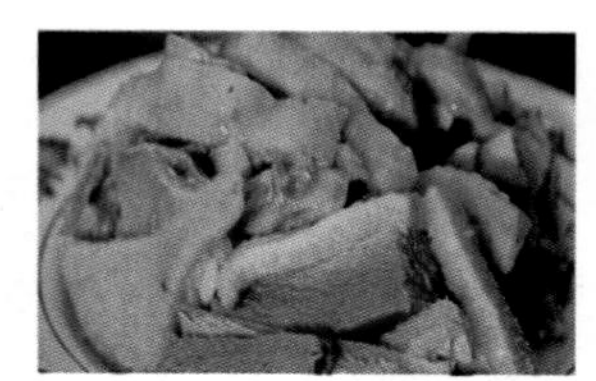

脂肪组织　　肉鸭皮脂

★360图片，网址链接：
http://st.so.com/stu?a=simview&imgkey=t0110bb214a1c7cc1d2.jpg&fromurl=&cut=0#sn=0&id=aeb9afeceabe11c330308604313c29c9
http://st.so.com/stu?a=simview&imgkey=t01fb4558bd37019027.jpg&fromurl=&cut=0#sn=29&id=03cc9ebb47cf9ad4526dedbd14d1efac

（编撰人：蔡柏林；审核人：罗　文，冯　敏）

176. 为什么说水对肉鸭十分重要?

水是鸭体内十分重要的必需营养素。雏鸭体内含水量75%～80%，成年鸭体内含水量60%～70%；饲料营养物质在肉鸭体内的消化，吸收、运输，利用及代谢产物的排出均依赖于水；鸭体内的一切生化反应均在水中进行，水参与动物体内全部生化反应过程；水维持鸭体内温度正常。总之鸭的一切生命活动依赖于水。鸭饮水频繁，喜欢戏水，吞咽食物时需要借助水。因此，养鸭不能断水。鸭饮水不足可导致采食量下降，生长减缓，严重时引发死亡。持续不断地供给肉鸭清洁饮水才能维持正常生长。严禁肉鸭饮用污染水。肉鸭的饮水量与年龄、饲养方式、采食量、饲料种类及季节变化等有关。肉鸭的饮水量一般为饲料采食量的5倍，夏季可达7～8倍。鸭饮用水必须清洁卫生，符合饮用水标准要求。严禁肉鸭在被农药、重金属或病原菌污染的水源地区放牧。

鸭戏水

鸭饮水

★360图片，网址链接：
http://news.wugu.com.cn/article/1251072.html
http://st.so.com/stu?a=simview&imgkey=t017acf3b3cd93a1369.jpg&fromurl=&cut=0#sn=43&id=ef48910f28f4107d60c7bd5f73585796

（编撰人：蔡柏林；审核人：罗　文，冯　敏）

177. 怎样对肉鸭进行育肥?

（1）品种选择。选择樱桃谷鸭、康贝尔鸭、上海白鸭、北京鸭、高邮鸭等耐寒性强、屠宰率高、育肥性能好的鸭。

（2）育肥时间。饲养到50～55日龄时开始育肥较为适宜，育肥期间要使用高能量、低蛋白的配合饲料。参考配方为玉米35%、面粉30%、米糠25%、高粱6.5%、贝壳粉2%、骨粉1%、食盐0.5%。

（3）饲养管理。限制肉鸭的活动或放牧时间，减少能量消耗，保持圈舍干燥卫生通风，注意保暖，冬季舍顶要加盖塑料薄膜。鸭舍光线要暗，使其少活动。

（4）栏养育肥。用竹篾隔成小栏，每栏容鸭2～3只。小栏面积不大于鸭体的2倍，高度为45～55厘米，以鸭能站立为宜。栏外设置饮水器和饲槽，让鸭伸出头吃食饮水。饲料供给要充足，白天喂3次，晚上喂1次。

（5）填饲育肥。将饲料用温水拌匀，做成长1～5厘米的条形，稍凉后人工填入。开始每天填喂3次，每次3～4条，以后逐渐增至每天填喂5～6次，每次5～8条。填喂后供足饮水，每天进行30分钟的水浴，以利消化。

肉鸭笼养

★360新闻搜索，网址链接：http://news.so.com/ns？rank=pdate&src=srp&q=％E7％AC％BC％E5％85％BB％E8％9B％8B％E9％B8％AD&pn=1

（编撰人：张梓豪；审核人：黎镇晖，冯　敏）

178. 养鹅有什么意义?

养鹅生产符合我国人口多耕地少、资源相对不足的国情。鹅是节粮型的食草动物，其粮转肉率居畜禽之首。我国冬闲田种草养鹅、水边养鹅水中养鱼、林地养鹅、果园养鹅、滩涂常年种草养鹅等，都是生态农业理论运用的典型模式，是实现农业可持续发展的必由之路。发展养鹅业，顺应我国发展节粮型畜牧业的大潮流，是优化畜种结构的重要内容，可以因地制宜家庭养鹅，充分利用自然环境条件和青饲料资源，采用农户分散饲养与专业户规模饲养相结合。

养鹅可以提高人们的生活质量，创造良好的经济效益。鹅全身都是宝，其产品档次高、经济价值高。鹅肉蛋白质含量高，脂肪含量低（且多为不饱和脂肪酸），属于美容保健食品。鹅掌、翅、肝、肠、血等均可加工成畅销食品。鹅羽绒制品轻、柔、便、暖，鹅羽毛可制成羽毛球、装饰品。鹅肥肝是鹅献给人类的一大珍品，肥肝细嫩鲜美，营养丰富，能滋补身体。

养鹅场地（蒋明雅 摄）

（编撰人：蒋明雅；审核人：罗　文，冯　敏）

179. 我国发展养鹅业有哪些优势?

（1）鹅品种资源丰富。我国已列入中国家禽品种志的鹅有12种，加上我国台湾的罗曼白鹅共13个，它们大中小俱全，白羽灰羽均有，分布在我国除西藏、青海、甘肃以外的广大地区。我国还从法国引进了著名肉用型品种莱茵鹅、肥肝专用品种朗德鹅。

（2）广大地区养鹅自然条件优越。我国大部分地区位于温带，气候温和湿润。我国江河纵横、湖泊众多、滩涂广大、草山草坡较多。我国13个鹅种的原产地养鹅历史悠久，牧草种植利用技术普及较好。

（3）养鹅具有成本优势。我国的鹅种如豁眼鹅、四川白鹅等的繁殖力高，用它们生产或作母本生产苗鹅成本较低，很有发展前景。养鹅是劳动密集型产业，我国劳动力成本较低。我国东北、山东、河南等地是玉米、大豆等养鹅饲料的主产区，长江流域及其以南地区则一年四季牧草生长旺盛，饲料原料丰富。

（4）我国是鹅产品消费大国。我国人民历来有消费鹅产品的习惯，特别是江苏、浙江、上海、安徽、四川、广东、广西及我国香港、澳门和台湾地区。

丰富的品种资源（蒋明雅 摄）

优越的养殖场地（蒋明雅 摄）

（编撰人：蒋明雅；审核人：罗　文，冯　敏）

180. 鹅有哪些生物学特性?

（1）喜水性。鹅为水禽，喜欢在水中戏耍、清洁羽毛、觅食和求偶交配，良好的水源是养好鹅的重要条件。

（2）草食性。喜食青草是鹅的天性。鹅开食可用嫩绿的菜叶，1周后可食青草，1月龄后可大量采食青草。

（3）合群性。家鹅由野雁驯化而来，雁喜群居和成群结队飞行，所以家鹅天性喜群居生活。

（4）警觉性。鹅的听觉敏锐，反应迅速，叫声响亮。特别在夜晚时，稍有响动就会全群高声鸣叫。长期以来，农家喜养鹅守夜看门。鹅的警觉性还表现为容易受惊吓、易惊群等，管理上应注意。

（5）耐寒性。鹅的羽绒厚密贴身，具有很强的隔热保温作用，可抵御严寒的侵袭。但鹅是怕热的动物，炎热夏季养鹅要注意防暑降温。

（6）节律性。鹅具有良好的条件反射能力，每日的生活表现出较明显的节奏性。

（7）抗逆性。鹅的适应性很强，世界各地几乎都有家鹅分布，其生活区域非常广泛。

（8）速生性。鹅生长周期最短为2～3个月。目前我国肉鹅70～80日龄出栏，狮头鹅56日龄体重可达4.5～5千克，莱茵鹅56日龄可达4.2千克。

（9）利用年限长。种鹅可以利用3～4年，这是鸡和鸭无法比的。

喜水性（蒋明雅 摄）

合群性（蒋明雅 摄）

（编撰人：蒋明雅；审核人：罗　文，冯　敏）

181. 家鹅与其野生祖先有何异同?

家鹅是由野生的鸿雁和灰雁驯化而来的。它们至今仍保持一定的野生特性，表现为十分耐寒、耐粗饲，性情较野，有一定飞翔能力，繁殖能力低且季节性很强。在外形上，两种起源的家鹅有比较明显的区别，头部和颈部尤其明显。起源于鸿雁的家鹅头部有瘤状凸起，公鹅较母鹅发达，颈较细、较长，呈弓形；起源于灰雁的家鹅头浑圆而无瘤状凸起，颈粗短而直。同时前者体形斜长，腹部大而下垂，前躯抬起与地面呈明显的角度；后者前躯与地面近似平行。

家鹅在许多方面具有不同于野生雁的特点，表现在成年体重普遍较重，丧失了飞行的能力。野生雁是灰色的，而最早驯养的鹅则是白色的。家鹅骨骼变得更大、更强壮，觅食、交配等本能也变得更为强烈。家鹅的繁殖能力比野生雁明显提高。野生雁一年换羽一次；而家鹅在10～11周开始自然换羽，并且以后每过6～7周就换羽一次。野生雁有较强的飞翔和适应环境的能力，每年可以根据季节气候的转变有规律地迁徙；而家鹅则丧失了这一特性，表现为对当地的环境条件有较强的依赖性。

鸿雁

灰雁

★红动中国，网址链接：http://sucai.redocn.com/dongwuzhiwu_4366968.html

（编撰人：蒋明雅；审核人：罗　文，冯　敏）

182. 鹅的品种如何分类？

鹅的品种众多，根据羽毛可分为白鹅和灰鹅2种；根据体重可分为大、中、小3型；根据经济用途可分为产肉、产蛋、产绒和产肥肝4类。

（1）鹅按羽毛颜色不同分为白鹅和灰鹅两大类。在我国北方以白鹅为主，南方灰白品种均有。国外鹅品种以灰鹅占多数。

（2）鹅的体重大小分大型、中型、小型3类。①小型品种鹅的公鹅体重为3.7～5.0千克，母鹅3.1～4.0千克，如我国的太湖鹅、乌棕鹅、豁眼鹅、籽鹅等。②中型品种鹅的公鹅体重为5.1～6.5千克，母鹅4.4～5.5千克，如我国的马岗鹅、浙东白鹅、皖西白鹅、溆浦鹅、四川白鹅、雁鹅、扬州鹅等，德国的莱茵鹅等。③大型品种鹅的公鹅体重为10～12千克，母鹅6～10千克，如我国的狮头鹅、法国的图鲁兹鹅、郎德鹅等。

（3）按照生产性能分为产肉、产蛋、产绒和产肥肝4类。

①产肉。我国大中型鹅中的生长速度快，肉质较好，均可作肉鹅。

②产蛋。我国产蛋量高的鹅种较多，其中有产蛋量最高的五龙鹅（豁眼鹅），还有籽鹅、扬州鹅、四川白鹅等。

③产绒。产绒以白鹅最好，我国主要有皖西白鹅、浙东白鹅和四川白鹅等。

④产肥肝。主要有法国的郎德鹅、图鲁兹鹅，匈牙利的玛加尔鹅，意大利的奥拉斯白鹅等。国内的狮头鹅、溆浦鹅等肥肝性能突出，但是目前国内尚没有经过肥肝生产性能的专门化选育。

白鹅和灰鹅

豁眼鹅（小型）　浙江白鹅（中型）　狮头鹅（大型）

大型、中型、小型3类鹅

★搜狐网，网址链接：http://www.sohu.com/a/195826316_727591

（编撰人：蒋明雅；审核人：罗　文，冯　敏）

183. 国外鹅的优良品种主要有哪些？

（1）莱茵鹅原产于德国莱茵河流域的莱茵州，该品种适应性强，食性广，产蛋量高。成年公鹅体重5～6千克，母鹅4.5～5千克。仔鹅8周龄体重可达4.2～4.3千克，高于我国所有中型鹅种。母鹅210～240日龄开产，年产蛋量50～60枚，蛋重150～190克。公母配比1∶5。受精率和孵化率均高。种鹅性成熟早，210日龄可配种。

（2）朗德鹅原产于法国西南部的朗德省，是由大型图卢兹鹅和体型较小的玛瑟布鹅杂交后，经长期的连续选育而成，是当今世界上最适于生产鹅肥肝的鹅种。成年公鹅体重7～8千克，母鹅6～7千克，8周龄时即达4～5千克。雏鹅成活率90%以上。育成鹅经过3周强制育肥，平均肝重750克以上。宰杀后，白条鹅通常重5千克以上。

（3）图卢兹鹅原产于法国西南部图卢兹镇。图卢兹鹅头袋与腹袋发达，羽色灰褐色，腹部红色，喙、胫、蹼呈橘红色，成年公鹅体重10～12千克，母鹅体重8～10千克，年产蛋20～30枚。

（4）匈牙利鹅广泛分布于多瑙河流域和玛加尔平原，是匈牙利肉鹅生产的主要品种和肥肝生产品种。成年公鹅体重6～7千克，母鹅5～6千克。仔鹅早期生长速度快，8周龄可达4千克以上。产蛋量35～50枚，蛋重160～190克。公母配比1∶3。受精率和孵化率中等。鹅肥肝重达500～600克，质量好。匈牙利鹅的羽绒质量很好，一般年可拔毛3次，产绒400～450克。

莱茵鹅

朗德鹅

★汇图网，网址链接：http://www.huitu.com/photo/show/20160730/181215108200.html

（编撰人：蒋明雅；审核人：罗　文，冯　敏）

184. 国内鹅品种主要有哪些？各有何生产性能？

国内鹅品种数量较多，各品种间差异较大，具体品种和生产性能如下。

（1）狮头鹅。成年公鹅体重10～20千克，母鹅体重9～10千克，最大可达13千克。

（2）皖西白鹅。成年公鹅体重为6.12千克，母鹅5.56千克。

（3）雁鹅。5～6月龄可达5千克以上，成年公鹅体重6.02千克，母鹅体重4.77千克。

（4）溆浦鹅。公鹅成年体重5.89千克，母鹅5.33千克。

（5）浙东白鹅。成年公鹅体重5 044克，母鹅3 985克。

（6）四川白鹅。成年公鹅体重4.4～5千克，母鹅4.3～4.9千克。

（7）太湖鹅。成年公鹅体重4.5千克左右，母鹅3.5千克。

（8）豁眼鹅。成年公鹅体重3.7～4.5千克，母鹅3.5～4.3千克。

（9）乌鬃鹅。成年公鹅体重3 420克，母鹅2 860克。

（10）酃县白鹅。成年公鹅体重4.25千克，母鹅4.1千克。

（11）长乐鹅。成年公鹅体重4.38千克，母鹅4.19千克。

（12）伊犁鹅。成年公鹅体重4.29千克，母鹅3.53千克。

（13）籽鹅。成年公鹅体重4.23千克，母鹅3.41千克。

（14）永康灰鹅。成年公鹅体重4.175千克，母鹅3.726千克。

（15）闽北白鹅。成年公鹅体重4千克，母鹅3.6千克；

（16）兴国灰鹅。成年公鹅体重6.8千克，母鹅4.5千克。

（17）广丰白翎鹅。成年公鹅体重4.2千克，母鹅3.7千克。

（18）丰城灰鹅。成年公鹅体重4.28千克，母鹅3.5千克。

（19）百子鹅。成年公鹅体重4.2千克，母鹅3.6千克。

（20）武冈铜鹅。成年公鹅体重5.24千克，母鹅4.41千克。

皖西白鹅（蒋明雅 摄）

马岗鹅（蒋明雅 摄）

（编撰人：蒋明雅；审核人：罗 文，冯 敏）

185. 国外养鹅有什么值得我们借鉴的地方？

（1）高度重视科学研究，种源产业是其主要产业，如法国克里莫集团的肉用型和肝用型鹅（莱茵鹅、朗德鹅），在东欧和我国占有巨大的市场份额。

（2）悠久的养鹅历史传统，法国具有生产、加工和消费鹅肥肝的悠久历史。匈牙利和以色列也是具有悠久的肥肝生产历史的国家。

（3）生产的高度专门化，如法国的鹅肥肝生产，在良种培育、饲料营养研究、疾病防治、饲养、孵化、填饲、屠宰加工、包装运输、配套机械设备、烹调食用技术等各个环节，均有雄厚的技术基础，各个环节达到了高度专门化的水平。

（4）有一定的区域布局、雄厚的技术力量和专门化的从业人员，如法国肥肝的生产、加工主要分布在其西南部地区，该地区的肥肝产量占其全国的80%以上。

（5）养鹅产业深加工水平高，食品安全性好，欧盟各国基本实现了产品可追溯性，普遍推行HACCP制度。并且深加工产品很丰富，如法国鹅肉就开发出罐头、香肠、火腿肠等产品，用肥肝加工的产品更有数百种。

法国朗德鹅场　　德国莱茵鹅场

★阿里巴巴，网址链接：https://club.1688.com/article/29222177.html

（编撰人：蒋明雅；审核人：罗　文，冯　敏）

186. 适合我国养殖的国外肉鹅品种有哪些?

国外主要的肉鹅品种有法国图卢兹鹅和朗德鹅、德国莱茵鹅和埃姆登鹅、丹麦丽佳鹅和意大利鹅等。目前我国还从国外引进了朗德鹅、埃姆登鹅和莱茵鹅等世界著名鹅种。

法国朗德鹅原产于法国朗德省，体型比国内的中型品种大一些，但比大型鹅小一点，是当前国外肥肝生产中最优秀的肝用品种。成年公鹅体重7～8千克，成年母鹅体重6～7千克。8周龄仔鹅活重可达4.5千克左右。肉用仔鹅经填肥后，活重达到10～11千克，肥肝重量达700～800克。埃姆登鹅原产于德国，是一个古老的大型鹅种之一。成年公鹅体重9～15千克，母鹅8～11千克。60日龄仔鹅体重3.5千克。肥育性能好，肉质佳，用于生产优质鹅油和肉。羽绒洁白丰厚，活体拔毛，羽绒产量高。莱茵鹅原产于德国莱茵河流域的莱茵州，是中等偏小的肉绒兼用鹅种。成年公鹅体重5～6千克，母鹅4.5～5千克。仔鹅8周龄活重可达4.2～4.3千克，料肉比为（2.5～3）：1，莱茵鹅能适应大群舍饲，是理想的肉用鹅种。

朗德鹅　　埃姆登鹅

★百度百科，网址链接：https://baike.baidu.com/item/埃姆登鹅/9936689?fr=aladdin

（编撰人：蒋明雅；审核人：罗　文，冯　敏）

187. 为什么说"鹅全身是宝"？

（1）鹅肉。从营养角度看，鹅肉中赖氨酸、丙氨酸含量比鸡肉高30%，组氨酸高70%。

（2）鹅油。必需脂肪酸占75.66%，接近植物油，而且熔点低，为26～34℃，容易吸收。

（3）鹅肥肝。鹅肥肝与普通鹅肝相比卵磷脂含量高4倍，酶的活性高3倍，脱氧核糖核酸、核糖核酸高1倍，重量大4～10倍。脂肪含量约占60%，其中必需脂肪酸占65%～68%。

（4）鹅血。全血中蛋白质含量在17%左右，是成本很低的人用抗癌辅助药物。

（5）鹅骨。有人脑所不可缺少的磷脂质、磷蛋白，还有防止老化作用的骨胶原、软骨素，以及多种氨基酸、维生素。

（6）鹅羽毛。鹅绒是优质的防寒保暖材料，不但轻软有弹性、保暖防寒，而且经久耐用、抗磨性能可达25年。鹅刀翎可以做羽毛球、装饰品。

（7）鹅裘皮。既有畜类皮板的特点，又有禽类羽绒的装饰特点，皮板细薄，质地柔软，绒毛膨松，洁白如雪，分量轻盈。

（8）鹅掌、翅、肫、肠是高档休闲食品的好原料。

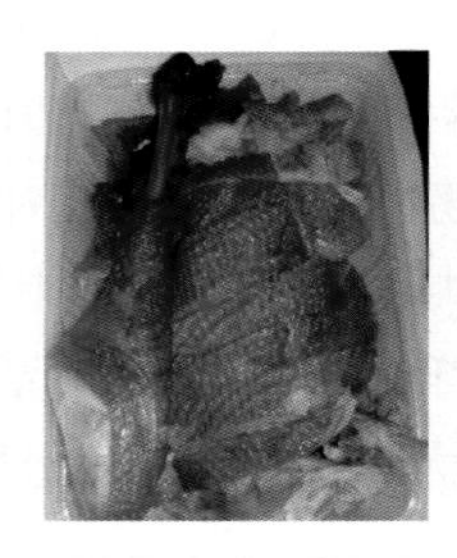

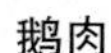

鹅肉

鹅掌

★昵图网，网址链接：http://www.nipic.com/show/1/55/4538168k97e6f11f.html

（编撰人：蒋明雅；审核人：罗　文，冯　敏）

188. 如何开发利用鹅的价值？

鹅全是都是宝，要开发利用好鹅的价值，取得良好的经济效益，关键是要综合利用鹅的各个部分，同时要加强鹅产品深加工技术的开发。

（1）鹅肉食品于2002年被联合国粮农组织列为21世纪重点发展的绿色食品之一。鹅肉脂肪含量较少，肉质比较细嫩，而且鹅脂肪中不饱和脂肪酸的含量比猪脂肪、牛脂肪、羊脂肪都高，因而对人体健康更为有利。

（2）鹅肥肝质地嫩滑，营养丰富，味道独特，有益于人体健康，是世界上上等的营养品之一。

（3）鹅蛋含有丰富的蛋白质、脂肪、矿物质和维生素，且都很容易被人体吸收利用。特别是含有较多的卵磷脂，对人的脑及神经组织的发育有重要作用。

（4）鹅掌、翅、头颈、肫可以分割包装销往宾馆饭店，也可以加工成各种小包装的休闲美食；鹅肠、血、翅、掌、肫是火锅店常用的高级原料。

（5）鹅羽绒是纺织工业的重要原料；鹅的翅膀上10根左右羽轴笔直的刀翎，是生产羽毛球的最好材料，弯刀毛是生产各种装饰品的原料，片羽也可以用作一般填充料。

（6）鹅油、鹅胆、鹅血是食品工业、医药工业的主要原料。鹅油是很好的食用油之一，不饱和脂肪酸含量很高，具有保健功能，它同时是美容护肤产品的生产原料。鹅油可治手足皲裂。鹅胆味苦，性寒，能解热、止咳。在国外，鹅血主要用于香肠加工，鹅的血液是生物制药的宝贵材料，含有丰富的抗癌物质，可提取抗癌药物。

（7）鹅皮可以用来做鹅绒裘皮，鹅绒裘皮轻柔耐磨，防水防潮，保暖美观。

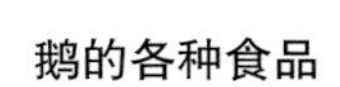
鹅的各种食品　　鹅的生物制药品

★慧聪食品工业网，网址链接：http://info.food.hc360.com/2012/03/s161515631211-2.shtml

（编撰人：蒋明雅；审核人：罗　文，冯　敏）

189. 什么是肥肝?

鹅肥肝在国内是一种新型的家禽产品，是指达到一定日龄、体格良好的仔鹅，通过在短时期内，人工强制填饲大量高能量饲料——玉米，使其快速育肥，并在肝脏中大量积贮脂肪，而形成的一种比正常鹅肝大7～8倍，甚至10倍以上，特大的脂肪肝。一般用于生产肥肝的鹅在正常饲养情况下，其肝约重100克，而经过填饲育肥后的鹅肝可重700多克，填好的可达800～900克，甚至高达1 800克。这样巨大的鹅肝是由于鹅肥肝中沉积了大量的脂肪，因此在重量及其他理化性质方面，都和正常的鹅肝有很大的差异，所以鹅肥肝和鹅肝二者不能混为一谈。鹅肥肝被认为是世界三大美味之一的珍馐，口感细嫩，香味独特，营养丰富，含有大量人体不可缺少的不饱和脂肪酸和多种维生素，被誉为“世界绿色食品之王”。

鹅肝料理

★360图片，网址链接：
http://image.so.com/v? q=%E8%82%A5%E8%82%9D&src=srp&correct=%E8%82%A5%E8%82%9D&cmsid=11bffc94fe06c51660c57a3cee2e8c84&cmran=0&cmras=0&cn=0&gn=0&kn=0#multiple=0&gsrc=1&dataindex=55&id=05e6db672b5df6150108c430c1ac8035&currsn=0&jdx=55&fsn=60

（编撰人：蔡柏林；审核人：罗　文，冯　敏）

190. 鹅肥肝的营养价值如何？

在法国，鹅肥肝不仅是一道享誉世界的珍馐美馔，更是一种益寿强身的保健食品。据中国农业科学院畜牧研究所分析发现，正常鹅肝中含粗脂肪2.5%～3%，粗蛋白质7%，水分76%；而鹅肥肝中粗脂肪含量60%，粗蛋白质6%～7%，水分32%～35%。单不饱和脂肪酸，尤其是油酸，是一种人体不能自主合成，只能通过食物获取的物质，主要由橄榄油、鹅鸭脂肪和肥肝或鱼肉所提供。在鹅肥肝中，油酸占61%～62%，不饱和脂肪酸的总含量高达65%～68%。与饱和脂肪酸相比，单不饱和脂肪酸具有保护或增加高密度脂蛋白的作用。此外，不饱和脂肪酸可促进减肥，调节抗凝血酶，使血液流通顺畅，不易形成血栓，在提高人体免疫力、促进血液流动、防止动脉粥样硬化等方面发挥重要的作用。

（编撰人：蔡柏林；审核人：罗　文，冯　敏）

191. 为什么称鹅肥肝为美味绿色食品?

鹅肥肝在重量和质量方面都跟普通肝有很大的差别，重量可增加5～10倍。通常情况下鹅肝重50～100克，而鹅肥肝可达500～900克。鹅肥肝中脂肪含量高达60%～70%，但其脂肪酸组成多为不饱和脂肪酸。其中软脂酸21%～22%，硬脂酸11%～12%，亚油酸1%～2%，十六碳烯酸3%～4%，肉豆蔻酸1%，不饱和脂肪酸65%～68%，每100克肥肝中的卵磷脂含量高达4.5～4.7克。

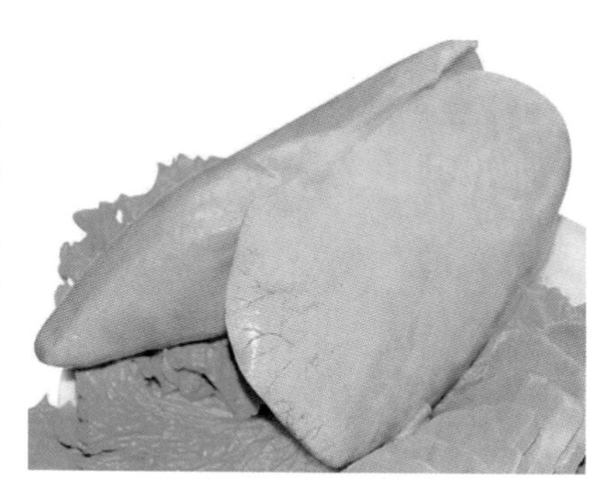

鹅肥肝

★红厨网，网址链接：http://www.chuyi88.com/a/2017/0713/10213.html

鹅肥肝含有众多对人体健康有利的元素，其中含不饱和脂肪酸可降低人体血液中胆固醇含量，抑制其他脂肪的吸收；每100克鹅肝中含高大4.5～7克的卵磷脂，具有降低血脂、软化血管、延缓衰老和防治心脑血管疾病等功效；亚油酸为人体所必需，且在人体内不能合成，必需由食物摄取；核糖核酸每100克含量高达9～13.5克，更有利于机体新陈代谢，增强体质。因此鹅肥肝被称为誉为“世界绿色食品之王”。同时鹅肥肝脂香醇厚、质地细嫩、香味独特，是不可多得的美味佳肴。鹅肥肝富含油脂甘味的“谷氨酸”，故加热时有一股特别诱人的香味，且在加热至35℃的时候，其脂肪即开始融化，亦是接近人体体温的温度，故有入口即化之感觉。

（编撰人：蒋明雅；审核人：罗文　冯敏）

192. 法国是世界鹅肥肝生产第一大国吗?

法国是鹅肥肝的生产和消费大国，是鹅肥肝最大的需求国和鹅肥肝制品出口国，但是它并不是鹅肥肝生产第一大国，它的鹅肥肝生产量位居世界第二。匈牙利才是世界鹅肥肝生产第一大国，是目前世界上年产鹅肥肝超过1 000吨，并曾经超过1 500吨和2 000吨的唯一国家。以色列生产的鹅肥肝总量不多，每年约400吨，但却是世界上质量最好的。

目前，我国鹅肥肝生产企业达500余家，年产鹅肥肝750吨，位居世界第三。欧盟动物权益组织规定加入欧盟的国家2010年前必须停止填鹅生产肥肝，到2019

年，欧盟将全面禁止鹅肥肝生产。这对我国的鹅肥肝产业是很好的机遇，我国早在2005年就是世界第一养鹅大国，近几年全国鹅肥肝生产规模仍在发展壮大中，随着欧盟动物权益保护组织对填鹅肥肝做法的强烈谴责和压力，匈牙利的逐步减产和以色列的停产，西方鹅肥肝生产的重心必将逐渐东移，而我国将成为全球最大的鹅肥肝生产大国。

（编撰人：蒋明雅；审核人：罗 文，冯 敏）

193. 选育鹅肝用品种有哪些要求?

常用的选育鹅肝品种包括朗德鹅、合浦鹅、溆浦鹅和狮头鹅等，一般选用此品种包括以下几种要求。

（1）由于鹅肝用型要求在12周的时候就需要填饲料，12周填饲料可以提高肝的比重，因此需要鹅早期生长速度快，体重大，有利于肝的生长。所以必须进行科学的饲养管理，日常管理要合理化，制度化，做好疫苗接种预防工作等。

（2）饲料的转化率高，一方面饲料的转化率越高，饲养者的利益越高；另一方面饲料的利用率可以提高净肉率和缩短生长周期。

（3）繁殖能力要强，有利于规模化生产，提高生产量。

（4）双腿需要粗大，肝用品种的鹅一般体型较大，粗大的双腿有利于活动和交配。

（5）除此之外，此品种还需要耐养，能够更好的利用粗纤维，肝料比高。

朗德鹅　　狮头鹅

★鸿羽鹅业，网址链接：http://www.hsnlxs.com/index.html
★广西南宁鹅苗批发，网址链接：http://www.gxnnqm.jqw.com

（编撰人：吴文梅；审核人：罗 文，黎镇晖）

194. 如何高效饲养肥肝鹅?

鹅肥肝口感细嫩、味道鲜美、营养丰富，属于高档美食，在国际市场上具有较高的市场地位。目前，鹅肥肝生产已经是养鹅的主导产业之一。

高效饲养肥肝鹅首先要选择体型比较大的品种，这样肥肝也会比较大，原产于法国的朗德鹅是世界上最适合生产肥肝的品种，在我国主要使用的是朗德鹅、溆浦鹅、狮头鹅生产肥肝。

其次，要做好预饲期的管理。在这一时期，要饲喂高能饲料，使鹅群快速生长发育，迅速增加体重，这样才能让鹅肝细胞建立储存脂肪的能力，以一个良好的体况去适应接下来的填饲。此外，这一时期要以舍饲为主，逐步减少放牧时间，使鹅群逐步习惯填饲期的圈养。

最后的填饲期是最关键阶段，这时期持续的时间为3～4周，填饲量由少逐步增多，人工填饲和机器填饲均可。玉米作为理想的填饲饲料，大型鹅最终日填饲量为800～1 000g，中型鹅为700～850g，每日填饲2～3次为宜。填饲期鹅群采用圈养模式，尽量减少能量消耗，只允许少量运动。饲养密度保持在每平方米3～4只为宜，30只左右为一小群。鹅舍要求安静整洁，通风干燥，光线稍暗。

（编撰人：易振华；审核人：黎镇晖，冯　敏）

195. 鹅羽毛有哪些用途?

鹅是一种以食草为主，耐粗饲经济价值高的禽类。鹅除了产肉和产蛋之外，羽毛也具有较高的经济价值，主要有以下几方面的用途。

（1）防寒保温材料。着生于鹅皮肤表面，处在羽区的最内层，通常被正羽所覆盖的绒羽质地蓬松柔软，富有弹性，具有良好的保温性能，是高级的防寒保温填充材料，可制成羽绒衣、被、枕、帽、睡袋等多种生活用品。

（2）文化体育用品。正羽主翼羽、副主翼羽，可加工制作羽毛扇、羽毛球、板球等用品。

（3）工艺品。具有天然颜色的羽毛，可制作羽毛花、羽毛画以及其他各种装饰品。白色的羽毛可进行人工染色，制作出各种色彩绚丽的手工艺品。

（4）蛋白质饲料。不能进一步提高产值的废弃鹅羽毛，经过干燥粉碎等加工处理后，可做成畜禽动物含蛋白和铅、磷等较多的羽毛粉饲料。

（5）化工用品。羽毛中的角蛋白质，经化学处理制成高黏度的蛋白溶液，可加工成多种化工产品。

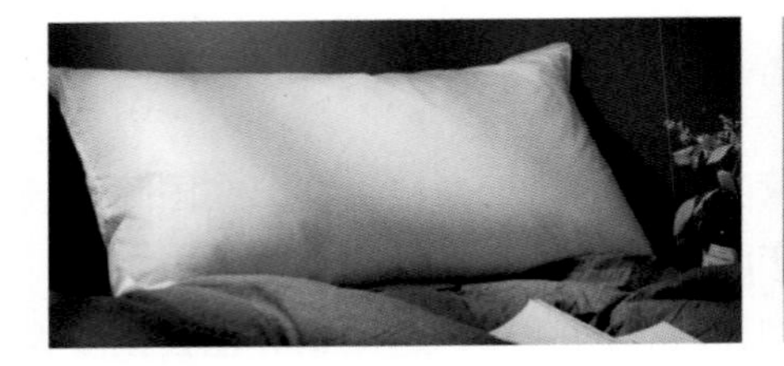

鹅毛枕

鹅毛扇

★淘宝网，网址链接：
https://detail.tmall.com/item.htm?spm=a230r.1.14.21.7c34654e2YKpyD&id=528726030425&ns=1&abbucket=2
https://item.taobao.com/item.htm?spm=a230r.1.14.52.2e375bb8HRdhaG&id=45691782628&ns=1&abbucket=2#detail

（编撰人：蒋明雅；审核人：罗　文，冯　敏）

196. 鹅的羽毛分为哪几种类型?

正羽

绒羽

★马可波罗网，网址链接：http://china.makepolo.com/product-picture/100289406656_0.html

羽毛是着生于禽体表的羽毛和绒毛的总称，鹅的羽毛按形状和结构可分为正羽、绒羽、纤羽和绒形羽等。

（1）正羽。覆盖鹅体表最外面的片状羽绒，决定了鹅外部形状。成熟的正羽也称为片羽，包括翼羽、尾羽和体羽。片羽由羽轴和羽片两部分构成，是鹅羽绒的主要组成部分。

（2）绒羽。着生于鹅皮肤表面，处在羽区的最内层，通常被正羽所覆盖，又称为绒毛。绒羽特点是没有羽轴，羽枝较长而且没有带钩状突的羽纤枝，不能互相连接成羽片，呈放射状散发出细细的绒丝，或呈球状散发出纤细柔软的绒毛。根据羽绒的生长发育程度和形态的差异，绒羽可分为朵绒、伞形绒、毛形绒、部分绒和绒丝。

（3）纤羽。着生于正羽内层无绒羽的部位，是单根存在的细羽枝，纤细如头发，无羽轴、羽片之分，又称纤羽。以喙的基部和眼睑周围最常见，发羽保温性能差。

（4）绒形羽。介于正羽和绒羽之间，呈丝状，羽轴明显可见，无绒。

（编撰人：蒋明雅；审核人：罗　文，冯　敏）

197. 羽绒有哪些质量指标？

羽绒的主要质量指标有以下几项。

（1）千朵重和羽枝长度。与羽绒的弹性和蓬松率有关，是衡量羽绒质量的重要指标。千朵重越重，羽枝越长，细度越大，质量越好。

（2）蓬松度。指在一定口径的容器内，加入经过预调制的定量毛绒，经过充分搅拌，然后在容器压板的自重压力下静止1分钟，羽绒所占有的体积就是它的蓬松度。它反映绒羽在一定压力下保持最大体积的能力，是羽绒制品保持特定风格和具有保暖性的内在因素，是评定绒羽质量的指标之一。

（3）耗氧指数。耗氧指数≤10为合格，超过该指数说明羽绒水洗工艺不够规范，会引起细菌繁殖，对人体健康不利。

（4）清洁度。通过水作载体，经震荡把毛绒中所含的微小尘粒转入水中，这些微小尘粒在水中呈悬浊状，然后用仪器来测定水质的透明度，以测定羽绒清洁程度。清洁度≥350毫米为合格，反之未达到指标要求，说明羽绒杂质多，容易引起各种细菌吸收在羽绒中，同样对人体健康产生不利影响。

（5）含脂率。表示羽绒的脂肪含量，含脂率低，羽绒质量好。

（6）异味等级。5名检验人员中的3个人意见相同时作为异味评定结果，如异味超出标准规定指标时，说明水洗羽绒加工过程中洗涤有问题，羽绒服在穿着、保存过程中容易引起变质，影响环境和人体健康。

（编撰人：蒋明雅；审核人：罗　文，冯　敏）

198. 什么时间适合活拔羽绒？

采用活体拔羽方法获得的羽绒质量最好，但是不是所有品种的鹅都可以用活体拔羽法，也不是任何时候都可以活拔羽绒。不同种类的鹅适合拔羽的时间也不一样，具体如下。

（1）后备种鹅。一般情况下后备种鹅养到90～100天时，羽毛基本长丰满，可开始第一次活体拔羽，随后每隔40天左右活拔一次，直到开产前1个月左右停止拔羽，可连续拔3～4次。

（2）种鹅休产期。种鹅到夏季一般都停产换羽，必须在停产还没换羽之前进行活拔羽绒，直到下次产蛋前一个月左右。一般成年种鹅夏季休产期可活拔羽绒2～4次。利用种鹅的休产期进行活体拔羽是一项提高饲养种鹅经济效益的有效措施。

（3）肉用鹅。肉鹅养到90～100天时，羽毛基本长丰满，可开始第一次活体拔羽，随后每隔40天左右活拔一次，直到开产前一个月左右停止拔羽，可连续拔3次。

（4）肥肝鹅。在强制填肥前可活拔羽绒1～3次，等新羽长齐、体重达标后再填饲。

（5）专用拔羽鹅。专门为采绒用的鹅，无论公母鹅，可常年连续拔羽4～6次。

90天肉鹅

绒用鹅

★360个人图书馆，网址链接：http://www.360doc.com/content/11/0212/13/766135_92404455.shtml

（编撰人：蒋明雅；审核人：罗　文，冯　敏）

199. 鹅活拔羽绒前应该做好哪些准备工作？

为了保证鹅活拔羽绒工作的顺利进行，在拔羽前一定要做好相关的准备工作。

（1）人员准备。鹅活拔羽绒一般采用手工操作，因此操作人员必须熟练掌握活拔羽绒的操作技术，以减轻鹅的应激反应，提高活拔羽绒的质量。对初次参加操作人员必须进行一定的技术培训。

（2）鹅只准备。在活拔羽绒前，应对鹅群进行抽样检查，被检的鹅绝大部分羽绒根无血管，则表明可进行活拔羽绒；在拔毛的前几天应让鹅多游泳、戏水，洗净羽毛，对羽绒不清洁的鹅，在拔羽绒的前一天应让其戏水或人工清洗，去掉鹅身上的污物。在活拔羽绒的前一天应停食16小时，只供给饮水；活拔羽绒的当天应停止饮水。第一次拔毛的鹅，可在拔毛前10~15分钟给每只鹅灌服白酒食醋10毫升（白酒与食醋的比例为1∶3），可使鹅保持安静，毛囊扩张，皮肤松弛，容易拔取。再次活拔羽绒就不必灌白酒。

（3）场地和工具准备。拔毛一般都在室内进行，先将场地打扫干净，在地面上铺以干净的塑料布，关好门窗。为保证活拔羽绒顺利进行，室外拔毛时应选择晴朗的天气，场地应背风，保持清洁卫生，无灰尘。准备好装毛绒用的塑料袋，药棉浸红药水、酒精。准备好操作人员的围裙或工作服、口罩、帽子等。

鹅活拔羽绒前准备工作

★360个人图书馆，网址链接：http://www.360doc.com/content/11/0212/13/766135_92404455.shtml

（编撰人：蒋明雅；审核人：罗 文，冯 敏）

200. 活拔羽绒的顺序是什么?

鹅活拔羽绒适于拔羽的部位一般为颈膨大部、肩部、背部、胸腹部、两肋、大腿和尾根部等，翼羽和尾羽不宜拔。小腿和肛门部位虽然有绒羽，但为了保持体温，加之操作时易对鹅造成较大伤害，故也不能拔取。鹅活拔羽绒的拔羽顺序为：颈膨大部、胸部、腹部、两肋、肩部、背部、大腿和尾根部。一般是先从颈膨大部开始，按顺序由左到右拔。接着从胸上部开始拔，由胸到腹，从左到右，胸腹部拔完后，再拔体侧两肋、肩部和背部。

拔羽时先拔片羽后拔绒羽，片羽全部拔好后，再按同样的顺序拔绒羽，可减少拔毛过程中产生的飞丝，还容易把绒羽拔干净，也便于分类存放。片羽和绒羽分开放在固定的容器里，绒羽一定要轻轻放入准备好的布袋中，装袋要保持绒羽的自然弹性，不要揉搓，放满后及时扎口，以免折断和飘飞。

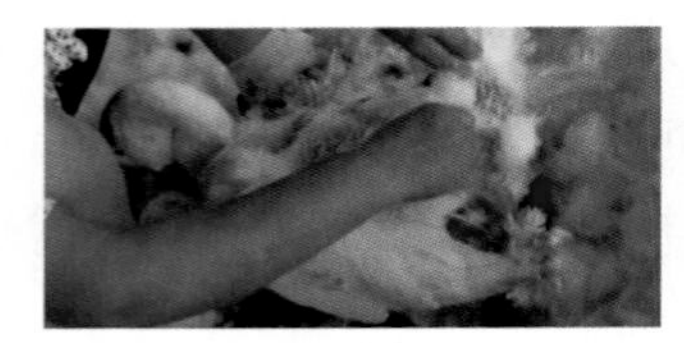

活拔羽绒

★北京时间，网址链接：https://item.btime.com/374gfdedo0e9nlp88ojcr1i9obp

（编撰人：蒋明雅；审核人：罗　文，冯　敏）

201. 如何活拔羽绒?

鹅活拔羽绒在拔羽之前要进行鹅的保定。保定鹅要根据操作人员的方便和习惯而定，一方面要做到稳固鹅体，另一方面也要做到使操作者工作方便。常用的适于单人操作的双腿保定法：操作者坐在25厘米左右高的凳子上，两腿夹住鹅的头颈和双翅，把鹅翻转过来，使其胸腹部朝上，鹅头朝向操作者，背置于操作者腿上即可开始拔羽。

拔羽时一手压鹅皮，另一手拔羽，两只手轮流拔羽。拔羽一般有两种方法：一种是片羽和绒羽一起拔，拔后再进行分离。另一种方法是先拔片羽，后拔绒羽，有利于包装、加工和出售，但是比较费工夫。

具体拔法是：先从颈膨大部开始，按顺序由左到右拔，由胸到腹部，然后依次是两肋、颈、背等部位。以拇指、食指和中指，紧贴皮肤，捏住2～4根羽毛和羽绒的基部，宁少勿多，一排挨一排，一小撮一小撮地拔。一般来说，顺毛拔及逆毛拔均可，但以顺拔为主。因为鹅的毛绝大部分是倾斜生长的，如果顺毛方向拔，不会损伤毛囊组织，并有利于下一次羽绒的再生。切不可垂直或胡乱拔取，以防撕裂皮肤，影响羽绒的品质。

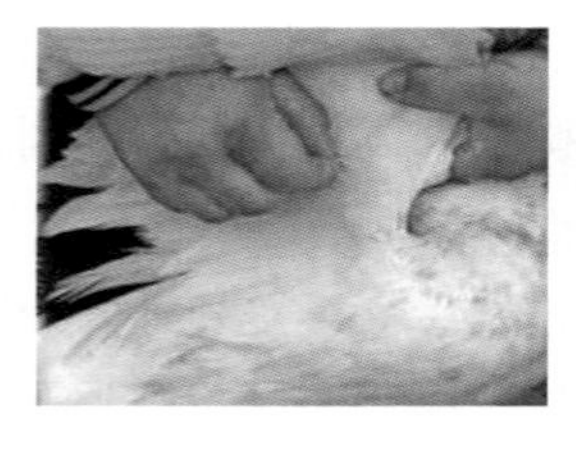

活拔羽绒

★Vegan Peace，网址链接：http://www.veganpeace.com/animal_cruelty/downandfeathers.htm

（编撰人：蒋明雅；审核人：罗　文，冯　敏）

202. 如何收集羽绒?

采集羽绒的方法，有宰杀拔羽和活体拔羽两种。宰杀拔羽又可分为干拔法、湿拔法和蒸拔法。拔羽的方法不同，直接影响羽绒的品质。一般来说，活体拔羽优于宰杀拔羽，而宰杀拔羽中的干拔法优于湿拔法。

（1）湿拔法。鹅宰杀沥血后，放入70℃左右的热水中浸烫2～3分钟，使体表组织松弛，羽毛容易拔下。注意水温不要过高，浸烫不要过久，以免毛绒卷曲、收缩、色泽暗淡。此外，绒朵往往混到水中，要尽量捞取。同时应去除喙皮、脚皮等杂质，脱毛后晒干或烘干。

（2）干拔法。将宰杀沥血后的个体，趁屠体体温尚未变冷之前抓紧拔毛，采用活拔羽绒的操作手法，将不同类型和用途的羽绒分别采集整理，可保持羽绒原来的色泽与品质。

（3）蒸拔法。将宰杀沥血后的个体，放在水沸腾的蒸笼蒸1～2分钟，然后拿出来先拔两翼大毛，再拔全身正羽，最后拔取羽绒，拔完后再按水烫法，清除体表的毛。

（4）活体拔羽。活体拔羽适于拔羽的部位一般为颈膨大部、肩部、背部、胸腹部、两肋、大腿和尾根部等，翼羽和尾羽不宜拔。活体多次拔毛法拔取的毛绒结构完美，蓬松度高，产生的飞丝少，基本上不含杂毛和杂质，采集和收购时可按毛绒颜色分别贮放，可减少加工工序；同时可利用种鹅的休产期和育成期进行活体多次拔毛。

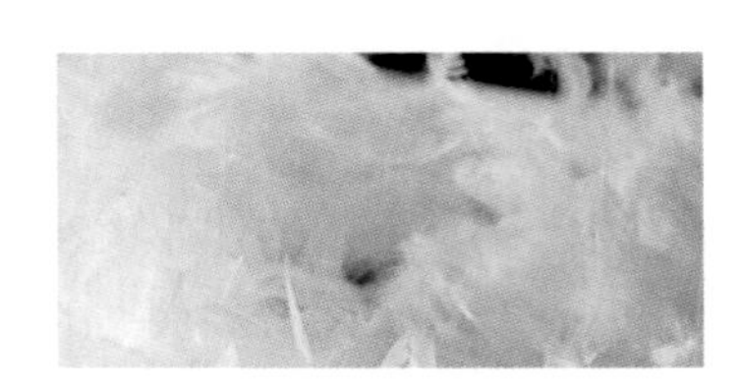

羽绒

★汇图网，网址链接：http://www.huitu.com/photo/show/20131118/185700376200.html

（编撰人：蒋明雅；审核人：罗　文，冯　敏）

203. 活拔羽绒后如何进行饲养管理?

活拔羽绒对鹅体是一个很强的外界刺激，常常引起鹅生理机能的暂时紊乱。第一次拔羽后，绝大多数鹅会出现精神不佳、站立不稳、胆小怕人、食欲减退等现象，几天后即可恢复正常。为保证鹅的健康，使其尽早恢复羽绒的生长，要加强饲养管理。

（1）活体拔羽后，鹅体新陈代谢加强，需要补充较多的蛋白质饲料，尤其是动物性蛋白质饲料，有利于新羽的长成。

（2）活拔羽绒的操作过程中，常出现小块破皮或毛根带血，加之拔羽后皮肤裸露，因此，鹅在活拔羽绒后3天以内不能放牧、下水，切忌暴晒和雨淋。

（3）圈舍地面的垫料应铺厚些，夏季要防止蚊虫叮咬，冬季要注意保暖防寒，以免拔羽后的鹅感冒。

（4）拔羽后，应按鹅体质的强弱进行分群饲养，减少损伤，此外，公母鹅也要分群，以防公鹅交配时踩伤母鹅。

活拔羽绒后的鹅群

★Justin Lichter，网址链接：http://www.justinlichter.com/outdoor-retailer-winter-2014/

（编撰人：蒋明雅；审核人：罗　文，冯　敏）

204. 选择羽肉兼用型鹅有哪些要求？

首先，羽肉兼用型鹅产羽毛的产量要高，这个跟鹅的体躯大小呈正相关，一般体型大的产羽量相对较高，母鹅产量低于公鹅，在我国最常见的为欧洲鹅种。

其次是羽毛的颜色，一般多选用能产纯白色羽毛的鹅，因为纯白色的羽毛可以根据消费者的喜好染成不同的颜色，且白色本身给人一种优雅美观的感受。

最后，羽毛的再生能力要强，能在活拔羽绒后能够及时恢复，有利于后续再次拔羽的要求。

在中国常见的羽毛兼用型鹅品种有浙东的白鹅、皖西的白鹅、四川的白鹅以及国外的白罗曼鹅、意大利鹅等。它们繁殖能力和适应性都很强，且适合粗养，以食草为主，生长发育快，利润高。

例如，皖西白鹅产于安徽省六安，其特点在于生长周期短，产绒量高，弹性好，制做出来的羽绒服是我国重要的出口物资之一。

浙东白鹅

皖西白鹅公鹅

皖西白鹅母鹅

皖西白鹅

★互动百科网，网址链接：http://www.baike.com
★农村养殖网，网址链接：http://www.nczfj.com

（编撰人：吴文梅；审核人：罗　文，黎镇晖）

205. 鹅肉的营养价值高吗?

鹅肉营养比较丰富，营养价值高。鹅是食草动物，鹅肉是理想的高蛋白、低脂肪、低胆固醇的营养健康食品。首先，鹅肉蛋白质的含量很高，富含人体必需的多种氨基酸、多种维生素、微量元素，并且脂肪含量很低。其次，鹅肉营养丰富，脂肪含量低，不饱和脂肪酸含量高，对人体健康十分有利。根据测定，鹅肉蛋白质含量比鸭肉、鸡肉、牛肉、猪肉都高，赖氨酸含量比肉仔鸡高。最后，鹅肉味甘平，鹅肉能入脾、肺、肝等，经常食鹅肉有补益五脏，祛风湿防衰老等功效。

鹅肉具体营养成分如下：每100克鹅肉含有热量（251.00千卡）、蛋白质（17.90克）、脂肪（19.90克）、胆固醇（74.00毫克）、维生素A（42.00微克）、硫胺素（0.07毫克）、核黄素（0.23毫克）、尼克酸（4.90毫克）、维生素E（0.22毫克）、钙（4.00毫克）、磷（144.00毫克）、钾（232.00毫克）、钠（58.80毫克）、镁（18.00毫克）、铁（3.80毫克）、锌（1.36毫克）、硒（17.68微克）、铜（0.43毫克）。

烧鹅肉

卤鹅肉

★图行天下，网址链接：http://www.photophoto.cn/pic/15142370.html

（编撰人：蒋明雅；审核人：罗　文，冯　敏）

206. 肉用型鹅品种应符合哪些要求？

肉用型鹅以产鹅肉为主，我国肉鹅品种众多，按体型可分为大、中、小型。大型的如狮头鹅；中型的如浙东白鹅、溆浦鹅、四川白鹅、雁鹅、兴国灰鹅、丰城灰鹅、广丰白翎鹅等；小型的如太湖鹅、乌鬃鹅、阳江鹅、籽鹅、长乐鹅、闽北白鹅、莲花白鹅、伊犁鹅等。

产肉性能高低是评价一个品种是否适合做肉用型鹅的第一指标。以狮头鹅为例，作为国内外最大型的肉用鹅品种，70～90日龄上市的子鹅公鹅平均体重可达6.18千克，母鹅平均体重可达5.51千克，公鹅半净膛率为82.9%，母鹅半净膛率为81.2%，公鹅、母鹅全净膛率分别为71.9%和72.4%，因此狮头鹅可排在鹅的屠宰系列之首，是产肉最多的品种。而其他几个品种的中型肉鹅的全净膛屠宰率也在70%以上，成年公鹅体重可达5千克以上，成年母鹅体重可达4.0千克以上。小型肉鹅的成年公母体重一般分别在4.0千克和3.0千克左右，且全净膛屠宰率可达65%以上。

除了产肉性能好外，肉质也是很重要的性状，消费者都喜欢食用细嫩的鹅肉。此外，耐粗饲、觅食力强、抗病力强往往也是养殖户考虑的问题。

总之，优质的肉用鹅品种往往都具备产肉率高、肉质好、耐粗饲、觅食力强、抗病力强等优点。

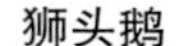

狮头鹅

太湖鹅

★第一农经，网址链接：
http://www.1nongjing.com/uploads/allimg/170927/2165-1F92G45616243.jpg
http://www.1nongjing.com/uploads/allimg/170927/2165-1F92G45I9E1.jp

（编撰人：易振华；审核人：黎镇晖，冯　敏）

207. 哪些鹅种可作为肉用型鹅？

我国有许多优良的肉用型鹅品种，构成我国肉鹅体系的既有地方优良品种，又有国外的引进品种。

（1）地方优良品种。①狮头鹅，我国的大型鹅种，其前额和颊侧肉瘤非常发达，因头部似狮头状而得名，狮头鹅原产于我国广西和广东的饶平县溪楼村，已经过200多年的变异杂交发展，现在狮头鹅在全国各地都有饲养。②皖西白鹅，原产于安徽省和河南省，全身白羽，体躯呈长方形。③浙东白鹅，我国中型鹅种中耐粗饲、生长快、肉质较好的地方品种之一。④太湖鹅，原产于太湖地区，体态中小，成年公鹅体重可达4.3千克，母鹅可达3.2千克左右。⑤四川白鹅，原产于四川省温江、乐山、宜宾、永川和达县等地，在江浙一带称为隆昌鹅。⑥雁鹅，产于安徽省西部的六安地区，其体型中等，体质结实。⑦伊犁鹅，又称塔城飞鹅、雁鹅，体型中等，体型与灰雁非常相似。⑧溆浦鹅，产于湖南省沅水支流的溆水两岸，体型高大、体质结实，属中型肉用鹅种。⑨乌鬃鹅，因颈背部有1条由大渐小的深褐色鬃状羽毛带而得名，原产于广东省清远县，乌鬃鹅体质结实，被毛紧贴，体躯宽短，背平。

（2）引进品种。①朗德鹅，原产于法国，其特征是羽毛属灰色型，成年公鹅体重7～8千克，母鹅体重6～7千克；②莱茵鹅，原产于德国的莱茵河流域，由我国江苏省1989年从法国引进，该品种肉质鲜嫩，营养丰富，口味独特，是深受人们喜爱的食品。

朗德鹅

莱茵鹅

★360图片网，网址链接：
http://i1.ymfile.com/uploads/product/03/31/x1_1.1348070400_665_446_103527.jpg
http://img2.cntrades.com/201205/07/18-43-28-24-534833.jpg

（编撰人：易振华；审核人：黎镇晖，冯　敏）

208. 鹅的屠宰流程是怎样的？

具体屠宰流程顺序如下。

（1）活鹅的选择与检验。宰前对鹅的选择是指对鹅的品种、年龄、体重、肥度和所用饲料等的选择，选择适合某些特殊产品要求的鹅作原料。待屠宰的鹅必须检验是否健康无病，凡是有病的鹅，特别是有传染性疾病或有外伤的鹅，不得收购或屠宰。

（2）宰前的饲养管理。鹅运到屠宰场后，经兽医卫生检验合格，按产地、批次和强弱分群分圈饲养，充分饮水。在屠宰前停食12～24小时，但给予充分饮水至宰前3小时。

（3）鹅的洗浴。洗浴不仅可以清除鹅体外的粪污，而且可以使鹅安静。

（4）宰杀放血。有颈部宰杀法和口腔刺杀法两种。无论采用何种宰杀法，都要求放血充分，一般放血时间为3～5分钟。

（5）浸烫拔毛。浸烫鹅的水温一般为70～75℃，浸烫时间2～3分钟。手工拔毛：顺序依次为翼羽、肩头毛、背毛、胸腹毛、尾毛、颈毛。机械打毛：浸烫后的鹅体经传输装置送至脱毛机内把鹅羽毛打掉，鹅体表的残毛需用镊子将其拔净。

（6）清洗开膛。拔净残毛后的鹅体应浸入干净的冷水中漂洗1～2次，然后才能开膛取内脏。

（7）产品整理。将取出内脏后的鹅体迅速转入洁净的冷水中浸泡清洗2～3次，每次10～20分钟，以除尽鹅体残留血液和污物，并使鹅体保持较低的温度，然后沥干水分备用。

鹅的屠宰流程

★慧聪网，网址链接：https://b2b.hc360.com/supplyself/578987748.html

（编撰人：蒋明雅；审核人：罗　文，冯　敏）

209. 如何进行鹅场选址？

（1）水源。鹅是水禽，喜好游水，平常习惯在水中嬉戏、交配和觅食。因此鹅场一般建造在水质比较好和充足的地方。一般检查无污染的水沟、河流、湖泊等流动活水的水源或者水库和池塘都可以作为建场选址。

（2）草源。鹅是草食家禽，每只鹅每天可消耗1.5～2.5千克青草。所以鹅场最好建在附近有可供放牧的草地（如荒草地、河滩草地、山坡草地等）或有场地可种植牧草、青菜的地方，方便采食。

（3）地势和土壤。鹅虽然喜水，但是要在干燥的地方休息。所以鹅场大多建在地势干燥、排水良好和背风向阳的平地或坡地上，向南或东南；土质大多以坚实、渗水性强、未被污染的沙质壤土为主。

（4）位置。确定鹅场的位置，首先要考虑居民的环境卫生，应当选择离居民点较远的地方，位于住宅区下风向和饮水水源下方，避免对居民区造成不便和污染。其次是交通方便，鹅场经常会有饲料的运进，还有产品的输出，但是不宜在交通要道上，应当距离要道500米以上，这样有利于防疫。电力是不可缺少的动力，鹅场照明、孵化、育雏保温、饲料加工及供应都需要电，因此要电源充足。

（编撰人：王芷筠；审核人：罗　文，冯　敏）

210. 如何建设种鹅舍?

种鹅舍建设应视地区气候而定。北方鹅舍屋檐高度1.8 ~ 2.0米，以利保暖；南方鹅舍建设则应提高到3米以上，以利通风散热。鹅舍窗户面积与舍内地面面积的比例以（1：10）~（1：20）为宜。一般而言，每平方米种鹅舍可容纳中小型鹅2 ~ 3只，大型鹅2只，饲养密度为每舍饲养400只左右。舍内地面可为砖地、水泥地或三合土地，且需比舍外高出15 ~ 20厘米，以利排水，防止舍内积水。种鹅舍的一角应设产蛋间，地面铺木板，防凉，上面铺垫稻草，给鹅做窝产蛋用。种鹅舍外应设水陆运动场，运动场面积为舍内面积的1.5 ~ 2倍。周围要建围栏或围墙，一般高度在1 ~ 1.5米即可。鹅舍周围应种树，高大的树阴可使鹅群免受酷暑侵扰，保证鹅群正常生活和生产。若无树阴或虽有树阴但不大，可在水陆运动场交界处搭建凉棚。

种鹅舍水陆运动场

种鹅舍

★360图片，网址链接：
http://image.so.com/v?ie=utf-8&src=hao_360so&q=%E7%A7%8D%E9%B9%85%E8%88%8D&correct=%E7%A7%8D%E9%B9%85%E8%88%8D&cmsid=ca31bfb6fdc145f2b2f9338ba2b2b6ab&cmran=0&cmras=0&cn=0&gn=0&kn=0#multiple=0&gsrc=1&dataindex=59&id=2837180035b57c9f56074230d9276aec&currsn=0&jdx=59&fsn=60
http://image.so.com/v?ie=utf-8&src=hao_360so&q=%E7%A7%8D%E9%B9%85%E8%88%8D&correct=%E7%A7%8D%E9%B9%85%E8%88%8D&cmsid=ca31bfb6fdc145f2b2f9338ba2b2b6ab&cmran=0&cmras=0&cn=0&gn=0&kn=0#multiple=0&gsrc=1&dataindex=3&id=c2589a6d75574d1cabeeec73a11ca5ff&currsn=0&jdx=3&fsn=60

（编撰人：胡博文；审核人：罗　文，冯　敏）

211. 雏鹅适宜的饲养管理条件是什么?

温度、湿度、通风、光照和饲养密度都对雏鹅的生长发育起着重要的作用。

（1）雏鹅育雏温度。一般自30℃开始，1～5日龄适宜温度为27～28℃，6～10日龄适宜温度为25.5～26.5℃，11～20日龄以后适宜温度为20～24℃。育雏期间温度应该平稳下降，不易剧烈变化。同时保温结束时的脱温也应当谨慎，做到逐渐脱温。

（2）适宜的湿度。育雏期间的相对湿度一般前期控制在60%～65%，后期以65%～70%为宜。育雏室内可以适当通风，排出舍内的潮湿气体，保持育雏舍的干燥。

（3）通风与阳光。通风与温度、湿度三者之间应互相兼顾，在控制好温度的同时，调整好通风。一般通风时间多安排在正午前后，避免早晚气温低的时间。1～3日龄全天光照，其后每两天递减1小时，至4周龄采用自然光照。如果天气比较好，雏鹅从5～10日龄可逐渐增加舍外活动时间，直接接触阳光可以增强雏鹅的身体素质。

（4）适当的密度。雏鹅生长发育极为迅速，随着日龄的增长，体积增大，所需活动面积也增大。因此，在育雏期间应注意调整饲养密度，提高鹅群成活率，充分利用育雏舍面积和设备。

（编撰人：王芷筠；审核人：罗　文，冯　敏）

212. 鹅的育雏给温方式有哪些?

雏鹅出生后，身上绒毛稀少，保温性差，不能很好的适应外界的气温变化。因此，必须外界给温保证其正常发育。常见的给温方式有自温育雏、伞形育雏器育雏、红外线灯育雏、烟道育雏。

自温育雏指的是利用木桶或者纸箱作为工具，依靠自身的热量，保持温度在小范围不散失。

伞形育雏器育雏指的是利用木板，铁皮制作成伞状的罩子，伞内的热源可以采用电热板或者红外线灯，高度一般离里面10厘米左右，每个保护伞下面可以饲养150只左右的雏鹅，饲料盘和饮水器不要太靠近热源。

红外线灯育雏，顾名思义指的是利用红外线灯进行育雏，红外线灯一般吊在育雏网的上面。

烟道育雏由火炉、烟道和烟囱3个部分组成，通过烟道散发的热量来提高育雏室内的温度，具有保温效果好，育雏量大等优势。

伞形育雏器模式

红外线灯育雏模式

★鸡友之家，网址链接：http://www.pig66.com
★中国畜牧业博览会，网址链接：http://www.1866.tv

（编撰人：吴文梅；审核人：罗　文，黎镇晖）

213. 怎样提高鹅育雏成活率?

（1）适宜的环境温度。适宜的育雏温度是1～5日龄时为27～28℃，6～10日龄时为25～26℃，11～15日龄时为22～24℃，16～20日龄时为20～22℃，20日龄以后为18～20℃。在饲养过程中，除查看温度计和通过人的感官估测掌握育雏的温度外，还可根据不断观察雏鹅的表现来及时调整育雏温度。

（2）适宜的湿度。若湿度高温度低，体热散发而感寒冷，易引起感冒等呼吸道疾病。若湿度高温度也高，则体热散发不出去，食欲下降，抗病力减弱，发病率增加。

（3）新鲜的空气。育雏室必须进行适宜的通风换气，排出室内废气，减少舍内的水汽、尘埃和微生物，保持室内空气新鲜。通风换气的同时，要注意舍内的保温，特别是冬、春季要十分注意。在透风前，首先要使舍内温度升高2～3℃，然后逐渐打开门窗或换气扇，避免鹅体直接接触到冷空气。

2周龄雏鹅适宜的育雏密度

★百度图片，网址链接：http://www.yuxingeye.com/a/yejs/283.html

（4）适宜的饲养密度。一般雏

鹅平面饲养时的密度，1周龄为每平方米20～25只，2周龄为10～20只，3周龄为5～10只，4周龄为每平方米5只以下，随着日龄的增加，密度逐渐减少。

（5）合理的光照。育雏1～3天，每天全天候光照，其后每两天减少1小时，4周龄后采用自然光照，但晚上需开灯加喂饲料。光照强度0～7日龄15平方米用1只40瓦灯泡，8～14日龄换用25瓦灯泡。高度距鹅背部2米左右。

（编撰人：王芷筠；审核人：罗　文，冯　敏）

214. 如何进行休产期种鹅管理?

进入休产期的种鹅应以放牧为主，日粮由精粮改为粗粮，促使其消耗体内脂肪，使羽毛干枯和脱落。饲喂次数逐渐减少至每天1次或隔天一次，最后改为3～4天饲喂一次，但不能断水。经过12～13天后，鹅体重大幅度下降，当主翼羽和主尾羽出现干枯现象时，可以开始恢复正常喂料。待到体重逐渐回升，放养一个月后就可以进行人工强制换羽。公鹅需要比母鹅早20～30天强制换羽，必须在配种前让羽毛全部脱换好，以保证公鹅的配种能力。人工强制换羽可以让母鹅比自然换羽提20～30天开产。

拔羽后应加强放牧，同时适量补充饲料。若公鹅羽毛生长缓慢，而母鹅已经开产，公鹅不能配种，就要相应的给公鹅增喂精料；如果母鹅到时仍然未开产，同样的补充精料饲喂。在主、副翼羽换齐之后，就进入产蛋前的饲养管理。

（编撰人：王芷筠；审核人：罗　文，冯　敏）

215. 如何控制鹅场环境污染?

（1）建好隔离设施。鹅场周围应建立隔离墙、防疫沟等隔离设施，避免闲杂人员和动物进入。鹅场的大门口建造一个消毒池，其长度应大于大卡车的车身，且宽度大于车轮两周长，池内放入5%～8%的火碱溶液，并定期更换。生产区门口应建职工过往的消毒地，配备更衣消毒室。鹅舍门口建小消毒地，宽度大于舍门。

（2）做好粪污处理。鹅场粪污一般可用于农田施肥，使农牧业有机结合。在将粪污用于农田时，一方面要了解粪污的性质，主要是氮、磷的含量和比例及其他成分（如重金属等）的含量；另一方面要根据实际情况，估算具体土地和作物所能消纳的营养成分的多少，避免污染地下水，保护整个生态环境，达到持续发展。

（3）病死鹅安全处理。病死鹅必须及时地进行无害化处理，坚决不能因图一己私利而出售。处理方法主要包括：焚烧法、高温处理法、土埋法和发酵法。

（4）使用环保型饲料。由于鹅对蛋白质的利用率不高，饲料中50%～70%的氮以粪氮和尿氮的方式排出，其中一部分氮可被氧化形成硝酸盐。此外，一些未被吸收利用的磷和重金属等渗入地下或地表水中，将可造成广泛的水体污染。

（5）绿化环境。鹅场内道路两侧、鹅舍之间空地、隔离带等地方，都可以种植牧草或绿化树。既可美化环境，又可改变场内的小气候，减少环境污染。

鹅场绿化建设

鹅场隔离消毒设施

★360图片，网址链接：
http://st.so.com/stu?a=siftview&imgkey=t01a1ee6e5ddca0b398.jpg&fromurl=http://www.hj.cn/html/201609/09/0973334509.shtml#i=0&pn=30&sn=0&id=510311fa6d3521ba4a9094f1d1a57fc2
http://st.so.com/stu?a=siftview&imgkey=t0142950676d285d585.jpg&fromurl=http://b2b.hc360.com/supplyself/413036974.html#i=0&pn=30&sn=2&id=842e9eb9a2ae2945b495fd4a4dc92f8e

（编撰人：蔡柏林；审核人：黎镇晖）

216. 如何实现鹅场的消毒和隔离?

（1）鹅场选址隔离。鹅场选址可考虑自然条件隔离，远离人口密集地区、交通发达地区、其他养殖场、屠宰场等，以减少人员来往以及其他排放污染物带来的污染。

（2）鹅舍的隔离设计。鹅舍建造时要设计护栏，阻挡飞鸟，老鼠或其他动物进入；鹅舍之间要留有足够的空间距离；设置更衣消毒室，所有人员进入鹅舍前需提前进行更衣消毒。

（3）鹅场外围隔离设计。鹅场外围需设计隔离墙和隔离门，对许可进入的人员及车辆必须经过严格的消毒方可入内。

（4）鹅场绿化隔离。鹅场内种植树木和青草可吸附大量粉尘、微生物及有害气体。

（5）病鹅隔离。及时隔离病鹅，不能治愈的病鹅高温处理。

（6）加强鹅场管理。场内兽医不对外诊疗，固定配种人员，定时对鹅场内环境进行消毒。

喷洒消毒进场车辆　　在门口进行喷洒消毒

★参考消息网，网址链接：http://news.163.com/15/0111/21/AFN8TRIB00014AEE.html
★中国鸡蛋网，网址链接：http://china.nowec.com/product/detail/632617.html

（编撰人：谢婷婷；审核人：黎镇晖，冯　敏）

217. 育雏室建设有何要求?

雏鹅舍主要用于饲养3周龄以下的雏鹅。雏鹅自身对于体温的调节能力差，抵御寒冷侵袭的能力比较差。因此，雏鹅舍应该保温、干燥、通风，但无大风，并且需要提供供暖设备。每个屋舍为50～60平方米，饲养雏鹅500～600只。雏鹅舍地面最好比外面高10～30厘米，这样能够使室内保持一定的干燥。室内地面可以铺砖，也可以直接用沙土铺地。育雏舍的保温可以采用安装红外灯加温或建造炉灶等方式。舍外应该设有运动场，兼作喂料和雏鹅休息场所。舍内与舍外面积之比为1：（1.5～2）。运动场紧靠水浴池，池底不宜太深，有一定坡度为好，以便雏鹅上下和浴后站立休息。

立体笼养育雏（王芷筠 摄）　　网上育雏（王芷筠 摄）

（编撰人：王芷筠；审核人：罗文　冯敏）

218. 给温育雏需要哪些设备?

给温育雏设备包括地下炕道、地上炕道、电热育雏伞、煤炉、电阻丝、红外线灯等。炕道育雏分地上炕道式与地下炕道式两种，由炉灶、烟道和烟囱3部分组成。火炉和烟囱设在室外，烟道通过育雏室内，利用烟道散发的热量来提高育雏室内的温度。烟道式育雏具有保温性能良好，育雏量大，育雏效果好的特点，适合于专业饲养场使用。在使用时，应注意防止烟道漏烟。

电热育雏伞一般由铁皮或纤维板制成伞状，伞内四壁安装电热丝作热源。有市售的，也可自制。自制育雏伞用一个铁皮罩，中央装上供热的电热丝和2个自动控制温度的胀缩饼装置，悬吊在距育雏地面50～80厘米高的位置上，伞的四周可用20厘米高的围栏围起来，每个育雏伞下，可育雏200～300只，管理方便，节省人力，易保持舍内清洁。

红外线灯育雏是指把红外线灯直接吊在地面或育雏网的上方，利用红外线灯发热量高的特点进行育雏。红外线灯的瓦数为250瓦，每个灯下可饲养雏鹅100只左右，灯离地面或网面的高度一般为10～15厘米。此法简便，但随着雏鹅日龄的增加，应根据情况调整红外线灯的高度，以防损坏红外线灯。

红外线灯育雏

电热育雏伞

★360图片，网址链接：
http://image.so.com/v?q=%E7%BB%99%E6%B8%A9%E8%82%B2%E9%9B%8F%E8%AE%BE%E5%A4%87&src=srp&correct=%E7%BB%99%E6%B8%A9%E8%82%B2%E9%9B%8F%E8%AE%BE%E5%A4%87&cmsid=9aefa1aade36ac02b6530ea65057cd3c&cmran=0&cmras=0&cn=0&gn=0&kn=0#multiple=0&gsrc=1&dataindex=134&id=58da743070536bb912f7f8b8b1ec6424&prevsn=60&currsn=120&jdx=134&fsn=60
http://st.so.com/stu?a=simview&imgkey=t01028e23ab9c214c52.jpg&fromurl=&cut=0#sn=0&id=d88c8de5d844b732df83849d779bdcb2

（编撰人：蔡柏林；审核人：罗　文，冯　敏）

219. 如何配置产蛋巢或产蛋箱?

产蛋巢（箱）的设置包括产蛋巢（箱）设置的时间、产蛋巢（箱）的种类、大小及多少、产蛋巢（箱）放置位置和产蛋巢（箱）放置方向等。产蛋巢（箱）设置的好坏，可以直接影响到蛋的完整性、商品率和种蛋的孵化率，从而关系到经济效益的转化效率。一般生产鹅场多采用开放式产蛋巢，即在鹅舍一边用围栏隔开，地上铺以适宜垫草，让鹅自由进入巢内产蛋和离开。也可制作多个产蛋窝或箱，供鹅选择产蛋。一般而言，产蛋箱箱高50～70厘米、宽50厘米、深70厘米，也应根据鹅的大小类型进行适当调整。良种繁殖场作母鹅个体产蛋记录，可采用自动关闭产蛋箱。产蛋箱平放在地上，箱底不必钉板，上面安装盖板，箱前设一个活动自闭小门，母鹅进入产蛋箱后不能自由离开，需记录数据后，再人工将母鹅提出或打开门放出母鹅。

产蛋巢

产蛋箱

★360图片，网址链接：
http://st.so.com/stu?a=siftview&imgkey=t0168d43662c53bb458.jpg&fromurl=http://www.gushi365.com/digg.php?PageNo=1614&TotalResult=11300&typeid=0#i=0&pn=30&sn=0&id=1b1f14d2e82d19251454919f45698f54
http://image.so.com/v?q=%E9%B9%85%E4%BA%A7%E8%9B%8B%E7%AE%B1&src=srp&correct=%E9%B9%85%E4%BA%A7%E8%9B%8B%E7%AE%B1&cmsid=81cad5b33ae1f6f8d01fd45923b9fc9c&cmran=0&cmras=6&cn=0&gn=0&kn=0#multiple=0&gsrc=3&dataindex=10&id=9e6ff9a0e23487cd6082b075cb55e835&currsn=0&jdx=10&fsn=60

（编撰人：蔡柏林；审核人：罗　文，冯　敏）

220. 鹅运输笼的规格有何要求?

鹅的运输笼可以使用铁笼、塑料笼或竹笼，产品用料必须安全，使用过程中不会产生有害物质，最好购买专门的超强硬度PP塑胶制作的产品品质优良的运输笼。

运输笼一般规格为长80厘米，宽60厘米，高40厘米的长方体。运输笼应结构稳定，不易变形。笼底分布4块小磁铁，方便使用过程能够人拖着运输笼前行，而不会磨损框体。笼子的边沿为弧形设计，防止笼与笼之间互相磨损，也保护搬运人员不会被运输笼的棱角磕伤。

笼顶应开一小盖，盖的直径为35厘米，或设计推拉式框门，灵活开关。笼子的6个面均设有通风口，每只笼一般放8～10只鹅，装运的是后备种鹅时，每笼装运的数量应适量减少。使里面的鹅可以转身、站立或躺卧，即使长时间运输或飞行途中也不会有压迫感，给鹅充足舒适的活动空间。

运输笼

★企业库，网址链接：http://www.qiyeku.com/chanpin/35689733.html
★淘宝，网址链接： https://item.taobao.com/item.htm? spm=a230r.1.999.7.5fc5523cJbE7xw&id=41253076643&ns=1#detail

（编撰人：蒋明雅；审核人：罗 文，冯 敏）

221. 哪些设备有助于提高鹅场劳动生产效率？

传统的鹅场生产采用人工操作，对劳动力需求较大，生产效率也较低下。现代化的鹅场经营应考虑采用各种机械设施提高工作效率，同时也可降低人工费用的支出。提高鹅场劳动生产效率的主要设备如下，鹅场可以根据规模和需求适量采购。

（1）自动喂料线。种鹅养殖规模在1 000～1 500只的种鹅舍可以配置自动饲喂线进行自动喂料，可大大减轻饲养员的工作强度。

（2）自动推粪机。为了保持鹅舍清洁卫生，同时节省人工，提高清理粪便的效率，大型的种鹅场可配备滑移推粪机进行清粪。

（3）电动割草机、碎草机、饲料搅拌机和制粒机。鹅是节粮型家禽，养殖中可充分利用青绿饲料，降低饲料成本。鹅场可配置相应设备包括电动割草机、碎草机、饲料搅拌机和制粒机等，自行配制饲料，节约饲养成本，同时能保证饲料质量。

（4）高压泵和喷枪。鹅舍需要定期进行清洗和消毒，因此需要配备清洗用的高压泵和喷枪，以清除舍内污垢和可能的病源。

（5）运输车辆。根据鹅场规模适量配备手推小斗车、拖拉机和卡车等。

电动割草机　　　　　　　　自动喂料线

★星魂黄页网，网址链接：http://jixie.qincai.net/product-159786.html

（编撰人：蒋明雅；审核人：罗　文，冯　敏）

222. 鹅喜欢采食哪些种类的牧草?

（1）黑麦草。营养丰富，茎叶多，幼嫩多汁。开花期鲜草干物质含量为19.2%，黑麦草生长快，再生能力强，产量高，每亩可产鲜草3 000～4 000千克。

（2）紫花苜蓿。为多年生草本植物，适应性广，品质好，被称“牧草之王”。一年四季可播种，每年可刈割2～5次，鲜草产量可达5 000千克以上。紫花苜蓿质地柔软、味道清香，适口性好，宜晒制干草，国内和国外市场需求量很大。

（3）青贮玉米。鲜嫩多汁，适口性好。生长快，产量高，生育期短。一年四季均可饲喂。播种量每亩4.0～4.5千克。

（4）苦荬菜。营养价值高，适口性极好，鲜嫩多汁。鲜叶蛋白质含量为3.14%，干品蛋白质为26.25%。它是一种生长快、再生能力强、产量高，亩产可达5 000～7 500千克的青绿多汁饲料。

（5）紫粒苋。营养价值高，蛋白质、脂肪、赖氨酸的含量比玉米高出2～3倍。生长快、产量高、再生能力强；植株高达3米以上，全年可收割3～4次，亩产鲜茎叶5 000～10 000千克，亩产籽实150～250千克。

（6）白三叶。多年生草本，返青早，枯死晚，青饲利用期最长，营养丰富。白三叶播种量单播为每亩0.5千克。亩产鲜草5 000～6 000千克。叶量丰富、草质柔嫩，不断形成新的株丛，是最好的放牧型草。

黑麦草

白三叶

★视觉中国，网址链接：www.vcg.com

（编撰人：王芷筠；审核人：罗 文，冯 敏）

223. 如何进行种鹅反季节繁殖？

鹅具有明显的季节性繁殖特点，一般夏天为休产期，春冬为繁殖季节，生产上常利用控制温度、光照、改变营养条件、强制拔羽等技术进行种鹅的反季节繁殖。

（1）适当的留种。一般根据种鹅的开产日龄而定。种鹅一般9月开产，经产4个月后对种鹅进行强制拔羽，经过两个月的时间恢复后，从而达到反季节繁殖的目的。

（2）控制外界环境。一般可以通过控制光照，如夏季要及时遮阳，产蛋要补充光照；再者对温度进行控制，一般反季节繁殖要降温保证种鹅繁殖；最后还可以通过改变影响条件，一般反季节繁殖种鹅育成时期要以喂青饲料为主，精饲料为辅，产蛋时期要增加日喂量。

狮头鹅种鹅

★江门旅游网，网址链接：http:// www.jm-tour.com

★鹅供应商网，网址链接：http:// shop.99114.com

（3）强制拔羽。人工进行拔羽不仅可以缩短种鹅的换羽时间，控制开产时间，还可以提高种鹅产蛋的整齐度以及提高繁殖效益。

（编撰人：吴文梅；审核人：罗 文，黎镇晖）

224. 鹅群放牧管理要注意哪些事项?

鹅是草食水禽，饲养管理方式一般以放牧为主，再适当补喂精饲料。鹅群放牧是一个精细而系统的工作，要形成安全、高效的放牧模式，需要注意以下几点。

（1）牧鹅人要使鹅群熟悉指挥信号和语言信号，并选择好头鹅。

（2）牧场内的道路要求平坦，牧草要求充足而鲜嫩，水源要求干净充沛。

（3）赶鹅时应当缓慢平和，切不可驱赶吆喝，以免造成踩踏。

（4）鹅是比较胆小的动物，在放牧时不可大声呵斥，以免造成惊群。放牧地点应与公路、铁路有一定的距离，以防止鹅群受到汽车、火车轰鸣而产生应激。

（5）严防传染病，切不可选择在疫区放牧，一经发现疑似病例，应当立即扑杀，及时做好牧场消毒工作。

（6）严防鹅群中毒事件，牧场的水质要求干净无污染，严禁鹅群与喷过农药、施过化肥的草场、农田接触。

（7）防暑措施要做到位，遇到高温天气，切勿在烈日下放牧，应当让鹅群在阴凉、通风处休息，或是在水面休息。

（8）尽量避免鹅群在雨中活动，雏鹅羽毛尚未长全，抗病力不强，若被雨淋，容易引发呼吸道疾病及其他感染病。

（9）防止兽害，鹅群在狗、牛、猪及野兽面前属于弱势动物，极易受到攻击，在放牧过程中应当远离这些动物。

放牧场上的鹅群

放牧途中的鹅群

★汇图网，网址链接：http://pic2.huitu.com/res/20120225/75269_20120225221006794200_1.jpg
★新华网，网址链接：http://img1.cache.netease.com/catchimg/20100607/80TTC4DJ_2.jpg

（编撰人：易振华；审核人：黎镇晖，冯　敏）

225. 鹅的繁殖特点有哪些?

（1）鹅具有明显的季节性繁殖特点，一般夏天为休产期，春冬为繁殖季节，受精率也呈现周期性的变化，一般繁殖季节初期和末期受精率比较低，产蛋期间产蛋率高时，受精率也高。

（2）具有固定配偶交配的习惯，但不是绝对的，规模化饲养可以改变这一习惯。

（3）种鹅的繁殖能力前三年随年龄的增长而逐渐提高，到第三年达到最高，第四年开始下降，种鹅的利用年限一般为4～5年。

（4）根据鹅生殖系统的特殊性以及蛋的形成机理，鹅的产蛋性能较差，母鹅的产量少，产蛋量一般维持在50～100个。

（5）性成熟晚的鹅成活年龄长，可达到20年以上30年以下，一般中小型的鹅种性成熟需要7个月左右，大型鹅种要9个月左右才达到性成熟。

（6）大多数鹅种具有就巢性的特性，一般在一个繁殖周期内可产一窝蛋个数8～12个，产完立刻停产抱窝。

皖西白鹅　　　狮头鹅

★邹城在线，网址链接：http:// www.zoucheng.cc
★江门市旅游局网站，网址链接：http://www.jm-tour.com

（编撰人：吴文梅；审核人：罗　文，黎镇晖）

226. 如何选择后备种鹅?

后备种鹅需要进行3次选择。第一次选择在育雏期结束的时候，挑选体重大的公鹅，母鹅则需要具有中等体重，淘汰体重小、伤残、杂色羽毛的个体。第二次选择在70～80日龄时进行，根据生长发育情况、羽毛以及体型外貌等特征进行筛选。第三次选择在种鹅开产前1个月左右，150～180日龄，具体的时间因品种而异。这次选择的重点是种公鹅，必须经过体型外貌鉴定、生殖器官检查，有条件者进行精液品质检查，符合标准者方可入选，以保证种蛋受精率。种母鹅要选择生长发育良好、体重中等、颈细长。臀部丰满、两腿结实、精神状态良好的留种。通过以上的选择之后，将种鹅分别编号，记录开产日龄、开产体重、第二年的产蛋数、平均蛋重。根据以上资料，将产蛋多、持续期长、无抱性、适时开产的优秀个体留作种用。

优质种鹅

★百度图片，网址链接：http://www.dwddbb.com/yangzhi/yange/1258.html

（编撰人：王芷筠；审核人：罗　文，冯　敏）

227. 什么体型的鹅可以留作种用？

种鹅的优劣决定后期鹅群的质量，直接影响商品鹅的生产，因此发展养鹅生产，提高养鹅的经济效益，必须严格把好选择种鹅关。选择的种公鹅应要求体重在6～7千克，且体质健壮、羽毛干净整洁、胸部宽厚、颈长脚粗、两眼有神、声音哄亮、行动灵活、雄性特征明显。种母鹅的选择要求体重在5～6千克，外貌清秀、前躯深宽、臀部宽而丰满、肥瘦适中、颈细长、眼睛有神、脚掌小、两脚距离宽、尾毛短且上翘、绒毛光洁且长短稀密适度。

留种用的鹅应当把握时期，加料促产，产蛋前近1个月补喂精料，让种鹅体质得以迅速增强，为产蛋积累营养物质，让鹅进入临产状态。临产母鹅应当体态丰满、羽毛光洁紧凑、行动缓慢、食量大、喜食矿物质、后腹部有明显下垂。公鹅则应该体态健硕、精神饱满、求偶欲望强烈。

种公鹅　　正在抱窝的母鹅

★第一农经，网址链接：
http://www.1nongjing.com/uploads/allimg/170419/1856-1F4191P511W9.jpg
http://www.1nongjing.com/uploads/allimg/160801/892-160P116101M06.jpg

（编撰人：易振华；审核人：黎镇晖，冯　敏）

228. 如何阉割公鹅?

（1）公鹅的要求。一般为5月龄左右，体重在4.5～5千克，健康无病。

（2）阉割工具的准备。手术刀、扩创弓、套睾器、托睾钩、消毒用品等。所有工具都要经过高压灭菌处理。

（3）阉割步骤。①保定。并拢鹅的双翼，将鹅右侧卧于平地上。阉割技术员右脚踏住鹅的翼尖，助手一只手固定翅膀根部，另一只手固定项部。②手术切口应在鹅左侧最后两根肋骨之间，距离背中线2～3厘米，拔去切口处的羽毛并消毒切口处皮肤。③手术时用左手捋平切口处皮肤，右手持刀，刀口与肋骨平行切开一个长2～3厘米，深0.5厘米的口子，此时可见腹膜。④将切口用扩创弓撑开呈菱形，然后用手术刀柄将腹膜小心挑开。⑤用托睾钩向下推移直肠使睾丸暴露出来，左手使用托睾钩，右手使用套睾器套住睾丸基部，双手小心协作将睾丸轻轻扭转摘除并从腹腔取出。⑥用相同的方法摘除另一侧睾丸。⑦睾丸摘除结束后取下扩创弓，将肌肉复位，对切口进行消毒后释放阉鹅。

（4）注意事项。阉割后的公鹅3天内不要下水，要提供充足、干净的饲料和饮水，生活环境要保持卫生、安静。

（编撰人：易振华；审核人：黎镇晖，冯　敏）

229. 鹅的配种方法有哪些?

鹅的配种方法有自然配种和人工授精配种两种。

（1）自然配种。一般鹅在水上自然交配，鹅场应当提供干净的水域。公鹅应在母鹅产蛋后交配，每羽母鹅每隔5天配种一次较为适宜。

（2）人工授精配种。该方法主要包括3个步骤，即人工采精、精液稀释和授精。

①人工采精。对公鹅一般采用背腹式按摩采精法。操作时，将公鹅放在采精台上，尾部向外。采精员左手掌心向下紧贴公鹅背腰部，有节奏地按摩尾部及泄殖腔，至阴茎勃起伸出，精液沿着精沟从阴茎顶端排出。与此同时，助手将集精杯靠近泄殖腔，阴茎勃起外翻时，自然插入集精杯内射精，每次可以采集0.25～0.45毫升精液。

②精液稀释。先对精液进行镜检，根据精子活力及浓度，用稀释液等量或倍量稀释。

③授精。将母鹅固定在受精台上，泄殖腔向外朝上，用生理盐水棉球擦净肛门周围，左手拇指紧靠泄殖腔下缘，轻轻向下压迫，使其张开，用输精器吸取稀释后的精液，然后缓缓插入泄殖腔，深度为5～6厘米，然后放松左手，右手将输精器中的精液输入。输精时间一般在下午4时左右，每羽母鹅5～6天输1次，每次输0.1毫升。第一次输精时，输精量加倍，可使受精率提高到90%以上。

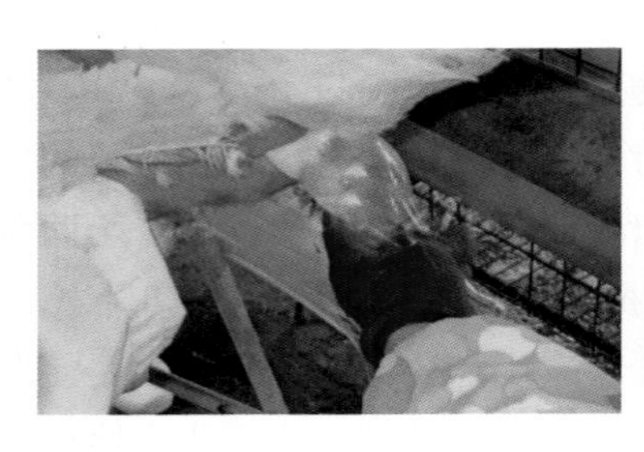

人工采精

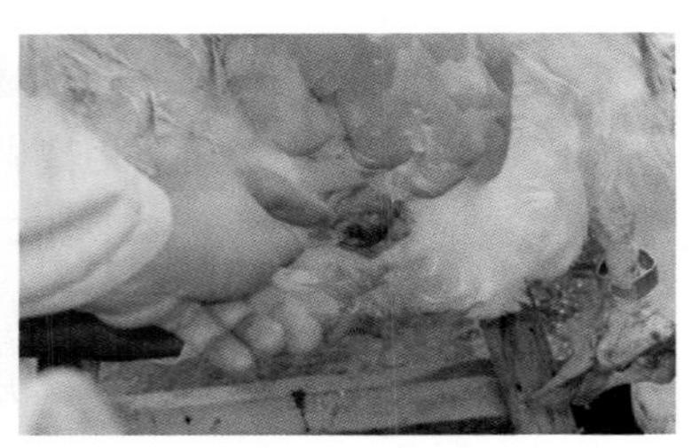

人工授精

★马可波罗网，网址链接：
http://i00.c.aliimg.com/img/ibank/2013/056/677/858776650_2039411770.jpg
http://i01.c.aliimg.com/img/ibank/2013/656/677/858776656_2039411770.jpg

（编撰人：易振华；审核人：黎镇晖，冯　敏）

230. 鹅的选配方法有哪儿种?

鹅的选配一般会根据选配的目的来进行，通常分为同质选配、异质选配和随机交配。

（1）同质选配指的是选择生产性能或其他经济性状相同或相近的优良种公母鹅进行交配，优点是可巩固和加强父母代的优良性状，增加亲代和后代的相似性，提高后代个体基因型的纯合性和遗传稳定性，缺点是容易导致生活力下降，甚至能引起不良性状的积累，因此该选配具有一定的局限性，一般只用于理想型个体间的选配。

（2）异质选配指的是选择具有不同生产性能或性状的优良种公、母鹅进行交配，优点是可增加后代杂合基因型的比例，并降低后代与亲代的相似性，使后代拥有亲代双方的优良性状或是一方的优良性状。异质选配多出现在鹅的品种间杂交或品系间杂交，交配双方通过受精过程将遗传物质重新组合，不仅丰富了群体中所选性状的遗传变异，而且为进一步选择提供了选种材料。因此，在鹅群繁育中，为了改良鹅群某些性状，可采用异质选配方法。

（3）随机交配，该方法是采用随机法决定与配双方，使每只母鹅都有同等的与公鹅交配的机会。这种交配方式通常是没有选配目的的自然交配。

狮头鹅的交配

朗德鹅的交配

★第一农经，网址链接：
http://www.1nongjing.com/uploads/allimg/160119/891-1601191Q02A29.jpg
http://www.1nongjing.com/uploads/allimg/160119/891-1601191Q00N53.jpg

（编撰人：易振华；审核人：黎镇晖，冯　敏）

231. 如何确定鹅的配种年龄和公母比例？

公母鹅配种比例直接影响种蛋受精率的高低。配种的比例随着鹅的品种、年龄、配种方法、季节及饲养管理条件的不同而不同。在自然交配时，一般小型品种鹅的公母比例为1：（6～7），而大型品种鹅为1：（4～5）。在生产实践中，公母鹅比例的大小要根据种蛋受精率的高低进行调整。大型公鹅要少配，小型公鹅要多配；老年公鹅要少配，体质强壮的公鹅可以多配。水源条件差，秋、冬季节可适当少配；水源条件好，春、夏季节可以多配。

种鹅交配

★第一农经，网址链接：http://www.1nongjing.com/uploads/allimg/160119/891-1601191Q00N53.jpg

鹅性成熟虽然比较晚，但是寿命长，所以可利用的年限也较长。公鹅性成熟后才具有较高的受精力和较大的遗传力，公鹅一般在8～10月龄以后才可以配种，配种年龄和利用年限可因品种类型的不同而异，一般可使用3～4年，第2～3年的公鹅配种力较强。母鹅一般在6～7月龄开产，当蛋重达到该品种标准时就可以配种。早熟的小型品种的公、母鹅的配种年龄可以适当提前。母鹅第1年的产蛋量较少，第2年比第1年多，至第3年才达到高峰，第5年仍可保持较高的生产力，第5年后开始下降，有些母鹅可利用6年。

（编撰人：易振华；审核人：黎镇晖，冯　敏）

232. 育成期种鹅如何限制饲养？

目前，种鹅的限制饲养方法主要有两种：一种是降低日粮的喂料量，实行定量饲喂；另一种是控制饲料的质量，降低日粮的营养水平。由于鹅以放牧为主，所以大多数采用后面一种方法，但一定要根据放牧条件、季节以及鹅的体重，灵活掌握饲料配比和饲喂量，要求既能够维持鹅的正常体质，又能够降低种鹅的饲养费用。

在控料期间应逐步降低饲料的营养水平，每日的喂料次数由3次改为2次，尽量延长放牧时间，逐步减少每次给料的喂料量。限制饲养阶段，母鹅的日平均饲料用量一般比生长阶段减少50%～60%。饲料中可添加较多的填充粗料，如米糠、酒糟、啤酒糟等。粗料可以锻炼鹅的消化能力，扩大食道容量，后备种鹅经过控料阶段前期的饲养锻炼，放牧采食青草的能力增强，在草质良好的牧地，可不喂或少喂精料，在放牧条件较差的情况下每日饲喂2次，喂料时间在中午和晚上21时左右。

（编撰人：王芷筠；审核人：罗　文，冯　敏）

233. 在种鹅产蛋期需要注意哪些环境因素？

（1）创造适宜的环境温度。由于鹅的绒羽含量较多，皮下有脂肪但没有皮脂腺，所以散热很困难，因此鹅耐寒而不耐热，对高温反应很敏感。春天过后天气虽然比较寒冷，但是种鹅仍然可以陆续开产，公鹅精子活力较强，受精率也高。母鹅产蛋的适宜温度为8～25℃，公鹅产壮精的适宜温度是10～25℃。

（2）光照调控。光照时间的长短和强弱，能够在不同的生理途径影响家禽的生长和繁殖，对种鹅的繁殖力有较大的影响。而为了调整鹅的产蛋季节，需要使用一定光照程序调节鹅的开产时间和停产时间。为了提高产蛋性能，常常需要使用人工光照，并且根据季节、地区、品种、自然光照和产蛋周龄制订光照计划。

（3）鹅舍的通风换气。为了保持鹅舍内空气新鲜，除控制饲养密度外，还要加强鹅舍通风换气，及时清除粪便、垫草。要经常打开门窗换气。冬季为了保温取暖，鹅舍门窗大多处于关闭状态，但舍内要有换气孔，且需经常打开，始终维持舍内空气的新鲜。

（4）卫生清洁，防止病害。舍内垫草须勤换，饮水器与垫草隔开，垫草需洁净，不霉不烂，防止发生曲霉病。污染的垫草和粪便要经常清除。舍内要定期消毒，特别是春、秋两季应该结合预防注射，将饲槽、饮水器和积粪场围栏、墙壁等鹅经常接触的场内环境进行大消毒，防止疾病的发生。

（编撰人：王芷筠；审核人：罗　文，冯　敏）

234. 种鹅高效生产应注意哪些技术问题？

（1）选择适宜的品种饲养。鹅的品种不同，其生产性能差异很大。选择适宜的品种饲养，是夺取高产的前提和基础。

（2）多饲养第2~4个产蛋年母鹅，提高合格种蛋产量和受精率。

（3）多备廉价饲料原料。因地制宜，就地取材，尽量采用当地生产的、供应充足的饲料原料。

（4）调整种鹅产蛋周期。可以采取一些技术措施，改变种鹅的产蛋时间，使孵出的苗鹅价格高，提高饲养种鹅的经济效益。如产蛋提前和反季节生产。

（5）鉴别淘汰低产母鹅。

（6）种鹅活拔羽绒。在鹅的休产期进行活拔羽绒，不仅可以增加收益，还提高了种鹅的利用年限。

（7）栽培充足优质的牧草。种草养鹅的经济效益一般为种植粮食作物的2倍以上，可以提高土地的单产。一定规模的种鹅场，必须利用鹅和土地的这种优势，采用种养结合的方式进行养鹅生产，尽量减少精料和化肥的用量，提高综合效益。

（编撰人：王芷筠；审核人：罗　文，冯　敏）

235. 鹅限制饲养中需要注意哪些事项？

（1）注意观察鹅群动态。在限制饲养阶段，随时观察鹅群的精神状态、采食情况等，发现弱鹅、伤残鹅要及时剔除，进行单独的饲喂和护理，弱鹅往往表现行动呆滞，两翅下垂，食草没劲，两脚无力，体重轻，放牧时常常落在鹅群后面，严重的则卧地不起。对于个别弱鹅应停止放牧，进行特别管理，可以饲喂其质量较好且容易消化的饲料，到完全恢复后再进行放牧。

（2）放牧场地选择。应该选择水草丰富的草滩、湖畔、河滩、丘陵以及收割后的稻田、麦地等。放牧前，先调查牧地附近是否喷洒过有毒药物，否则要等待一周或下大雨之后才能再次放牧。

（3）注意防暑。种鹅育成期正值酷暑，气温较高。放牧时应早出晚归，避开中午高温，早上天微亮就应出牧，10点左右就该将鹅群赶回圈舍或阴凉处休息，至下午3时左右再继续放牧，日落后收牧。休息的场所最好有水源，便于饮水、戏水、洗浴。每天清洗食槽、水槽，更换垫料，保持垫草和舍内干燥，做好鹅舍的卫生清洁工作。

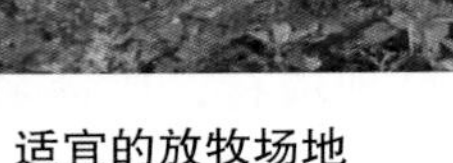

适宜的放牧场地

水草丰富的河滩放牧

★百度图片，网址链接：
http://www.tuxi.com.cn
http://www.51jianli.net

（编撰人：王芷筠；审核人：罗　文，冯　敏）

236. 如何制定种鹅免疫程序?

根据鹅传染病的流行特点，结合当地的疫病发生流行情况对种鹅设计免疫程序，建议如下。

（1）1日龄肌内注射小鹅瘟高免血清。

（2）8～15日龄肌内注射鹅副黏病毒疫苗。10日龄内肌内注射小鹅瘟高免血清或高免蛋黄液和皮下或肌内注射禽流感（H5亚型）灭活苗。

（3）20～30日龄以及开产前肌内注射鹅的鸭瘟弱毒疫苗、小鹅瘟弱毒疫苗。

（4）要根据当地流行毒株进行相应的疫苗毒株免疫，否则，一旦毒株发生变异，疫苗的保护率将大大降低。

（5）做好环境的消毒，鹅群的隔离以及鹅群的免疫工作，避免免疫后发病。

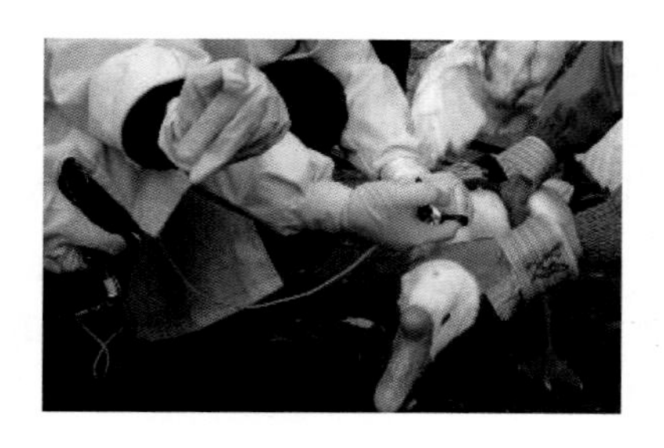

种鹅接种疫苗

★新浪网，网址链接：http://news.sina.com.cn/c/p/2005-11 16/22388317362.shtml

（编撰人：谢婷婷；审核人：黎镇晖，冯　敏）

237. 如何健全鹅场防疫系统?

（1）加强对疫病的免疫监控和免疫预防，根据鹅场的实际情况，制定合理有效的免疫程序，有计划地进行免疫接种，增强鹅群的免疫能力。

（2）健全生物安全体系，实行全进全出的饲养制度。

（3）自繁自养，避免引种带来的疾病。

（4）离开养鹅场的鹅均不再返送鹅场继续饲养。

（5）做好病鹅、死鹅的处理工作，实行无污染无公害化处理，防治疾病的传播。

鹅免疫接种

★金鹏鹅业网，网址链接：http://www.jinpengem.cn/

（编撰人：谢婷婷；审核人：黎镇晖，冯　敏）

238. 鹅传染病发生和流行的三个必要条件是什么?

（1）传染源。某一病原微生物在其中定居、生长繁殖并不断向外界排出病原体的鹅，包括正在发病的病鹅、病愈后仍带菌（毒）的鹅，前者较易识别和防范，而后者会成为危险的传染来源，应予以重视。

（2）传播途径。病原体由传染源排出后侵入易感鹅所经过的途径。传播途径包括病鹅污染的饲料、饮水、垫料、空气、土壤等。此外，饲养人员、兽医工作者、参观访问人员、车辆、猫、狗、老鼠、野鸟等也可能成为传播病原的传播途径，是防疫工作中不可忽视的问题。

（3）易感鹅群。对某一病原微生物具有易感性的鹅群。鹅群的易感性由机体的特异性免疫与非特异性免疫状态决定。养鹅过程中，可通过注射疫苗、免疫血清或高免蛋黄液等方法，以使鹅群对某一疫病由易感状态转变为不易感状态，从而达到预防该疫病的目的。

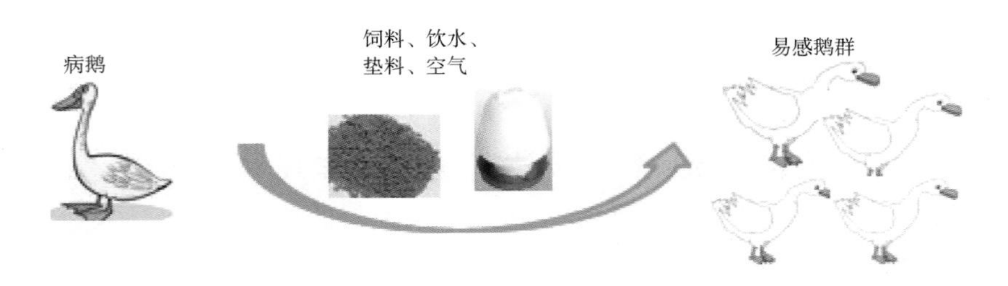

传染病传播过程

★视觉中国，网址链接：https://www.vcg.com/creative/810507389

（编撰人：谢婷婷；审核人：黎镇晖，冯　敏）

239. 在给鹅进行驱虫时必须做到哪几点？

（1）确诊鹅主要寄生虫，明确驱虫方法和选择对应的驱虫药物。

（2）选择广谱、高效、低毒、使用方便及成本低的驱虫药。

（3）注意药物的安全性，谨防药物中毒。

（4）选择合理的驱虫时间，进行体内寄生虫驱杀时，应选择傍晚给鹅投服驱虫药，易于消除排出的虫体，避免污染场地和鹅啄食。进行体外寄生虫驱杀时，应选择晴朗、气温较高的白天进行。

（5）关于环境的消毒，幼虫在外界生活环境只能存活15天左右，尤其在冬季，幼虫不易存活，因此将鹅场闲置两个月，做好卫生消毒即可除去环境中的病原体。

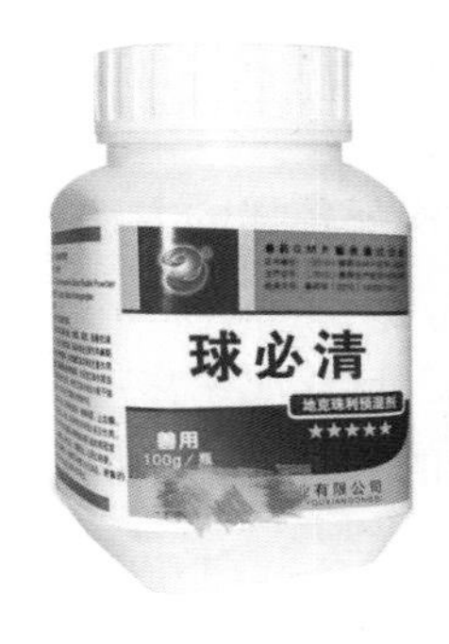

驱虫药

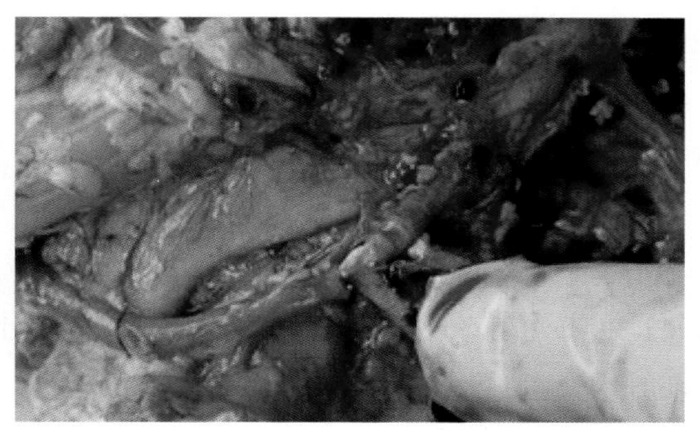

小肠球虫

★百度图片，网址链接：
http://blog.sina.com.cn/s/blog_51ea30f60102vovr.html
http://blog.sina.com.cn/s/blog_51ea30f60102vovr.html

（编撰人：谢婷婷；审核人：黎镇晖，冯　敏）

240. 如何提高鹅群抗病力？

疾病预防在养鹅生产中是一件非常重要的工作。做好预防工作可以使鹅群少发生病害，甚至不发病，减少药物支出，降低成本，增强鹅体质，加强抗病力。搞好疾病预防工作主要抓以下几个环节。

（1）建立体质健壮的鹅群，选择优良、健壮的种鹅，加强鹅群的饲养管理，增强鹅群体质，提高鹅群对疾病的抵抗力。

（2）搞好环境卫生，潮湿的工作场地最适宜病原菌的生存与发育，是产生疾病的策源地。因此，养鹅场地要保持排水良好，场地干燥。发霉的饲料和垫料，容易使鹅群发生曲霉菌病。同时，粪便是传染疾病的一个主要来源，粪便的处理最好是堆沤，进行生物热发酵，这样可以杀死病原菌。

（3）采取封闭式管理，防止外来人员的污染导致疾病的发生。

（4）饲养时要经常检查鹅群动态，发现不良现象应立即采取措施，以免疾病传播。

（5）防患于未然，做好预防接种免疫工作，同时场内人员应及时了解相关疾病信息。

（编撰人：胡博文；审核人：罗　文，黎镇晖）

241. 鹅场如何采取生物安全措施防治鹅病？

生物安全措施是现代养殖业最经济、有效的控制疾病传播的方法，包括如下几方面。

（1）隔离。将鹅饲养在一个可控制的饲养环境，与其他家禽或动物隔离分开饲养；将鹅群按年龄分开饲养。严格遵循全进全出的管理制度，阻断鹅群间疾病的传播途径。

（2）控制人员和物品的往来，包括进入鹅场及场内车辆、人员数量。

（3）卫生消毒到位，进入养鹅场的物品，人员及设备均经过严格卫生消毒。

（4）场址的选择应远离人口密集区、远离交通干线、远离养殖密集区等，参照《畜牧法》相关选址要求。

（5）程序免疫接种，保护易感鹅群。

（6）严防工作人员串舍，交叉使用工具。

卫生消毒病

死鹅无公害化处理

★腾讯网，网址链接：http://new.qq.com/cmsn/20150112/20150112017877
★渔业养殖畜牧，网址链接：ttps://www.newsmarket.com.tw/blog/64011/

（编撰人：谢婷婷；审核人：黎镇晖，冯　敏）

242. 养鹅要预防哪儿种病毒性疾病？

主要有小鹅瘟、鹅副黏病毒病、禽流行性感冒，再根据当地疫情确定是否进行鸭瘟、雏鹅新型病毒性肠炎、鹅出血性坏死性肝炎的预防。

雏鹅应接种小鹅瘟抗血清免疫。在无小鹅温流行地区，可在雏鹅1～7日龄用同源（鹅制）抗血清，每只皮下注射0.5毫升；在小鹅瘟流行地区，雏鹅1～3日龄用上述血清，每只注射0.7毫升。仔鹅应接种鹅流感灭活苗或鹅副黏病毒病鹅流感二联灭活苗免疫后45～60天，须进行第二次单苗或二联苗免疫，适当加大剂量，每只鹅肌内注射0.7～1毫升。后备种鹅3月龄左右用小鹅瘟种鹅活苗免疫1次，按常规量注射。

成年鹅在鹅群产蛋前15天，肌内注射鹅蛋子瘟灭活苗或鹅蛋子瘟禽巴氏杆菌二联灭活苗免疫。在鹅群产蛋前10天左右，在另侧肌内注射I号剂型鹅副黏病毒灭活苗、鹅流感灭活苗或二联苗，每只鹅注射1毫升，2个月后再注射1次。在鹅群产蛋前5天左右进行小鹅瘟种鹅苗免疫，如仔鹅已免疫过，可用常规4～5倍剂量进行第二次免疫，免疫期可达4～5个月；如仔鹅没免疫过，按常规量免疫，免疫期为100天。免疫后100～120天内再用2～5羽份剂量免疫1次。

（编撰人：胡博文；审核人：罗　文，冯　敏）

243. 鹅主要细菌性疾病有哪些?

在生产上鹅的细菌性疾病主要有如下几种。

（1）禽霍乱。巴氏杆菌病引起的接触性传染性疾病，该病分为最急性、急性和慢性型3种类型。最急性型多在流行初期突然死亡；急性型病鹅闭目泉立，不敢下水；慢性型病鹅消瘦、拉稀且伴随关节炎等。

（2）鹅副伤寒。禽副伤寒沙门氏菌所引起的传染病，多发于雏鹅，表现为下痢、结膜炎等；成年鹅呈慢性病症，主要表现为消瘦。

（3）鹅大肠杆菌病。也称鹅蛋子瘟，病原体为埃希式大肠杆菌，是一种破坏产蛋期母鹅生殖器官的疾病，因此又被称为大肠杆菌性生殖器官病。

（4）曲霉菌病。由烟曲霉菌所致，多发于南方梅雨季节，幼鹅食入发霉的饲料，或在发霉的垫草上饲养从而感染此病。

（5）鹅出血性败血病。禽多杀性巴氏杆菌引起的急性败血性传染病，该病多发于种鹅或青年鹅，雏鹅和仔鹅较少发病。

（6）鹅鸭疫里默氏杆菌病。由几种不同血清型鸭疫里默氏杆菌所致的急性或慢性败血症。

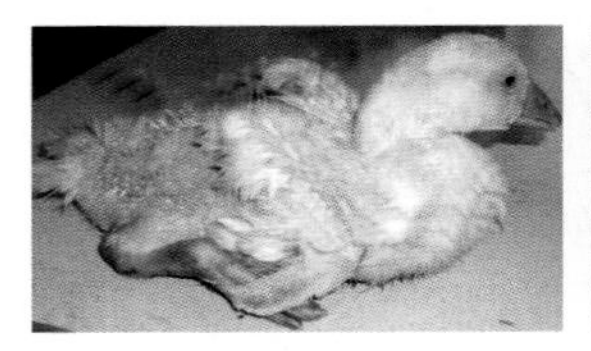

鹅黄曲霉菌病

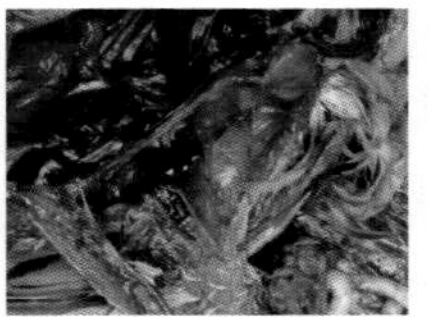

鹅大肠杆菌病

★农村致富网，网址链接：http://www.sczlb.com/cate-news/16318.html
★新浪博客，网址链接：http://blog.sina.com.cn/s/blog_14076f0310102vfs1.Htm1

（编撰人：谢婷婷；审核人：黎镇晖，冯　敏）

244. 鹅寄生虫病有哪些?

（1）鹅球虫病。艾美耳球虫寄生于肾小管上皮组织，肾组织受到破坏，3周龄到3月龄易感。

（2）鹅棘头虫病。棘头虫寄生于鹅体内，对幼鹅危害较大，多发于春、夏季节，8月达感染高峰。

（3）鹅毛滴虫病。鹅毛滴虫寄生于鹅体内，潜伏期为6～15天，5～8月龄为易感龄，多发于春、秋季节。

（4）住白细胞虫病。西式白细胞原虫寄生于雏鹅，表现为高热，下痢，贫血。

（5）隐包子虫病。隐包子虫科隐包子虫属的贝氏隐孢子虫，寄生于鹅的呼吸系统，法氏囊，泄殖腔，也寄生于其他禽类。

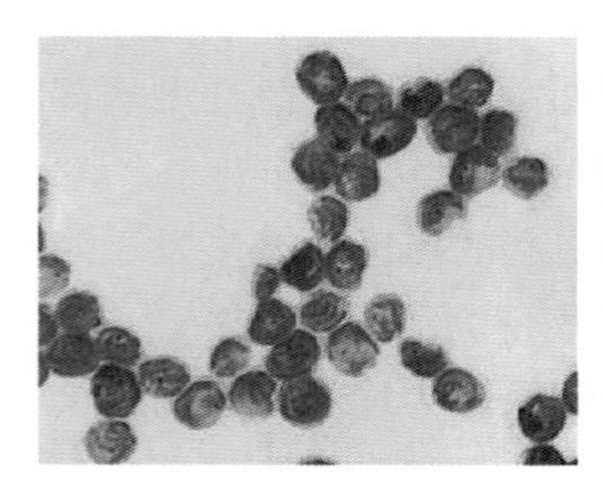

隐包子虫显微镜

鹅肠球虫

★百度百科，网址链接：
http://baike.sogou.com/h234354.htm
http://baike.sogou.com/v7645325.htm;Jsessionid=93BAD16236AABD053838605CBF90103E.n2

（编撰人：谢婷婷；审核人：黎镇晖，冯　敏）

245. 鹅磺胺类药物中毒是怎么回事?

磺胺类药物是一类人工化学合成的抗菌药物，具有广谱的抗菌性，但其副作用比抗生素大，应用不当或剂量过大，可引起禽类急性和慢性中毒。不同磺胺药物对禽体的毒性强弱不同、药物吸收量和作用时间长短不同，其表现有差异。

中毒鹅食欲不振或不食，饮水增多，排稀便，呈暗红色或白色尿酸盐粪便。母鹅产蛋下降，皮肤、肌肉有出血点，肝脏肿大、有出血点，肠道黏膜有出血点，病程长且病重的，肾脏肿大、色淡、呈花斑样、肾小管充满尿酸盐。中毒严重的禽群可能造成大批量的死亡，可以采用剂量准确的磺胺类药物预防细菌性疾病和球虫病。

（编撰人：胡博文；审核人：罗 文，黎镇晖）

246. 鹅维生素E和硒缺乏症表现如何？

维生素E和硒缺乏症又名白肌症，维生素E是几种生育酚的总称。鹅缺乏维生素E和硒时，使机体抗氧化机能发生障碍，临床上表现特征为渗出性素质、脑软化、白肌病等的一种营养代谢病。

幼鹅缺乏维生素E和硒时，使机体抗氧化机能下降，导致骨骼肌以及内脏器官发生病变，以及影响生长发育繁殖等机能障碍，这是因缺乏维生素E或硒而引起鹅的营养代谢病。成年鹅缺乏维生素E时一般不表现明显的症状，产蛋鹅仍然继续产蛋，产蛋率也基本正常；公鹅往往睾丸小，表现为性欲不强，精液中精子数减少，甚至无精子；种蛋的受精率和孵化率都降低，孵化的胚胎死亡较多。

发病原因多样，主要是由日粮品种单一；饲料搭配不当，营养成分不全；环境污染等引起。主要病理特征为脑软化症、渗出性素质、肌营养不良甚至出血和坏死。不同品种和日龄的鹅均可发生，但临床上主要见于1~6周龄的幼鹅，患病鹅发育不良，生长停滞，日龄小的雏鹅发病后常引起死亡。

（编撰人：胡博文；审核人：罗 文，黎镇晖）

247. 如何防治鹅维生素A和维生素D缺乏症？

（1）防治维生素A缺乏症。对于正常鹅，每千克饲料中加入4 000SI的维生素A可预防维生素A缺乏症的发生。治疗剂量为预防量的2~4倍，连用2周，同时饲料中还应添加其他种类的维生素。对于患鹅，多喂青苜蓿、胡萝卜等富含维生素A的饲料或在饲料中添加鱼肝油，每千克饲料添加2~4毫升鱼肝油，连喂10~20天。成年重症患鹅喂服浓缩鱼肝油丸，每只1粒，连喂数日，亦可使用其他维生素A制剂进行治疗。

（2）防治维生素D缺乏症。在日粮中适当添加维生素D_3，保证一定的舍外运动时间，多晒太阳，可促进鹅体内维生素D的合成。阴雨季节则应特别注意在饲料中补充维生素D，或尽量给予富含维生素D的青绿饲料。患病鹅和产蛋鹅群应及时补充维生素D、磷酸氢钙、骨粉、贝粉或石粉等，调整钙、磷的含量和比例。患病鹅可通过肌内注射维丁胶性钙或喂服鱼肝油进行治疗，若同时喂服钙片综合治疗则疗效更好。

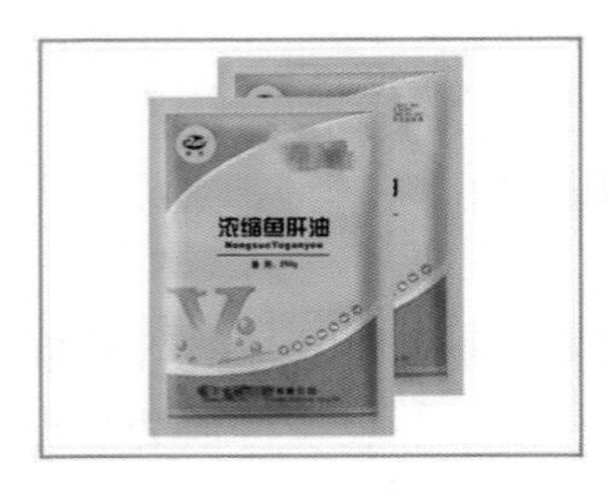

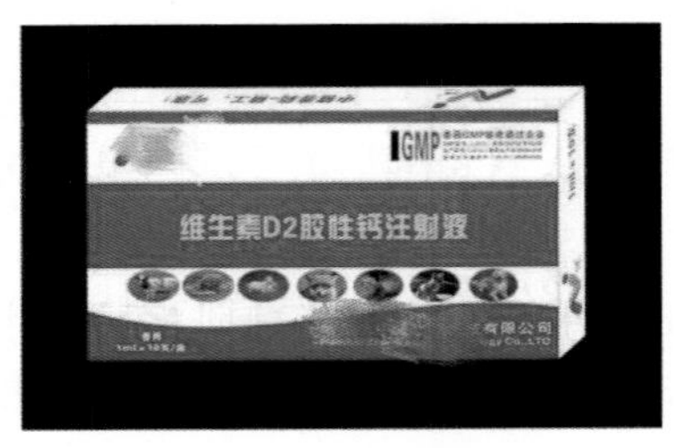

鱼肝油饲料　　　　肌内注射维丁胶性钙

★兽药吧，网址链接：http://www.shouyao8.com/sell/16/sell_info_79178.html
★中精生物有限公司网，网址链接：http://0451zhongjing.com/product.asp?Classid=8&pAge=23

（编撰人：谢婷婷；审核人：黎镇晖，冯　敏）

248. 如何防治鹅口疮？

鹅口疮是由一种白色念珠菌的酵母状霉菌所引起的鹅上消化道霉菌病，又称霉菌性口炎。其特征是在鹅上部消化道，如口腔、咽、食管和嗉囊的黏膜生成白色假膜和溃疡。防治措施如下。

（1）应从改善饲养管理和鹅舍的卫生条件做起，鹅群应保持适当密度，不宜拥挤，种蛋入孵前应严格消毒。以防种蛋带菌传染幼雏。平时不喂霉变饲料，对感染的鹅舍和用具用0.4%的过氧乙酸进行带鹅喷雾消毒，每天1次，连用5～7天。病原菌对一般消毒药有耐受力，碘制剂、甲醛、氢氧化钠对其杀灭效果较好。

（2）抗菌素对本病无效，而且还能加重本病发展。大群鹅治疗时可选用如下方法：①制霉菌素。每千克饲料添加制霉菌素100～150毫克，连喂1～3周，可减轻病的发生与发展。②克霉唑。美羽雏禽10毫克量混饲，连用1～3周。③结晶紫。以0.01%的结晶紫溶液，全群饮服连饮5天；重病禽口腔滴服0.1%结晶紫溶液，每羽1毫升，每天2次，连用5天。④局部治疗可将病鹅口腔黏膜的假膜或坏死干酪样物刮除后，溃疡部位用碘甘油或5%的结晶紫涂擦。

本病没有特异性的防治办法。鹅场应认真贯彻兽医综合防治措施，加强饲养管理，减少应激因素对鹅群的干扰，做好防病工作，提高鹅群抗病能力。

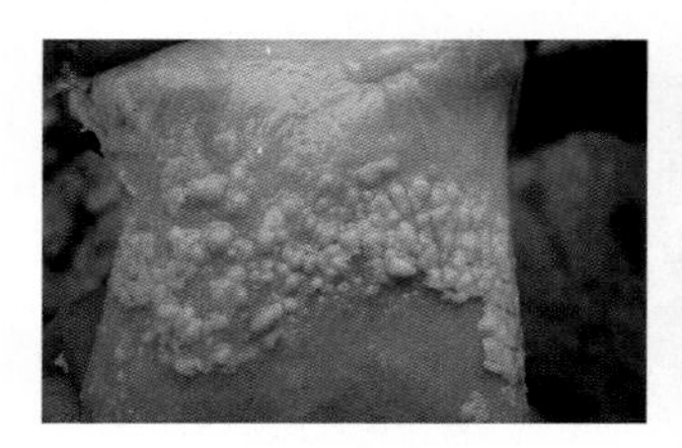

白色溃疡

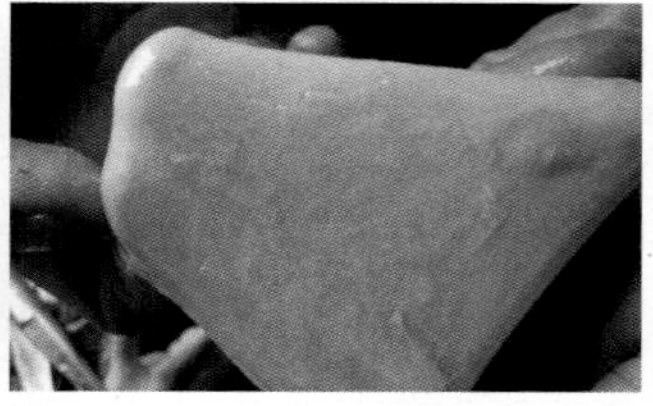

白色假膜

★新浪博客，网址链接：
http://blog.sina.com.cn/s/blog_427204bc0100u6ro.html
http://blog.sina.com.cn/s/blog_427204bc0100u6ro.html

（编撰人：阮灼豪；审核人：罗　文，黎镇晖）

249. 肉鸽健康养殖对设施有何要求?

肉鸽健康养殖对设施的要求应当从鸽场建设、鸽舍布局、设备用具等方面阐述。

（1）鸽场建设。鸽场应当建在地势较高，硬质坡地，背风向阳，排水良好的地方。此外，要求远离居民区，但是要求水电、交通方便。

（2）鸽舍布局。鸽舍内要求阳光充足，空气新鲜，地面干燥，冬暖夏凉。鸽舍一般为单列式或双列式砖瓦结构房屋。单列式一般为宽5～5.2米，长12～18米，檐高2.5米，舍内用网隔成4～6个小间，每间可养50对鸽。双列式鸽舍屋架常采用人字式，北檐高2.5米，南檐高2.8米，鸽舍的进深约2.2米，中间设0.8～0.9米宽的操作道，四周要设排水沟。

群养式鸽舍

笼养式鸽舍

★第一农经，网址链接：
http://www.1nongjing.com/uploads/allimg/161205/902-1612051I20I52.png
http://www.1nongjing.com/uploads/allimg/161205/902-1612051I21O06.jpg

（3）设备用具。鸽舍内的设备用具主要有鸽笼、巢房、巢盆、饲槽、饮水器、保健砂杯、栖架等。鸽笼一般采用柜式高层鸽笼（规格45厘米×50厘米×70厘米）；巢房为木质结构，且能拼能拆便于搬动；巢盆作为产蛋、抱窝、育雏的工具，要求直径22～26厘米，深8～10厘米；饲槽可用竹筒、铁皮制作，要求鸽子易采食，不会造成浪费，且保洁方便；饮水器要求水量可保持充足、干净，可防止鸽子脚和身体进入水槽；保健砂杯不能用金属材料制作，最好是陶瓷或者塑料材质的，高度要适宜，确保鸽子能吃到保健砂；栖架可用木棍、竹竿做成，每根栖架相距20～30厘米，离地最少40厘米，以防潮湿。

（编撰人：易振华；审核人：黎镇晖，冯　敏）

250. 如何鉴别健康鸽与病鸽？

（1）看神态。病鸽精神委顿、呆立、不愿行走、翅和尾下垂、眼睑红肿、闭目似昏睡状，有的离群另蹲一边，手摸其双脚有发凉或发热现象。

（2）看羽毛。病鸽羽毛松乱、粗糙、无光泽、无柔软感。

（3）看嗉囊。病鸽嗉囊充满气体或积液，触摸像空气球，挤压嗉囊可听到水泡音。

（4）看觅食和饮水。有病的鸽子一般行动缓慢，少食、挑食或不食，且觅食动作无力，时间延长等现象。

（5）看粪便和泄殖腔。病鸽粪便因患病不同，其形状和颜色既有相似之处也有所区别，如稀烂恶臭，且带白色或浅绿色，周围有泡沫，可能是患有沙门氏杆菌病，常黏连在泄殖腔周围羽毛上，如果是鸽瘟，还可看到肛门周围有点状出血点。

（6）看鼻孔鼻瘤。当鸽子患有鼻炎、喉气管卡他、鸟疫及霉形体病时，鼻孔内有多量的分泌物流出，粘污鼻孔周围及鼻瘤。健康鸽的鼻瘤干净并有弹性，呈浅红或粉红色，如出现潮湿污秽、肿胀、色泽暗淡等，便是发病的征兆。

（7）看呼吸频率。鸽子在正常的状态下，呼吸匀称，频率为每分钟30～40次（鸽子飞翔运动和外界气温升高时除外）。在病理状态下，鸽子的呼吸频率会不同程度的变化。

（8）看口腔咽喉。用双手轻轻打开鸽喙，检查鸽子口腔有无潮红、肿胀、分泌物、伪膜、烂喉、溃疡等不正常病变。当鸽子患有咽喉炎、白色念珠病、白型鸽痘和毛滴虫病时可能会出现上述某种症状。

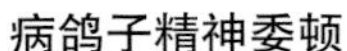

病鸽子精神委顿

健康鸽

★天下鸽问，网址链接：http://ask.chinaxinge.com/htmlmother/htmlaskshow.aspx？qid=332743
★农村致富网，网址链接：http://www.sczlb.com/cate-news/64079.html

（编撰人：阮灼豪；审核人：罗　文，黎镇晖）

251. 鸽病的检查和诊断方法有哪些?

鸽病的简易诊断方法可以用5个字来概括：即视、触、嗅、听、剖，就是用人的感官对鸽体的健康状况进行判断、分析，对其病症作出诊断。

（1）视，即视诊，就是用人的眼睛对鸽的群体和个体进行观察的方法。

（2）触，即触诊，就是用手触摸被检查部位的质地、比较硬度。如可用手触摸嗉囊，感触其充实度，判断其内容物的性状，触摸其胸肌、腿肌的厚度，有时还可用手伸入泄殖腔内触摸腔内器官有无肿胀、病理结节及腹膜炎等。

（3）嗅，就是用嗅觉来判断鸽体的分泌物及排泄物的气味是否异常。如鸽患肠炎时，其粪便恶臭；有机磷或有机氯农药中毒，可闻到农药味。

（4）听，即听诊，就是用听觉来判定鸽体的鸣叫声是否异常，呼吸时有无喘鸣或呼噜噜的异常响出现。

（5）剖，即剖检诊断。为了对患鸽的病情有一个全面了解，仅在生前作临诊观察是不够的，还必须对病死鸽或重病于濒死期的鸽体作剖检观察，以了解内腔器官的病变情况。剖检诊断时，应对被检鸽的心、肝、脾、卵巢、腔上囊等器官作全面检查，同时要注意观察胃、肠黏膜有无异常变化。

上述诊断法，只能对鸽病作出初步诊断，鸽病的确诊必须通过实验室作病原学诊断方可建立。

鸽子触诊

鸽子视诊

★天下鸽问，网址链接：http://ask.chinaxinge.com/htmlmother/htmlaskshow.aspx?
★搜狐网，网址链接：http://www.sohu.com/a/165597833_163790

（编撰人：阮灼豪；审核人：罗　文，黎镇晖）

252. 检查鸽病时的注意事项?

（1）剖检地点最好在有一定设备的病理解剖室内进行。如必须在野外或临时的场地进行剖检，应选择远离鸽场（舍）、水源及人员来往较少的地方。

（2）运出病死鸽时，应用密闭不漏水的容器装载，以防病鸽羽毛、粪便或天然孔中的分泌物、排泄物沿途散落。病鸽或死鸽的血液、排泄物和胃肠道内容物不要随便倒泼，应收集于适当的容器内，然后消毒处理，以免污染周围的环境和土壤。

（3）剖检用过的器械、用具、解剖台，以及解剖处的地面，都应洗涤清洁和消毒。

（4）剖检后的尸体，或深埋，或焚烧，或高温处理后作饲料用，但必须保证消毒完善，安全无害。解剖员应做好自身的防护工作，穿上工作服、长筒靴。剖检过程中，手部如扭伤出血，应立即停止工作，并用清水把手洗净，伤口处涂上碘酊或用0.05%的新洁尔灭溶液冲洗消毒，戴上橡胶手套后再继续工作。解剖完毕后，对伤口再进行清洗、消毒并作适当处理。

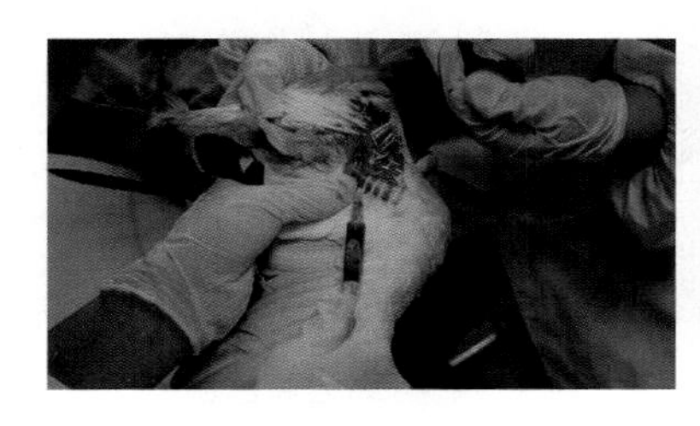

鸽子注射药物

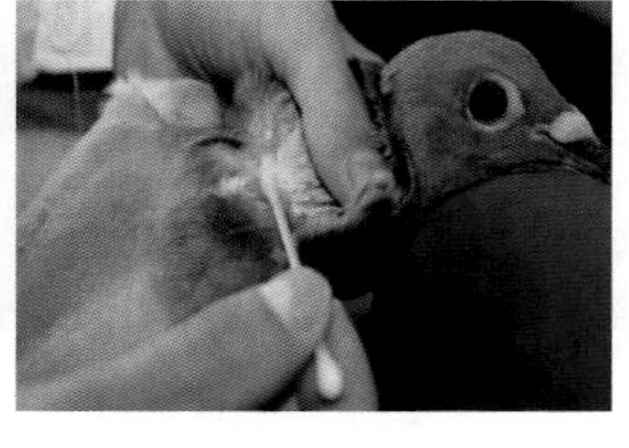

鸽子伤口消毒

★新浪博客，网址链接：http://blog.sina.com.cn/s/blog_7aa20ac50102uz3p.html
★天下鸽问，网址链接：http://www.chinaxinge.com/company/skin/25/showproducts.asp?id=8974&iid=82905

（编撰人：阮灼豪；审核人：罗　文，黎镇晖）

253. 如何防治鸽痘？

鸽痘是由鸽痘病毒引起的一种传染性疾病。它是目前鸽场的常见病之一，多发生在一岁以内的幼鸽，每年3—6月为主流行季。该病不仅能够直接引起鸽大量死亡，而且出现很多残，次鸽，直接影响养鸽的经济效益。防治措施如下。

（1）加强综合管理。注意鸽舍及周围的环境卫生，清除积水，驱除蚊蝇，定期消毒。同时加强饲养管理，补充多维、鱼肝油，增强机体抵抗力。

（2）接种痘疫苗，是预防本病的最佳方法，但由于疫苗至少需要7天以后才产生强免疫力，因此7天龄内雏鸽要防止蚊咬。痘疫苗是弱毒疫苗，此苗接种无不良反应，安全高效。接种14天后便可产生坚强的免疫力，免疫保护期达9个月以上。按说明书要求加入生理盐水或冷开水，用套有5号针头的注射器或接种针取稀释液，在鸽的鼻瘤处，乳鸽应在翅内侧，避开血管处滴上一滴疫苗液，随之刺破皮肤4～5针即可。有本病发生的场，尤其是在流行季节，越早接种越好，最好在雏鸽出壳当天接种，但为减少麻烦，也可隔3～7天接种一批新出壳的雏鸽。

（3）鸽群发生本病时，临诊上采用以抗菌消炎为主的对症性辅助疗法。一方面应进行全场投药，西药有0.02%～0.1%病毒灵饮水，或0.01%～0.05%病毒唑饮水，0.05%～0.1%比例四环素拌料或饮水等。另一方面是采取外科手术，用小钳子钳去痘痂，皮肤型涂上碘酒或四环素药膏，黏膜型则滴上碘甘油和少许“喉风散”或“六神丸”粉。

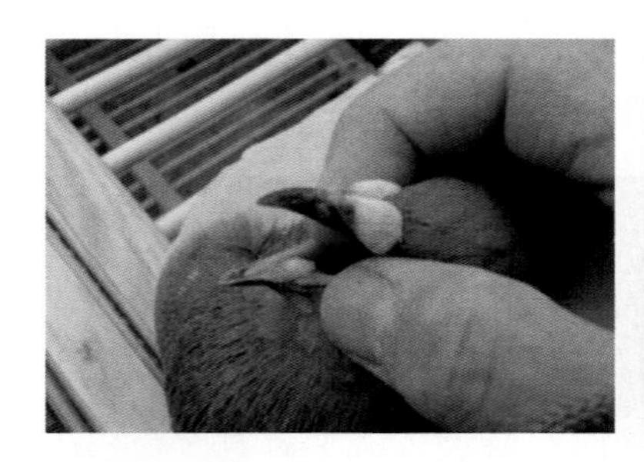

鸽子口腔黄色痘疹

鸽喙周边黄色痂皮

★酷鸽网，网址链接：http://www.kuge.cc/news/a/200110/55816.html
★搜狐网，网址链接：http://m.sohu.com/a/165627857_738915/? pvid=000115_3w_a

（编撰人：阮灼豪；审核人：罗　文，黎镇晖）

254. 如何防治鸽副伤寒?

鸽副伤寒病是由于感染沙门氏杆菌和鼠伤寒沙门氏杆菌所引起的一种综合性鸽病。当一些外界因素如：饮水不洁，饮料变质发霉，天气冷热交替频繁，鸽舍阴暗潮湿，长途运输等使信鸽整体防御机能下降时就容易感染此病。防治措施如下。

（1）做好养殖场动物卫生防疫工作，包括杜绝病原带入、完善养殖场的防疫隔离实施、切实落实养殖环境的定期消毒制度等。养殖场内严禁其他畜禽的混养，定期灭鼠。保持养殖环境的通风干燥。

（2）病鸽要严格隔离饲养，隔离期改多层笼养为单层平养，饲养密度易低不宜高。特别是饲养后备鸽时，饲养密度越高，感染和发病后果越严重。

（3）规模化养殖场要逐步筛选并淘汰病原学阳性个体鸽。根据沙门氏菌病为条件性致病特点，如果不淘汰，康复后病鸽或者是隐性感染者同样长期排毒，对鸽群构成很大的威胁。

（4）常用的药物。磺胺类药物可选用疗效较好的磺胺嘧啶、磺胺二甲嘧啶和磺胺甲嘧啶等按照0.5%比例混入饲料中进行饲喂，连用3～5日。还可以选用浓度为0.15%的碘胺水溶液作为饮水或金霉素每天每只口服15毫升，也有一定效果。对已经发病的鸽场应立即进行鸽舍、饲具和环境的彻底消毒，并且立即隔离病鸽进行分别治疗。

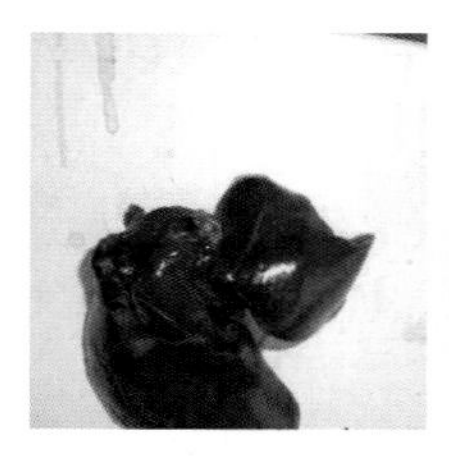

病鸽肝脏肿大出血

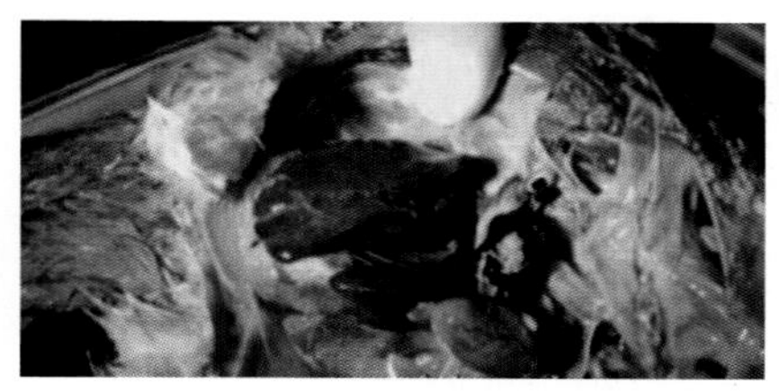

病鸽肝脏呈铜绿色

★中国信鸽信息网，网址链接：
http://www.chinaxinge.com/company/skin/1/n_news.asp? id=6867&iid=1234
http://news.chinaxinge.com/ashownews.asp? id=108356

（编撰人：阮灼豪；审核人：罗　文，黎镇晖）

255. 如何防鸽霉形体病?

鸽霉形体病又叫鸽慢性呼吸道病，主要侵害幼鸽，成年鸽也可发病。该病主要通过带有病原菌的尘埃、飞沫经呼吸道传染或亲鸽通过鸽乳从口腔传给雏鸽。病鸽喉咙经常出现“呼噜”的声音，有的鸽子也会眼睑肿大，经常流水，并伴有厌食、缩颈、不愿飞翔，排出乌黑色呈胶冻状或清水样的粪便。防治措施如下。

（1）种用鸽苗自繁自养，需要引入种鸽时，要先隔离检查，确定引入种鸽健康后再合群饲养。避免鸡鸽同场共养，搞好平时的清洁卫生和饲养管理。

（2）严格执行卫生防疫制度，定期预防投药，常用药物有红霉素、泰乐菌素、螺旋霉素。加强对原有鸽群的观察，发现可疑鸽立即隔离治疗或淘汰。

（3）加强饲养管理，饮水中添加多维以提供给足够的营养成分，饲料中添加鱼肝油补充维生素A，提高上呼吸道的抗病能力。

（4）发病后的治疗措施：①服用乙酰螺旋霉素，成年鸽1天2片，1天1次，2天见效。②红霉素0.02%，泰乐菌素0.08%，饮水给药，连用3～5天。③0.04%～0.08%的金霉素或土霉素拌料，连用4天。④复方泰乐菌素饮水，1升水加2克，连用3～5天。⑤对病情严重的病鸽，可肌内注射青霉素、链霉素，每天1次。

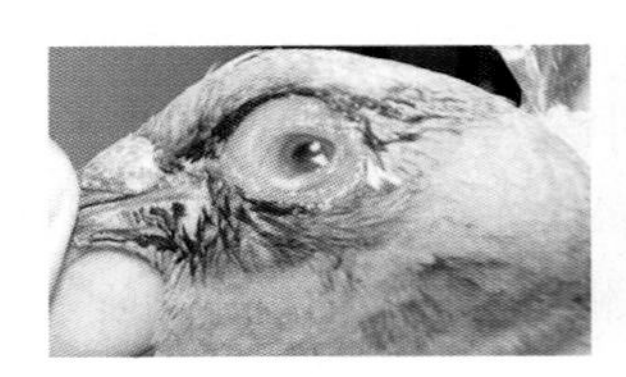
病鸽眼部流水

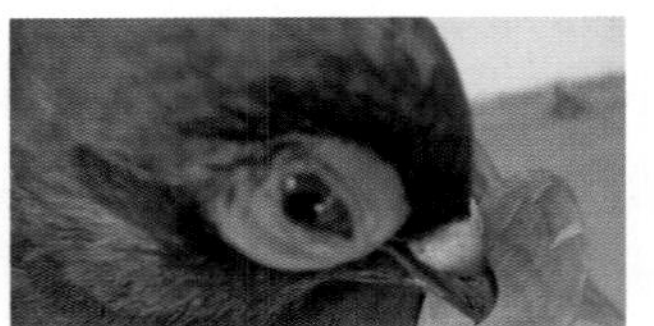
病鸽眼睑肿大

★百业网，网址链接：
https://www.baiyewang.com/s4119479.html
https://www.baiyewang.com/s4119479.html

（编撰人：阮灼豪；审核人：罗　文，黎镇晖）

256. 如何防治鸽曲霉菌病?

曲霉菌病又称曲霉菌性肺炎，由致病性很强的曲霉菌属的烟曲霉菌引起幼鸽的一种真菌病。曲霉菌易在堆肥、含水量高的粮食和饲料中大量生长繁殖。幼鸽感染曲霉菌常呈急性群发性，发病率高，可造成幼鸽大批死亡。防治措施如下。

（1）发病后立即彻底清除和烧毁霉变垫料，更换新鲜干燥垫料，保持舍内空气通畅，做好防潮保温工作。

（2）加强消毒工作。全群采用0.3%过氧乙酸，按每立方米空间30毫升用量进行带鸽消毒和环境消毒。

（3）饮水用1：2 000的硫酸铜溶液饮水，每天2次，连用5天。其他时间饮水中加入多种维生素。

（4）抗生素治疗可采用下列方法：①口服金霉素，每只每次20万国际单位，每日2次。②口服制霉菌素，每只每次20～40毫克，每日2次，连用3～5天。

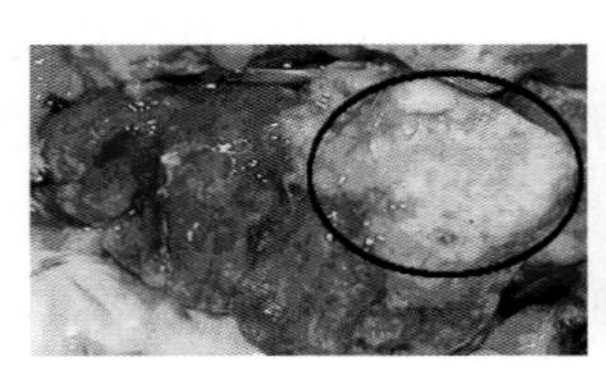
鸽肺脏有黄白色坏死灶

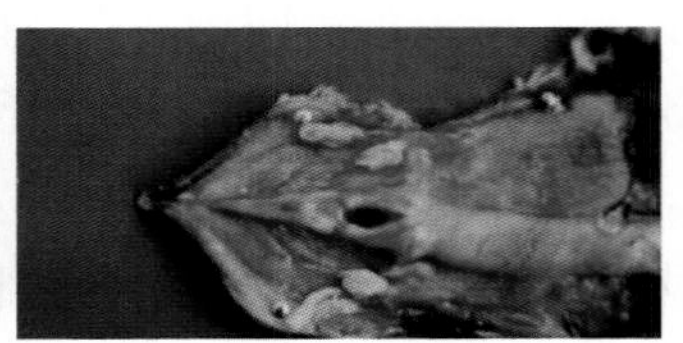
鸽有黄色鳞片状斑点

★赛鸽资讯网，网址链接：http://www.saige.com/news/a103436.html

（编撰人：阮灼豪；审核人：罗　文，黎镇晖）

257. 如何防治鸽丹毒病?

鸽丹毒是丹毒杆菌引起机体皮肤、肌肉、心膜、内脏出血为特征的一种败血性疾病，人与动物均可感染。丹毒杆菌对鸽的致病力强，其他禽类也易感。在卫生条件差，营养不良，鸽舍潮湿拥挤以及气候剧变时可诱发。丹毒杆菌对消毒药物的抵抗力不强，但在土壤里生存时间很长，污染的房舍、场地、饲料、饮水及用具等，可成为传染的主要来源，通过消化道及皮肤破伤侵入体内。防治措施如下。

（1）杜绝病原引入。丹毒是猪的常见病，故鸽场内应严禁养猪，鸽场应远离养猪场和其他养禽场，鸽场工作人员尽量不要频繁来往于鸽场和其他养殖场，以便隔绝病源。发病后应及时隔离病鸽，进行治疗，或做淘汰处理，随之进行全场性的清理和消毒，并及时进行药物预防。

（2）要做好养殖场的卫生消毒工作，减少患病的概率，消毒液可以选用石灰乳或者热碱水，将鸽舍的墙壁进行涂刷，进而起到消灭病菌的作用，提高圈舍的卫生。还要做好饲料的管理工作，不能将发霉或者变质的饲料喂养鸽群。

（3）治疗：首先，青霉素的疗效最好，按每千克体重6万～8万单位肌内注射，每天1次，连续2～3天，或者溶于水中连续4～6天全天供饮。也可用红霉素按每千克体重200～250毫克量混于饮水中全天饮用，连续3～5天。其次，四环素、土霉素、磺胺等抗菌类药物也有较好的疗效。

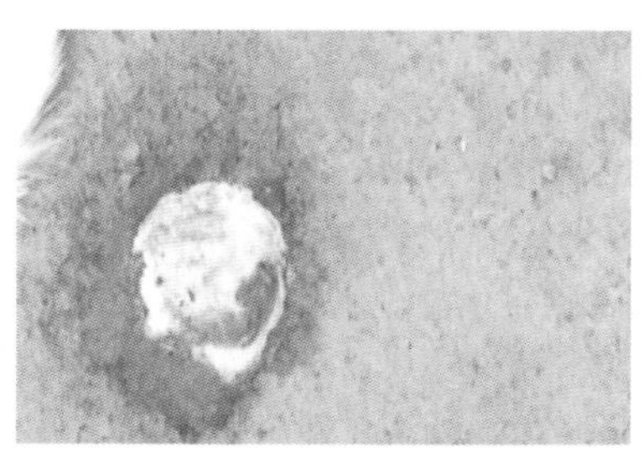

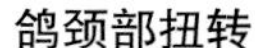

鸽颈部扭转　　鸽绿色稀粪

★猪友之家网，网址链接：http://www.pig66.com/breed/2015/0725/3546.html
★中国信鸽信息网，网址链接：http://photo.chinaxinge.com/show.asp？id=70631&q=1

（编撰人：阮灼豪；审核人：罗　文，黎镇晖）

参考文献

《中国家禽品种志》编写组. 1989. 中国家禽品种志[M]. 上海：上海科学技术出版社.
白音桑. 2012. 鹅常见细菌病的防治[J]. 畜牧与饲料科学（8）：114–115.
包刀. 2016. 种蛋保存过程中的注意事项[J]. 农村百事通（6）：44.
孟旭. 2015-04-13. "智集蛋"，一键遥控所有家电[N]. 新华日报（2）
曹杰坤，王立之，李德远. 1992. 新县引进罗曼肉鸡饲养效果测定与分析[J]. 河南畜牧兽医（3）：17–18.
曹素娟，尚莲素. 2013. 肉鸡场选址的注意事项[J]. 中国畜禽种业，9（4）：149.
曾凯. 2002. 肉用种鸡体重均匀度的影响因素[J]. 当代畜牧（5）：3–4.
曾涛. 2015. 调控北京鸭和番鸭抗热应激关键基因的筛选与鉴定[D]. 南京：南京农业大学.
常月明，谭茂安，王海玲. 2012. 怎样养好后备种鹅[J]. 水禽世界（5）：47–48.
陈芳. 2011. 如何选择种鹅[J]. 中国畜禽种业，7（5）：12.
陈合强. 2012. 肉种鸡脱毛的原因分析[J]. 科学种养（7）：49–50.
陈红平，董晓. 2003. 鸡常见胚胎期疾病及其防治措施[J]. 山东家禽（3）：26–27.
陈佳. 2017. 鹅绦虫病的特征、诊断与防治[J]. 畜牧兽医科技信息（8）：116.
陈宽维. 2012. 新发现的我国家禽地方品种大观（三）[J]. 中国家禽，35（15）：33–38.
陈明乐. 2012. 鸭蛋的人工孵化[J]. 中国畜禽种业，8（6）：129–130.
陈苏宁. 2015. 蛋鸡维生素A缺乏症的防治[J]. 畜牧兽医科技信息（1）：98.
陈相辉. 2016. 规模化养殖过程中禽马立克氏病的诊治[J]. 中国动物保健（12）：72–73.
陈瑶. 2017. 鸡马立克氏病诊断与防制[J]. 兽医导刊（9）：58.
陈奕春，陶争荣. 2008. 蛋鸭笼养与平养的比较[J]. 农村养殖技术（24）：13–14.
陈永亮. 2013. 规模化鸡场如何防控新城疫[J]. 农村养殖技术（6）：55–56.
陈永亮. 2009. 光照对肉鸭生产性能的影响及管理[J]. 浙江畜牧兽医，34（5）：10–11.
陈章言. 2006. 人工授精技术在半番鸭生产中的应用研究[D]. 南京：南京农业大学.
陈兆. 2005. 肉鸭快速育肥技术[J]. 四川畜牧兽医，32（6）：43.
陈自峰. 2006. 鹅的饲养管理技术[J]. 水禽世界（4）：48–51.
陈祖鸿，汪水平，彭祥伟，等. 2014. 肉鸭钙和磷营养研究进展[J]. 中国家禽（8）：43–47.
程红利. 2011-05-12. 怎样科学选鸭苗[N]. 河北科技报，（B07）.
程志斌，李晓珍，苏子峰，等. 2011. 解读农业部公告（第1224号）《饲料添加剂安全使用规范》[J]. 饲料工业，32（3）：59–63.

仇晓林. 2010. 养鸡设备简介[J]. 养殖技术顾问（7）：45.
崔鹏鹏，王旭贞. 2003. 高产蛋鸡产蛋性能低下及产蛋异常下降的原因及对策[J]. 养禽与禽病防治（12）：20-21.
代景德. 2015. 浅谈肉鸭网上平养技术[J]. 北方牧业（14）：23.
戴大伟. 2012. 种鸡舍与商品肉鸡舍的设计[J]. 养殖技术顾问（6）：31.
戴有理. 1994. 肉鸡舍建筑类型与氨的释放量[J]. 禽业科技（2）：41.
德晓艳. 2008. 种鹅休产期饲养管理[J]. 畜牧兽医科技信息（11）：72.
丁春华，王培娟，徐良金，等. 2008. 中国肥肝鹅的研究现状与发展思路[J]. 中国畜牧兽医，35（12）：158-161.
丁海琴. 2017. 鸡慢性呼吸道病的诊断和防治措施[J]. 国外畜牧学（猪与禽）（5）：24-25.
丁君辉，李翔宏，王荣民，等. 2012. 不同饲养方式对肉鸭生产性能的影响[J]. 江西畜牧兽医杂志（6）：16-19.
董美英，仲伟芳，杨昱萍，等. 2004. 肉鸽的饲养管理技术[J]. 畜牧兽医科技信息（5）：55-56.
范国寿. 2015. 肉鸭网上平养技术[J]. 畜禽业（2）：17-18.
方勃. 2009. 皖西白鹅种鹅选择及产蛋期饲养管理技术[J]. 安徽农学通报（上半月刊），15（3）：155-156.
方荣. 1998. 优良肉鸡品种知多少[J]. 农村实用工程技术（2）：23.
房静. 2014. 鸡的胚胎发育与照蛋方法[J]. 养殖技术顾问（5）：42.
丰艳. 2015. 畜禽养殖场场址选择及规划布局[J]. 贵州畜牧兽医，39（5）：56-57.
冯爱国，丁文娟. 2009. 珍珠鸡的人工繁育方法[J]. 养殖技术顾问（6）：26-27.
冯大军. 2012. 规模养鹅增效益优化选配是基础[J]. 当代畜禽养殖业（6）：21-22.
冯国清. 2014. 稻田养鸭稻丰鸭肥[J]. 乡村科技（13）：34.
冯旭东. 2016. 蛋鸡维生素A缺乏症的临床症状及防治措施[J]. 现代畜牧科技（5）：112.
付友山. 2004. 种蛋孵化率低的原因与对策[J]. 中国家禽，26（24）：29-30.
傅文栋，王新平. 2010. 家畜精液品质评定项目及其方法[J]. 新疆畜牧业（12）：53-55.
皋古兵，李恒山，丁永军. 2010. 肉用种鸡育成期的限制饲喂技术[J]. 现代农业（5）：166.
高贵涛. 2012. 鹅大肠杆菌病的防治方法[J]. 福建农业（11）：24.
高献雨. 2015. 后备种鹅的选择和分段饲养管理[J]. 吉林畜牧兽医，36（11）：52-53.
高亚军，郭护林. 2013. 种蛋消毒的几种方法[J]. 养禽与禽病防治（7）：32.
高占国，欧阳照华. 2008. 矿物质饲料在养鸡中的应用[J]. 中国畜牧业（9）：41.
高占国，翟自涛. 2008. 矿物质饲料在养鸡业中的作用[J]. 畜牧与饲料科学（3）：7.
葛殿新. 2017. 蛋鸡产蛋期出现异常的原因及解决方案[J]. 现代畜牧科技（3）：25.
葛继正，于会祥. 1995. 肉用种鸡公母分饲应注意的问题[J]. 养禽与禽病防治（1）：14.
龚道清，张军，段修军，等. 2005. 不同杂交组合半番鸭生长和肉用性能的研究[J]. 扬州大学学报（4）：27-30.
龚文雄. 1995. 种鸡的限制饲养[J]. 专业户（7）：29-30.
龚玉泉. 2014. 蛋鸡饲料营养调控技术及其研究方向[J]. 中国畜牧兽医文摘，30（9）：58-79.

谷魁菊. 2017. 鹅常见寄生虫病的症状和防治措施[J]. 现代畜牧科技（5）：68.
谷岐. 2017. 鸡传染性鼻炎的诊断与治疗[J]. 乡村科技（3）：74.
顾宝国，郝大蒙. 2015. 浅谈种草养鹅技术[J]. 中国畜禽种业（5）：46-47.
顾建洪. 2011-03-07. 生物发酵全价配合饲料：中国，102160599A[P].
顾宪红. 1994. 不同建筑类型肉鸡舍氨的释放量[J]. 国外畜牧科技（1）：33.
关法春，田飞鹏，沙志鹏，等. 2013. 不同生产方式下肉鹅养殖场地的贡献及生产效果[J]. 中国农业大学学报，18（4）：129-133.
郭凯. 2017. 鸡传染性鼻炎的防治[J]. 今日畜牧兽医（7）：22.
国家畜禽遗传资源委员会. 2011. 中国畜禽遗传资源志[M]. 北京：中国农业出版社.
国家畜禽遗传资源委员会. 2010. 中国畜禽遗传资源志·家禽志[M]. 北京：中国农业出版社.
韩枫. 2017. 鸡传染性喉气管炎的诊断与防治[J]. 当代畜禽养殖业（2）：21-22.
韩果方，李筑星. 1995. 鸡的孵化饲养及管理（I）[J]. 贵州畜牧兽医（1）：37-42.
韩磊. 2014. 提高雏鸡成活率的关键技术[J]. 中国畜牧兽医文摘（4）：74.
韩明宝. 2013. 如何做好种鸡的药物保健[J]. 兽医导刊（12）：69-70.
郝福星，袁华根. 2014. 鸭舍建筑方法[J]. 农家致富（11）：36-37.
何大乾，殷勤，龚绍明，等. 2002. 种鹅高效生产关键环节[J]. 养禽与禽病防治（9）：26-28.
何大乾，朱祖明，龚绍明，等. 1999. 采取综合措施确保种鹅高产[J]. 上海畜牧兽医通讯（2）：35-37.
何欣云，钟建钢. 2002. 法国黑番鸭的饲养管理要点[J]. 畜禽业（6）：28.
侯美花. 2014. 鸭育雏期的温度管理[J]. 水禽世界（6）：47.
侯世忠，方明生，谢宜孔，等. 1997. 肉用种鸡产蛋期笼养与平养对比试验[J]. 畜牧与兽医（2）：17-18.
胡晓苗，张丹俊，赵瑞宏，等. 2013. 不同类型商品肉鸡舍冬季环境指标调查[J]. 家畜生态学报，34（6）：58-61.
黄金林. 2016. 浅谈规模化蛋鸡育雏期饲养管理[A]. 河北省畜牧兽医学会，石家庄市畜牧水产局. 第三届河北省畜牧兽医科技发展大会论文集（上册）[C].《今日畜牧兽医》（增刊）：218-220.
黄涛，吴颖，孙群英，等. 2013. 蛋鸡饲料加工中的分级现象及改进措施[J]. 中国家禽，35（17）：50-52.
黄卫怡. 2010. 蛋鸡产蛋期饲养管理应注意的几个问题[J]. 畜牧与饲料科学，31（5）：128-129.
黄运茂，施振旦. 2010. 高效养鹅技术[M]. 广州：广东科学技术出版社.
黄珍霞. 2017. 广东省H7N9禽流感防控技术进展情况监测及策略研究[J]. 决策咨询（2）：64-68.
黄志荣，林茂令，王翌明，等. 1981. 新扬州鸡的选育[J]. 江苏农学院学报（4）：29-36.
霍明东. 2017. 鹅场疫病的防控措施[J]. 现代畜牧科技（8）：15.
纪国全，纪国文. 2014. 浅析鸡维生素E-硒缺乏症的诊断与防治[J]. 中国畜禽种业（2）：142-143.

冀贞阳. 2003. "双黄蛋"高产鸡与高产鸭[J]. 农业科技与信息（4）：30.
贾广西. 2013. 鸡配合饲料选购与使用的要点[J]. 养殖技术顾问（12）：62.
姜德兴，章世元，丁健. 2002. 雏鹅的饲养管理技术[J]. 饲料工业，23（8）：39-41.
姜红，张宝宏，申龙范. 2012. 蛋鸭笼养的优点与鸭舍构建[J]. 养殖技术顾问（3）：41.
姜丽军. 2004. 种蛋清洗消毒法[J]. 畜禽业（12）：17.
蒋琴. 2017. 肉鸡猝死综合征的防治[J]. 中国动物保健（4）：29-30.
蒋艳，赵立蕊，李勇. 2014. 平养肉种鸡的饲养管理技术[J]. 中国畜牧兽医文摘（1）：52-53.
金江. 1997. 鹅群放牧饲养技术[J]. 新农村（3）：21.
荆文学，沈东元. 2016. 肉鸡健康养殖技术[J]. 中国畜禽种业，12（12）：54-55.
鞠斌，刘艳淑，马燕丽. 2014. 肉用型狮头鹅的生产特点[J]. 水禽世界（6）：48.
鞠录文. 2016. 蛋鸡产蛋期饲养管理的几项技术措施[J]. 家禽科学（9）：28-29.
鞠星孝，蔡华文，程克鑫，等. 2012. 高产蛋鸡产蛋异常与饲养管理的关系[J]. 家禽科学（8）：12-15.
孔淑清. 2014. 肉用种鸡各时期的饲养管理与保健免疫[J]. 畜牧兽医科技信息（10）：97.
蓝斐. 2013. 如何及时诊断与防控中小型鸡场鸡传染性支气管炎—以宜州市庆远镇范围养鸡场为例[J]. 北京农业（24）：137.
劳创波. 2007. 影响种蛋孵化效果的原因分析[J]. 黑龙江畜牧兽医（12）：46-48.
李安华. 2011. 攸县土特风味食品与菜肴研究[J]. 现代企业文化（35）：114-115.
李百川. 2008. 种鸭蛋怎样消毒和保存[J]. 农村养殖技术（14）：21.
李彬，荣海玲. 2014. 肉鸭饲养管理的要点[J]. 畜牧兽医科技信息（6）：114.
李东. 1988. 良种鸡简介[J]. 黑龙江畜牧兽医（7）：42-43.
李杜，张晓思，王珏，等. 2014. 新开孵化器孵化温度研究[J]. 中国畜牧杂志，50（3）：47-49.
李凤霞，孙甲涛，朱景义，等. 2008. 雏鸭培育技术要点[J]. 水禽世界（2）：46-47.
李广超，栾栋祖，王群义. 2014. 种鹅禽流感疫苗免疫程序探讨[J]. 水禽世界（1）：38-39.
李贵阳. 2017. 蛋鸡维生素A缺乏症的病因、诊断方法及防治措施[J]. 现代畜牧科技（3）：143.
李国. 2010. 发酵床上鸡群的管理与垫料维护[J]. 家禽科学（6）：19-21.
李汉三. 2015. 肉鸭生态环保垫料养殖技术研究——以潍城区乐埠山生态开发区肉鸭养殖为例[J]. 中国动物保健，17（8）：14-15.
李和平，刘祥，王磊，等. 2006. 紫花苜蓿栽培、管理、利用技术要点[J]. 河南畜牧兽医（综合版），27（6）：32-34.
李洪栋. 2013. 优质蛋用雏鸡的挑选方法[J]. 家禽科学（2）：29-31.
李会庆，刘文科，温海霞，等. 2015. 2014年河北省蛋鸡地方品种发展报告[J]. 今日畜牧兽医（3）：1-5.
李莉莉. 2017. 浅谈鹅球虫病的临床症状及防治措施[J]. 现代畜牧科技（4）：147.
李连任，顾沛福. 2008. 鹅群选种选配的关键技术[J]. 水禽世界（3）：39-40.
李沐纯. 2008. 解析肉鸡对能量饲料的需求原理[J]. 现代畜牧兽医（12）：19-20.
李强. 2016. 蛋鸡弧菌性肝炎的临床症状、诊断及防治[J]. 现代畜牧科技（12）：143.

李瑞敏，陈锷，许翥云，等. 1959. 新狼山鸡的选育（第二报）[J]. 中国畜牧学杂志（5）：133-134.

李绍钰. 2014. 规模养殖环境对肉鸡健康及福利的影响[J]. 中国家禽，36（4）：2-5.

李松龄，陈冠军，马许. 2006. 蛋鸭高产饲养与疫病防治技术[J]. 中国畜禽种业（3）：40-42.

李文卿. 2017. 兽药在养殖业生产中的合理应用[J]. 中兽医学杂志（2）：101.

李晓丽. 2017. 肉鸡猝死综合征[J]. 中国畜禽种业（7）：160.

李兴泰. 2012. 掌握肉鸭习性提高养殖效益[J]. 四川畜牧兽医，39（10）：39.

李彦蓉，王爱民，张海云. 2014. 自动集蛋装置的研究与设计[J]. 农机化研究，36（12）：172-174.

李英. 2016. 如何进行鹅场环境控制[J]. 农业知识（3）：42.

李蕴玉，李佩国. 2004. 影响种蛋孵化率的几个因素（综述）[J]. 河北科技师范学院学报（4）：68-71.

李助南，唐登华，程泽信. 2007. 绿头野鸭与樱桃谷鸭杂交效果的观测[J]. 湖北农业科学（2）：276-278.

笠井浩司，张鸿. 1998. 鸭人工授精技术[J]. 国外畜牧科技（3）：36-37.

林健. 2006-09-18. 鹅群放牧要“七防”[N]. 经济日报（农村版），（A09）.

林谦，吴买生，蒋桂韬，等. 2014. 不同羽色和性别番鸭屠宰性能及肌肉成分比较研究[J]. 家畜生态学报，35（1）：30-34.

林云圣. 1995. 肉用种雏鸡猝死症病例报道[J]. 养禽与禽病防治（6）：41.

刘畅. 2012. 蛋鸡育雏期饲养管理措施[J]. 中国家禽，34（6）：57-58.

刘贵芬. 2017. 兽药正确辨识及合理使用[J]. 中国畜牧兽医文摘（4）：230.

刘国柱. 2014. 肉鸡健康养殖药物保健关键技术[J]. 当代畜牧（36）：39-41.

刘海斌，吴占福，耿光瑞. 2009. 种蛋保存时间对孵化效果的影响[J]. 养禽与禽病防治（9）：3-4.

刘海龙. 2015. 樱桃谷鸭饲养管理技术要点[J]. 农民致富之友（8）：231-232.

刘辉，魏祥法，王洪鹏，等. 2004. 商品肉鸭的饲养管理[J]. 山东家禽（7）：13-16.

刘金笔，刘素莲，胡涛. 2011. 略阳乌鸡选育与种鸡饲养管理技术[J]. 河南畜牧兽医（综合版）（1）：17-19.

刘蒙恩，刘秋侠. 2010. 发酵床养殖肉鸭的技术要点[J]. 水禽世界（2）：21-22.

刘胜军. 2017. 鸡慢性呼吸道病的治疗及综合预防分析[J]. 农民致富之友（8）：232.

刘仕军，徐其红，柳明涛. 2008. 樱桃谷父母代种鸭均匀度的控制要点[J]. 水禽世界（1）：15-16.

刘万珍. 2015. 肉仔鸡胸囊肿的预防[J]. 农村科学实验（3）：34.

刘炜. 2006. 绿色饲料添加剂在肉鸡健康养殖中的应用[D]. 南京：南京农业大学.

刘霞. 2006. 乌鸡维生素B_1缺乏症的诊治[J]. 家禽科学（11）：50-51.

刘星. 1986. 肉用种鸡的饲养管理[J]. 甘肃畜牧兽医（4）30-34.

刘英红. 2012. 肉鸡场选址应注意的方面[J]. 养殖技术顾问（3）：30.

刘忠，孙德军，金振国，等. 2008. 浅析父母代肉用种鸡育成期的限制饲养技术[J]. 中国畜禽种业（22）：32-34.
娄艳. 2014. 育雏期雏鸡饲养管理的要点[J]. 养殖技术顾问（1）：18.
卢保锋. 2015. 种蛋保存和消毒的技术要点[J]. 养禽与禽病防治（2）：28-29.
芦晶. 2017. 鸡马立克氏病的临床特点、诊断方法及综合防控措施[J]. 现代畜牧科技（2）：116.
陆桂荣，李志贤. 2001. 樱桃谷肉用种鸭育成期公母分饲[J]. 中国家禽，23（6）：28.
陆桂荣. 2016. 雏鸭运输应注意的问题[J]. 水禽世界（2）：55.
路卫华，刘盈洲. 2014. 谈蛋鸡场的场址选择[J]. 郑州牧业工程高等专科学校学报，34（3）：31-33.
罗庆斌，何大乾，尹荣楷，等. 2006. 我国养鹅业现状及发展趋势[J]. 中国家禽（4）：1-4.
罗哲平，余一心. 1992. 后备肉用种鸡的限制饲喂[J]. 养禽与禽病防治（5）：20.
罗志楠. 2008. 肉鸡的健康养殖[J]. 福建畜牧兽医，30（S1）：124-126.
吕振亚，刘殿章，范广勤. 1996. 浅谈肉用种鸡笼养问题[J]. 辽宁畜牧兽医（1）：12-13.
马艳. 2013. 春季种鸭自然交配要点[J]. 水禽世界（2）：50.
马野峰. 2010. 引起禽胚胎病的饲养管理因素及防治方法[J]. 养殖技术顾问（4）：27.
毛颖红. 2008. 浅谈雏鸭的饲养管理技术[J]. 广西畜牧兽医，24（5）：277-278.
毛战胜，杜杨. 2010. 管好种蛋的五个关键环节[J]. 养禽与禽病防治.（9）：16-18.
孟宪玉. 2008. 樱桃谷肉用种鸭的管理要点[J]. 农村养殖技术（7）：12.
娜日娜，韩晓华，李志国. 2013. 提高蛋鸭的孵化率—种鸭蛋的质量保障措施[J]. 水禽世界（6）：44.
南国良，李玉，夏泰真. 1995. 北京家禽育种有限公司肉用种鸡场的设计[J]. 北京农业工程大学学报（2）：89-91.
南鹏林，谭建红，蒋达波，等. 2014. 磷石膏工业化应用的无害化处理[J]. 广州化工，42（1）：19-20.
南相镐. 2015. 鸡维生素B_2缺乏症的诊断和治疗[J]. 吉林畜牧兽医（6）：46.
潘继兰. 2010. 介绍九种肉鸡优良品种[J]. 养禽与禽病治（6）：30-31.
潘继兰. 2010. 优良肉鸡品种介绍[J]. 新农村（6）：27-28.
彭继荣. 2007. 种蛋保存条件对孵化效果的影响[J]. 畜禽业（1）：7-11.
彭宇辉. 2016. 肉用种鸡育成期饲养管理的要点[J]. 现代畜牧科技（2）：25.
皮劲松. 2011. 蛋鸡养殖关键技术[J]. 湖北畜牧兽医（1）：4-6.
戚聿海. 2014. 鸡常用谷实类饲料及其需要量[J]. 养殖技术顾问（2）：47.
钱彩琴. 2001. 抓好育雏是养鹅成败的关键[J]. 养禽与禽病防治（2）：15.
钱程. 2011. 高效养鸭科学用料[J]. 当代畜禽养殖业（5）：43.
乔雪霞，吕跃伟. 2013. 浅谈固体废弃物的污染处理[J]. 技术与市场（3）：93.
秦梅，张红双，柴同杰，等. 2010. 不同养殖环境对肉鸡健康和生产性能的影响[J]. 西北农林科技大学学报（自然科学版），38（2）：13-18.
秦前淦. 1991. 中鸭的饲养管理[J]. 现代农业（6）：24.

秦贤珍. 2017. 浅谈规模养殖场养殖环节生物安全管理措施[J]. 中国畜牧兽医文摘（1）：26.
秦学忠，Derek Jee. 1985. 肉用种鸡群的饲养管理[J]. 国外畜牧科技（4）：28–30.
邱晓明. 2011. 浅析林下养殖土鸡的经济优势[J]. 北京农业（36）：72–73.
秋生. 2004. 冬季怎样使肉鸭快长速肥[J]. 农民科技培训（12）：31.
全勇. 2011. 病害动物尸体无害化处理技术应用[J]. 兽医导刊（9）：19–21.
任开中. 2014. 鸭鹅传染病的发生与预防[J]. 农技服务（6）：183–189.
佘德勇. 2005. 北京鸭和樱桃谷鸭生长性能、肌肉理化特性比较及填饲对其影响[D]. 北京：中国农业大学.
申丽，马诣均，李小琴，等. 2012. 我国现代养鸡设备生产应用现状与发展趋势[J]. 中国家禽，34（8）：4–6.
沈军达. 2008. 种草养鹅与鹅肥肝生产[M]. 北京：金盾出版社.
沈军达. 2010. 种草养鹅与鹅肥肝生产[M]. 北京：金盾出版社.
黄运茂，施振旦. 2008. 高效养鹅技术[M]. 广州：广东科学技术出版社.
沈莉. 2011. 肉鹅科学配种“十字诀”[J]. 江西饲料（2）：42–43.
沈宣红，陈又新. 2010. 浅谈如何提高肉鸭生产性能[J]. 安徽农学通报（上半月刊），16（9）：200–201.
沈义祥. 2016. 鹅种蛋孵化前处理[J]. 兽医导刊，9（24）：63–64.
施振旦. 2017. 种鹅高效生产有问必答[M]. 北京：中国农业出版社.
段生. 2010. 鹅屠宰加工的检验措施和卫生要求[J]. 养殖技术顾问（12）：152.
石义建. 1994. 夏天饲养户如何储存畜禽饲料[J]. 粮食与饲料工业（7）：34–35.
史永胜. 2017. 养鸡生产的科学用药[J]. 中国畜牧兽医文摘（7）：235.
史永胜. 2017. 养鸡用药要科学合理合法[J]. 江西饲料（4）：18–19.
苏仕军. 2014. 浅谈林间养鹅细菌性疾病综合防控[J]. 农业与技术（1）：141.
粟永春，孙学高，滕日营. 2011. 笼养后备种鸡饲养管理技术要点[J]. 中国畜禽种业，7（1）：124–125.
孙德欣. 2007. 种蛋的管理[J]. 中国畜禽种业，3（6）：80–81.
孙桂芹，杨霞. 2017. 鸡弧菌性肝炎的发生与防治[J]. 中国动物保健（4）：93–94.
孙铭鸽. 2017. 禽大肠杆菌病发生与预防[J]. 中国畜禽种业（3）：158.
孙淑洁. 2012. 生长前期鹅维生素A需要量的研究[C]. 中国畜牧兽医学会动物营养学分会第十一次全国动物营养学术研讨会论文集. 430.
孙晓燕，李尚泉，陈维英. 2004. 高产蛋鸭产蛋期的饲养管理[J]. 畜牧兽医科技信息（9）：25.
孙永泰. 2010. 公鹅阉割育肥好[J]. 农家科技（9）：23.
孙振欣. 2017. 鸡传染性喉气管炎的诊断及防治措施[J]. 中国动物保健（4）：50–51.
覃海春. 2017. 鸡传染性支气管炎的综合防治措施[J]. 当代畜禽养殖业（3）：33–34.
覃先皓，袁学树. 2006. 鹅场的卫生与防疫[J]. 广西畜牧兽医（6）：271–273.
唐建军. 2017. 家畜健康养殖和疫病防治技术要点[J]. 湖北畜牧兽医（4）：33–34.
铁玉兰. 2017. 鸡传染性喉气管炎的诊断与防治措施[J]. 甘肃畜牧兽医（6）：103–104.

汪靖，江晓明，李辉. 2016. 不同季节种鸡舍通风系统的调控[J]. 中国家禽，38（1）：71-72.
王宝维，舒常平，葛文华，等. 2014. 填饲期肥肝鹅脂肪沉积、血脂成分和脂类代谢酶的变化规律[J]. 中国农业科学，47（8）：1 600-1 610.
王程，陈卫彬，陈宏生，等. 2009. 不同集约化鸽舍模式对肉鸽生产性能的影响[J]. 中国家禽，31（12）：59-61.
王迪. 2013. 育雏鹅饲粮中维生素D_3适宜水平的研究[C]. 中国畜牧兽医学会家禽学分会第九次代表会议暨第十六次全国家禽学术讨论会论文集. 311.
王贵全，贾文星. 2017. 养殖场的高致病性禽流感防控措施[J]. 畜牧兽医科学（电子版）（3）：31.
王桂朝. 1996. 关于肉用种鸡的均匀度[J]. 禽业科技（6）：22-23.
王桂香. 2013. 如何科学选择鸭苗[J]. 农家之友（4）：52.
王和松，王小净. 2013-03-21. 微生物高活性制剂及高活性微生物蛋白饲料及其制备方法：中国，102379374A[P].
王纪坤，马淑华，侯磊，等. 2011. 蛋鸭季节管理技术[J]. 农业知识（36）：29-30.
王继文，李亮，马敏. 2013. 鹅标准化规模养殖图册[M]. 北京：中国农业出版社.
王健，臧大存，左伟勇，等. 2008. 番鸭、樱桃谷鸭及高邮鸭产肉性能及肉质特性研究[J]. 扬州大学学报（农业与生命科学版）（3）：72-76.
王金颖，高木珍. 2002. 种鸭的人工强制换羽[J]. 可育业科学，19（10）：62.
王进广. 2013. 绿色安全生产鸭的饲养方式[J]. 养殖技术顾问（8）：28.
王晶. 2015. 土鸡养殖技术[J]. 中兽医学杂志（7）：87-88.
王力献，王平，曹殿粉，等. 1993. 北京红鸡在临沂地区的适应性能[J]. 当代畜牧（1）：10.
王连会，王立男. 2005. 国家标准《产蛋后备鸡产蛋鸡肉用仔鸡配合饲料》（GB/T 5916-2004）实施指南[J]. 饲料与畜牧（6）：9-11.
王向荣. 2016. 肉鸭品种选择[J]. 湖南农业（8）：25.
王小平，文英会. 2012. 养鸡场废弃物对环境的污染及处理方法[J]. 四川畜牧兽医，39（5）：45-46.
王新森. 2016. 如何搞好养鹅场的隔离卫生[J]. 江西饲料（5）：44-45.
王秀君，郭世宁，刘汉儒，等. 2006. 肉用雏鸭的饲养管理[J]. 水禽世界（1）：24-26.
王秀萍. 2015. 肥肝鹅饲养管理关键技术分析[J]. 中国动物保健，17（8）：19-20.
王旭贞. 2015. 蛋鸡产蛋期的饲养管理技术[J]. 中国畜禽种业，11（12）：142.
王延龙，陈志国. 2011. 肉用雏鸭的饲养管理要点[J]. 养殖技术顾问（4）：22-23.
王义，唐式校. 2016. 家禽常用的能量饲料和饲草[J]. 现代畜牧科技（10）：63-64.
王友. 2017. 如何科学地做好传染性支气管炎的防控[J]. 北方牧业（8）：26-27.
王振. 2017. 鸡葡萄球菌病的典型症状、诊断和防治措施[J]. 现代畜牧科技（2）：68.
王志力. 2017. 浅谈鸡葡萄球菌病的综合防治措施[J]. 中国畜牧兽医文摘（3）：209.
未瑞霞. 2016. 鸡维生素E缺乏综合征的诊治[J]. 当代畜牧（26）：90.
魏世安. 2013. 后备鹅限制饲养技术要点[J]. 猪业观察（2）：59-59.

翁志铿，林云琴，陈震，等. 2002. 四个肉鸭品种的生产性能比较试验[J]. 家畜生态（2）：11–13.
吴凡. 2011. 冬季肉鸭快速育肥技术[J]. 农村科学实验（1）：28–29.
吴景树. 2017. 介绍几个优良肉鸭品种[J]. 农村百事通（5）：35–36.
吴开志. 1991. 稻鸭共栖实用技术[J]. 中国畜牡杂志，27（2）：59–60.
吴思恩. 如何做好育雏前的准备工作[J]. 山东畜牧兽医，37（8）：99–100.
吴意继，吴红翔. 2013. 广西黄鸡种蛋在孵化期间水分含量变化规律[J]. 当代畜牧（15）：38–39.
席磊，李明，王永芬，等. 2015. 地网结合饲养模式对肉鸭生产性能与健康水平的影响[J]. 西北农林科技大学学报（自然科学版），43（9）：9–16.
夏传才. 2007. 产蛋鸭饲养管理的关键技术[J]. 河南畜牧兽医（综合版）（12）：36.
夏龙. 2002. 肉鸭的秋季快速育肥[J]. 科技致富向导（8）：34–34.
向自良，张军，刘燕，等. 2004. 雏鸭的饲养管理技术要点[J]. 河南畜牧兽医（综合版），25（8）：40.
肖凡. 2013. 现代肉种鸡孵化管理的关键点[J]. 中国畜牧杂志，49（18）：56–59.
谢广富. 1999. 鹅肉营养成分分析及营养价值评定[J]. 肉品卫生（4）：2–3.
谢后清，周铁茅，刘福蓉，等. 1985. 成都白鸡快、慢羽纯系的选育及羽型研究[J]. 四川农学院学报（1）：9–14.
辛海瑞，潘晓花，杨亮，等. 2016. 光照强度对北京鸭生产性能、胴体性能及肉品质的影响[J]. 动物营养学报，28（4）：1 076–1 083.
幸奠权. 2004. 母猪饲养管理有窍门[J]. 农村科技（10）：19.
徐建军. 2017. 育成期肉用种鸡的饲养管理要点[J]. 现代畜牧科技（8）：24.
徐琪. 2008. 蛋鸭的笼养技术[J]. 养殖与饲料（11）：4–5.
徐雅丽，王欢，刘震，等. 2017. 不同品种鸡蛋品质及孵化期发育变化的比较研究[J]. 畜牧与兽医，49（1）：12–15.
许龙军. 2012. 稻瘟病发生的原因与防治[J]. 农民致富之友（17）：48.
许先查，王鹤. 2010. 能量饲料的开发利用[J]. 北方牧业（18）：27.
许英民. 2009. 如何饲养管理产蛋期母鹅[J]. 水禽世界（6）：23–24.
许英民. 2011. 夏季鹅群放牧死亡原因及其对策[J]. 农家科技（7）：41.
许志国，任钰锋. 2014. 浅谈蛋鸡育雏期饲养管理要点[J]. 畜牧兽医科技信息（4）：92.
薛喜梅. 2016. 肉用种鸭的饲养管理技术[J]. 水禽世界（4）：15–18.
薛玉霞. 2011. 夏秋母畜安全保胎管理[J]. 科技致富向导（22）：36.
颜培永. 1998. 肉用种鸡限饲阶段应注意的几个问题[J]. 畜禽业（3）：12.
羊建平. 2001. 农户雏番鸭死亡原因及防制对策[J]. 当代畜禽养殖业（9）：28–29.
杨春兰. 2014. 鸭舍建筑的基本要求[J]. 水禽世界（5）：50–51.
杨冬玲，张智. 2011. 规模化养鸡场废弃物的综合处理与利用[J]. 养殖与饲料（5）：9–10.
杨丽芬，何佳燚，周仕钰. 2011. 病猪无害化处理措施[J]. 农技服务，28（10）：1 469.
杨明爽. 1999. 喂鸡常用的矿物质饲料[J]. 新农村（3）：15.
杨如清. 1989. 鹅阉割技术经验[J]. 中国兽医杂志（8）：36.

杨素平，张成海. 2009. 提高种蛋孵化率的综合措施[J]. 新疆畜牧业（3）：29-30.
杨天波. 2017. 鸡马立克氏病的诊治[J]. 畜禽业（Z1）：86-89.
杨雪. 2012. 我国的几个地方优良鹅种[J]. 养殖技术顾问（10）：52.
杨永富，雷长江. 2015. 浅谈肉用种鸡产蛋期的饲养与管理[J]. 中国畜禽种业，11（4）：128.
杨征. 2004. 种蛋入孵前的消毒方法[J]. 小康生活（4）：31.
杨忠华. 1995. 如何控制肉用种鸡的均匀度[J]. 新农业（8）：41.
杨自全. 2010. 怎样给鹅配种？[J]. 乡村科技（7）：34.
佚名. 2008. 鸭的育雏方法介绍[J]. 湖北畜牧兽医（4）：38.
佚名. 2006. 我国地方水禽品种简介 I ——蛋用型鸭[J]. 水禽世界（2）：44-46.
于明. 2017. 怎样有效防控鸡新城疫[J]. 中国畜牧兽医文摘（7）：159.
于云东. 2017. 鸡传染性喉气管炎疾病的诊断与治疗[J]. 中国动物保健（4）：39-40.
于振洋. 1993. 如何提高肉用仔鸡的上市合格率[J]. 当代畜牧（3）：14-15.
余惠琴. 1986. 肉用种鸡育成期限制饲养的方法[J]. 农业科技通讯（11）：24.
俞路，王雅倩，章世元，等. 2008. 玉米蛋白饲料在樱桃谷肉鸭日粮中的应用研究[J]. 中国饲料（10）：12-15.
郁志宏. 2006. 基于机器视觉的种蛋筛选及孵化成活性检测研究[D]. 内蒙古：内蒙古农业大学.
袁国丰. 2012. 肉中鸭管理技术[J]. 猪业观察（19）：19.
袁建敏，张炳坤，呙于明. 2009. 产蛋后备鸡、产蛋鸡和肉用仔鸡配合饲料标准粗蛋白质和氨基酸的修订[J]. 饲料研究（3）：65-68.
袁仁长. 2003. 公鹅的阉割技术[J]. 农家顾问（7）：37-38.
袁玉东. 2017. 鸡马立克氏病的诊断及综合防治分析[J]. 山西农经（15）：78-83.
翟洪民. 2008. 介绍八个中型鹅品种[J]. 当代畜禽养殖业（3）：59-60.
翟少伟. 2000. 如何提高肉用种鸡的均匀度[J]. 养禽与禽病防治（5）：30-31.
翟少伟. 1999. 提高肉用种鸡体重均匀度的有效措施[J]. 中国禽业导刊（21）：16.
展跃平. 2006. 苏牧鸭与樱桃谷鸭、番鸭的屠宰性状及肉质特性比较研究[D]. 南京：南京农业大学.
张炽谦. 2017. 现代养鸡设备生产及应用[J]. 南方农机，48（4）：41.
张春丽. 2013. 蛋种鸡饲养管理的要点[J]. 养殖技术顾问（10）：29.
张恩远. 2017. 一例鸡维生素B1缺乏症的诊治[J]. 畜牧兽医科技信息（5）：48-49.
张福祥. 2013. 鹅传染病的预防与治疗[J]. 养殖技术顾问（12）：133.
张宏建，朱学军. 2005. 提高种蛋孵化率的综合技术措施[J]. 中国禽业导刊（10）：37.
张景奎，徐义. 2013. 种鹅的选配与配种[J]. 养殖技术顾问（6）：68.
张敬虎，杨明升，程太平，等. 2006. 绿头野鸭生长发育和产肉性能的研究[J]. 黑龙江畜牧兽医（10）：108-109.
张敬虎，殷裕斌，程太平，等. 2000. 绿头野鸭与北京鸭杂交一代生长发育和产肉性能的观察[J]. 当代畜牧（3）：36-37.
张军，龚道清，段修军，等. 2006. 番鸭、樱桃谷鸭及半番鸭生长速度和肉品质的研究[J]. 扬州大学学报（4）：29-32.
张丽. 2004. 北京鸭生长发育性状与血液生化指标的遗传分析[D]. 杨凌：西北农林科技大学.
张梅岭. 1988. 肉鸽的饲养管理[J]. 新农业（8）：22-23.
张敏. 2014. 种用母鹅的饲养管理技术[J]. 水禽世界（3）：14-16.
张明伟. 2012. 种蛋常见的消毒方法[J]. 养殖技术顾问（11）：52.
张清燕，王晓琼. 2017. 规模养鸡场禽流感防控措施探讨[J]. 湖北畜牧兽医（1）：17-18.
张是，侍刚. 2008. 种鸭不同产蛋期的喂料量[J]. 河南畜牧兽医（综合版）（9）：26.
张守文，苏保胜，马玉华，等. 2007. 肉用种鸡的饲养管理要领[J]. 中国禽业导刊（16）：23.
张卫民，丁现亭. 2014. 猪寄生虫病的危害性与防治措施探讨[J]. 吉林畜牧兽医（9）：31-32.
张雄，刘景辉. 2009. 鸡场的地址选择及规划布局[J]. 养殖技术顾问（1）：9.
张雄. 2013. 鸡矿物质饲料简介[J]. 养殖技术顾问（12）：55.
张秀芝，赵辉. 2005. 提高雏鹅成活率的技术要点[J]. 农村实用科技信息（5）：50-51.
张旭东，闻联国，姜海涛. 2008. 提高肉鸡商品合格率的措施[J]. 国外畜牧学-猪与禽，28（1）：89.
张蓄民. 1994. 白鹅的饲养技术[J]. 当代畜禽养殖业（2）：24.
张学胜. 2017. 鸡传染性鼻炎的诊断与治疗[J]. 畜牧兽医科技信息（2）：114.
张永生，董卫峰，沈德和，等. 2009. 肉鸭高架饲养技术的探索与应用[J]. 中国家禽，31（12）：57-58.
张泽国. 1983. 取得最大经济效益的种鸡舍[J]. 国外畜牧学（猪与禽）（3）：37-39.
张兆顺. 2002. 鸡粪的处理与开发利用[J]. 中国家禽，24（12）：35-36.
赵川川，潘道东. 2010. 绍兴麻鸭肉酶解工艺及其产物抗氧化活性[J]. 食品科学，31（14）：26-31.
赵杰. 2012. 种鹅的饲养管理[J]. 养殖技术顾问（12）：26.
赵军，冯立涛，宋文韬，等. 2010. 朗德鹅雏鹅的饲养管理[J]. 新疆畜牧业（9）：40-42.
赵军，姜霞，高攀盛，等. 2012. 鹅舍的设计与建设[J]. 新疆畜牧业（7）：40-41.
赵小玲，朱庆，李亮. 2004. 丝羽乌骨鸡新品系开产性能选育效果及相关分析[J]. 中国家禽（9）：39-41.
赵泽. 2012. 肉鸭育雏期管理重点[J]. 猪业观察（15）：18-19.
郑士义. 2013. 如何做好肉鸡屠宰企业死鸡无害化处理工作[J]. 现代畜牧兽医（7）：67-68.
郑天龙. 2008-03-06. 选鸭苗学问大[N]. 河北科技报（7）.
钟启民. 2013. 后备种鹅重点管理环节[J]. 猪业观察（11）：31.
钟子名. 2009. 饲料储存有讲究[J]. 农家科技（1）：38.
仲伟方. 2006. 棉、菜籽粕及玉米蛋白饲料在肉鸭饲粮中的应用[D]. 扬州：扬州大学.
李树珩，栾风东. 2001. 鸭饲料的几种配方[J]. 四川畜牧兽医（1）：50.
周景明，李平，孟维珊. 2009. 鸭种蛋的选择、贮存、运输与消毒[J]. 中国禽业导刊，26（7）：51.
周景明，孟维珊，李平. 2009. 影响种鹅配种效果的十大因素[J]. 农村养殖技术（10）：10.

周景明. 2010. 鹅种蛋的卫生管理[J]. 中国禽业导刊（9）：58.

周景明. 2011. 活拔鹅羽绒生产技术[J]. 中国牧业通讯（8）：88-89.

周丽洁. 2017. 禽大肠杆菌病的综合防治措施[J]. 当代畜禽养殖业（2）：37.

周选民. 2003. 浅谈肉用种鸡在产蛋高峰前后的饲养管理及注意点[J]. 养禽与禽病防治（1）：18-19.

周珍辉，向双云，张孝和，等. 2010. 雏鸭的饲养管理技术[J]. 中国畜禽种业，6（8）：125-126.

朱冲冲. 2017. 鸡葡萄球菌病的防治[J]. 今日畜牧兽医（6）：24.

朱士仁. 2009. 对发展中国特色现代养鹅业的战略思考[J]. 水禽世界（6）：9-15.

朱学军，李连任. 2004. 鸡孵化技术问答[J]. 山东家禽（2）：13-16.

朱振鹏，储冬生，龚道清. 2012. 鹅活拔羽绒技术[J]. 水禽世界（5）：43-45.

邹成，任梦宁，覃振峰. 2012. 蛋鸡笼集蛋槽改进措施对破蛋率的减小作用[J]. 甘肃农业（10）：23-24.

邹巧，杨正文. 2012. 春季鸡、鸭、鹅的育雏技术[J]. 中国畜禽种业，8（5）：136.